U0318231

"南北极环境综合考察与评估"专项

冰盖断面及格罗夫山综合考察与冰穹 A 深冰芯钻探

国家海洋局极地专项办公室 编

海洋出版社

2016 年·北京

图书在版编目（CIP）数据

冰盖断面及格罗夫山综合考察与冰穹 A 深冰芯钻探/国家海洋局
极地专项办公室编. —北京：海洋出版社，2016.7
ISBN 978 - 7 - 5027 - 9429 - 3

Ⅰ. ①冰…　Ⅱ. ①国…　Ⅲ. ①冰盖 - 断面 - 冰芯 - 钻探　Ⅳ. ①P343.6

中国版本图书馆 CIP 数据核字（2016）第 164156 号

BINGGAI DUANMIAN JI GELUOFUSHAN ZONGHE KAOCHA YU BINGQIONG A
SHENBINGXIN ZUANTAN

责任编辑：赵　娟
责任印制：赵麟苏

海洋出版社　出版发行

http://www.oceanpress.com.cn

北京市海淀区大慧寺路 8 号　邮编：100081
北京朝阳印刷厂有限责任公司印刷　新华书店北京发行所经销
2016 年 7 月第 1 版　2016 年 7 月第 1 次印刷
开本：787mm×1092mm　1/16　印张：16.5
字数：398 千字　定价：100.00 元
发行部：62132549　邮购部：68038093　总编室：62114335

海洋版图书印、装错误可随时退换

极地专项领导小组成员名单

组　　长：陈连增　国家海洋局
副组长：李敬辉　财政部经济建设司
　　　　曲探宙　国家海洋局极地考察办公室
成　　员：姚劲松　财政部经济建设司（2011—2012）
　　　　陈昶学　财政部经济建设司（2012—）
　　　　赵光磊　国家海洋局财务装备司
　　　　杨惠根　中国极地研究中心
　　　　吴　军　国家海洋局极地考察办公室

极地专项领导小组办公室成员名单

主　　任：曲探宙　国家海洋局极地考察办公室
常务副主任：吴　军　国家海洋局极地考察办公室
副主任：刘顺林　中国极地研究中心（2011—2012）
　　　　李院生　中国极地研究中心（2012—）
　　　　王力然　国家海洋局财务装备司
成　　员：王　勇　国家海洋局极地考察办公室
　　　　赵　萍　国家海洋局极地考察办公室
　　　　金　波　国家海洋局极地考察办公室
　　　　李红蕾　国家海洋局极地考察办公室
　　　　刘科峰　中国极地研究中心
　　　　徐　宁　中国极地研究中心
　　　　陈永祥　中国极地研究中心

极地专项成果集成责任专家组成员名单

组　长：潘增弟　国家海洋局东海分局

成　员：张海生　国家海洋局第二海洋研究所

　　　　余兴光　国家海洋局第三海洋研究所

　　　　乔方利　国家海洋局第一海洋研究所

　　　　石学法　国家海洋局第一海洋研究所

　　　　魏泽勋　国家海洋局第一海洋研究所

　　　　高金耀　国家海洋局第二海洋研究所

　　　　胡红桥　中国极地研究中心

　　　　何剑锋　中国极地研究中心

　　　　徐世杰　国家海洋局极地考察办公室

　　　　孙立广　中国科学技术大学

　　　　赵　越　中国地质科学院地质力学研究所

　　　　庞小平　武汉大学

"冰盖断面及格罗夫山综合考察与冰穹 A 深冰芯钻探" 专题

承担单位：中国极地研究中心

参与单位：中科院寒旱所　中科院青藏高原研究所

黑龙江测绘地理信息局　武汉大学　南京大学

中国科学技术大学　吉林大学　太原理工大学

《冰盖断面及格罗夫山综合考察与冰穹 A 深冰芯钻探》编写人员名单

主　编：孙　波

副主编：马红梅

编写人员：安春雷　史贵涛　姜　苏　郭井学　崔祥斌　任贾文

效存德　谢爱红　丁明虎　李传金　柳景峰　刘小汉

王连仲　王泽民　张胜凯　安家春　庞洪喜　孙立广

程文瀚　杨文卿　张　楠　窦银科

序 言

"南北极环境综合考察与评估"专项（以下简称极地专项）是2010年9月14日经国务院批准，由财政部支持，国家海洋局负责组织实施，相关部委所属的36家单位参与，是我国自开展极地科学考察以来最大的一个专项，是我国极地事业又一个新的里程碑。

在2011年至2015年间，极地专项从国家战略需求出发，整合国内优势科研力量，充分利用"一船五站"（"雪龙"号、长城站、中山站、黄河站、昆仑站、泰山站）极地考察平台，有计划、分步骤地完成了南极周边重点海域、北极重点海域、南极大陆和北极站基周边地区的环境综合考察与评估，无论是在考察航次、考察任务和内容、考察人数、考察时间、考察航程、覆盖范围，还是在获取资料和样品等方面，均创造了我国近30年来南、北极考察的新纪录，促进了我国极地科技和事业的跨越式发展。

为落实财政部对极地专项的要求，极地专项办制定了包括极地专项"项目管理办法"和"项目经费管理办法"在内的4项管理办法和14项极地考察相关标准和规程，从制度上加强了组织领导和经费管理，用规范保证了专项实施进度和质量，以考核促进了成果产出。

本套极地专项成果集成丛书，涵盖了极地专项中的3个项目共17个专题的成果集成内容，涉及了南、北极海洋学的基础调查与评估，涉及了南极大陆和北极站基的生态环境考察与评估，涉及了从南极冰川学、大气科学、空间环境科学、天文学以及地质与地球物理学等考察与评估，到南极环境遥感等内容。专家认为，成果集成内容翔实，数据可信，评估可靠。

"十三五"期间，极地专项持续滚动实施，必将为贯彻落实习近平主席关于"认识南极、保护南极、利用南极"的重要指示精神，实现李克强总理提出的"推动极地科考向深度和广度进军"的宏伟目标，完成全国海洋工作会议提出的极地工作业务化以及提高极地科学研究水平的任务，做出新的、更大的贡献。

希望全体极地人共同努力，推动我国极地事业从极地大国迈向极地强国之列！

陈连增

目 录

第1章 总 论

南极冰盖以其最大的存储冰量、最大的面积、最高的海拔、最重要的气候环境效应、最脆弱的稳定性以及最完整的圈层相互作用,既是当今地球系统科学和全球变化领域关注的焦点,又是开展关键科学问题研究的最理想的实验室。进入21世纪,国际南极冰盖科学正在经历着一场新的变革,即由过去单一的学科研究发展向多学科交叉的"地球系统科学"发展。从地球系统科学、气候变化科学和可持续发展科学视角看,南极冰盖具有全球重要性,南极冰盖变化及其影响日益显著并受到广泛关注。目前国际冰盖研究主要关注热点,包括冰盖变化机理、冰盖与气候相互作用、冰盖变化的影响与适应等方面。

发生在南极冰盖的许多重大事件和关键过程,更是与大气圈、冰冻圈、水圈、岩石圈和生物圈的圈层相互作用密切相关。以地球系统科学作为指导思想,以对全球变化有重要影响的南极冰盖关键过程作为主要研究对象,通过冰川学、大地测量、地球化学、地球物理、气象科学等多学科手段,针对冰盖表面过程、内部过程、底部过程和冰架过程展开一系列强化协同观测和钻探取样,坚持技术创新引领科学前沿,发展一批适用于冰盖变化观测的前沿技术和核心装备,观测获取冰盖与气候系统以及圈层相互作用的驱动和反馈关系,定量刻画冰盖变化参数,为揭示冰盖物质组成、精细结构和动力学机制,认识冰盖过程对冰盖稳定性的关键影响,以冰芯钻探分析重建气候环境演化历史和过程,以提升冰盖在地球系统中扮演角色的科学认知,并为"十三五"持续、深入开展冰盖调查评估奠定科学基础、技术基础、数据信息基础和专业队伍基础,从而为冰盖变化科学理论以及人类社会可持续发展作出创新性贡献。

直接依托中国南极考察队2011/2012年度、2012/2013年度、2013/2014年度和2014/2015年度的考察活动,本专题先后派出专题成员超过48人赴南极开展调查研究工作。立足于我国内陆冰盖考察较完整的支撑保障平台,特别是近几年新建成的昆仑站和泰山站保障条件,本专题严格按照任务目标和计划内容,分别开展并高质量完成了站基冰冻圈观测、中山站至昆仑站内陆冰盖断面综合调查、昆仑站区域多学科调查、昆仑站深冰芯钻探、埃默里冰架观测和格罗夫山地区综合调查研究等主要区域的调查和分析评估工作。突破了一批包括深冰芯钻探、深冰冰雷达探测等关键技术,发现了南极冰盖中心区域内部广泛发育的软流层,揭示出冰穹A底部冻、融交替发育的复杂界面热力和动力边界条件,获得了国际上当今观测系列最长、观测密度最大的内陆断面表面物质平衡2 km间隔标杆数据和50 km间隔冰流运动DGPS数据,揭示出冰盖表面特征及其冰-气过程中的物理和化学过程。

通过4年的工作,本课题建立了较好的工作基础,取得了一些成果和一些有望突破的阶段结果。截至目前,成功钻取了303 m的冰穹A深冰芯样品、获取24个中山-冰穹A断面雪坑样品、535组中山-冰穹A断面表层雪样品。收集了583块陨石样品,成功运用国内自主研发的深部雷达系统和FMCW浅部高分辨率冰雷达等核心设备对冰盖进行了大规模探测,对昆仑站核心区域和断面关键区域开展了冰雷达强化探测。成功地在格罗夫山、拉斯曼丘陵和中山站至格罗夫山途中布设地震仪和大地电磁仪。本专题共发表论文 47 篇，其中 SCI 论文 31 篇，出版专著 2 部，申请、授权国家发明专利 3 项，实用新型专利 2 项；培养博士生 16 名，硕士生 23 名，博士后 3 名。

第 2 章　考察的意义和目标

2.1　考察目的和意义

2.1.1　考察背景

南极冰盖总面积约 $1\,230 \times 10^4\,km^2$，占到南极大陆面积的 98%。南极大陆蕴藏着丰富的全球变化研究资源、油气资源、矿产资源和远古生物基因资源。近年来，国际南极竞争，尤其是冰盖领域的竞争日趋激烈。随着我国综合国力的不断提升以及南极事业的不断发展，面对国际南极冰盖领域的激烈竞争，加强南极冰盖领域考察与研究对于我国在新一轮南极竞争中占据有利位置，并进一步拓展我国南极未来发展空间具有重大现实意义。

中国的南极冰盖考察研究始于 20 世纪 80 年代。近 30 年来，我国的南极冰盖科学研究始终站在南极重大科学问题和国家需求的高度，组织和围绕南极冰盖研究的综合项目和计划，联合国内力量，借助国际积极因素，以我为主，有力推动了国际南极科学研究的发展。

多年来，中国的南极冰盖科学锁定冰芯科学、冰盖演化、冰下科学和格罗夫山考察研究这 4 个核心科学问题，开展多学科、跨部门的科研攻关，在各种项目的支持下，科研人员在国内外学术期刊上发表研究论文数百篇，并出版了多部专著和论文集。一些文章发表在 Nature、Journal of Geophysics Research 等国际顶尖科技期刊和国际地学界最高水平的学术刊物上。中国已经成为国际南极冰川学研究领域的一支重要力量。

南极冰盖科学领域是我国南极发展的重要战略领域。前瞻思考世界南极冰盖科学发展大趋势、我国现代化建设提出的新要求，中国的发展面临着如何履行大国责任、为人类的科学发展与文明进步作出重大贡献的问题，如何保护人类生存环境，以及如何提高人类生活质量、实现社会可持续发展等诸多重大问题。中国南极冰盖科学的发展将为上述影响到国家发展和现代化进程的重大问题提供大量的、有效的和不可替代的决策参考依据和科学解决方案。

2.1.2　目的意义

本专题主要针对我国"十二五"的国家南极目标，面向我国未来南极科学考察发展面临的主要问题，以及南极冰盖科学在国家战略发展中的重要作用，并在分析国际主要南极冰盖大国发展战略和前沿发展趋势的基础上，结合我国本领域的研究基础和现状，重点针对冰穹A深冰芯、东南极冰盖综合考察断面、埃默里冰架、格罗夫山古环境、岩石圈结构及矿产资源调查、冰下科学和相关核心技术，制定出我国至未来 5 年、10 年，甚至更长期南极冰盖科学考察实施方案。

加强南极冰盖领域考察与研究已成为我国面对全球化发展和应对全球气候变化、实现可持续发展的必然选择，发展南极冰盖科学是实现我国参与国际极地领域竞争的关键，对于我国在新一轮南极竞争中占有一席之地，并进一步拓展我国南极未来发展空间具有重大现实意义。

南极冰盖科学是当前全球变化研究的前沿与热点。因此，加强南极冰盖考察研究在提升我国南极科学的国际地位方面，举足轻重，是我国冰盖科学迈进国际南极科学前列的重要一步，将充分发挥中国的影响力，促进国际南极冰盖研究新格局的形成。

以国家需求和科学研究关键问题为牵引，全面加强南极冰盖科学，包括冰盖断面综合调查、深冰芯科学、冰盖演化与海平面变化、冰-气界面现代过程、冰-岩界面动力环境、测绘科学、冰下科学、格罗夫山古环境、岩石圈结构及矿产资源调查、冰架与海洋相互作用等在国家南极领域发展中的重要地位，在未来 5～10 年，使其在国家战略发展中承担和发挥应有的和突出的重要作用，为国家面临的重大问题提供大量的、有效的和不可替代的重大决策依据和解决方案。

2.2　我国南极内陆科学考察的简要历史回顾

中国南极内陆科学考察站建站的主要目的之一就是为了支持钻探百万年尺度的古老深冰芯。2005 年 1 月冰穹 A 登顶成功后，中国南极内陆冰盖科学考察队在冰穹 A 顶点区域发现冰厚超过 3 000 m。表明极有可能存在超过 100 万年的古老冰芯。我国第 25 次南极考察队建立的昆仑站就位于该最佳深冰芯钻探点，它的建成和开站为我国在冰穹 A 开展深冰芯钻探提供了直接的支持。

中国历次南极内陆冰盖考察情况：

第 1 次：1997 年，在中国第 13 次南极考察期间，8 名考察队员历时 13 天，向南极内陆冰盖腹地的冰穹 A 方向挺进了 300 km。

第 2 次：1998 年，在中国第 14 次南极考察期间，8 名考察队员历时 17 天，向冰穹 A 方向推进了 464 km。考察期间的最低气温达到 -44.5℃，所有队员的脸部都出现不同程度冻伤。

第 3 次：1999 年，在中国第 15 次南极考察期间，10 名考察队员进入冰穹 A 地区。这是当时南极考察中地面车队到达的标高最高点。此次冰盖考察历时 50 天，取得丰硕成果。

第 4 次：2002 年，在中国第 18 次南极考察期间，8 名考察队员在距中山站 170 km 处架设 1 台自动气象站。

第 5 次：2005 年，在中国第 21 次南极科学考察期间，13 名考察队员在人类历史上首次到达冰穹 A 最高点，并开展了科学考察工作。

第 6 次：2008 年，在中国第 24 次南极科学考察期间，2008 年北京时间 1 月 12 日 14 时 45 分，17 名中国南极科考队员成功登上南极内陆冰盖最高点——海拔 4 093 m 的冰穹 A，开展各项南极内陆冰盖考察。

第 7 次：2009 年，在中国第 25 次南极科学考察期间，完成昆仑站建设。

第 8 次：2010 年，在中国第 26 次南极科学考察期间，成功完成昆仑站考察与建设任务。

第 9 次：2011 年，在中国第 27 次南极科学考察期间，成功完成内陆考察断面及昆仑站区调查和建设任务。

从第 10 次开始，在"十二五"专项的资助和任务计划安排下，自中国第 28 次南极科学考察起，连续开展了 4 次冰盖考察任务，系统开展了多学科综合考察活动，取得一批非常重要的基础数据和调查分析成果。

2.3 考察区域概况

考察区域包括：中山站周边区域、中山站－昆仑站（冰穹 A）内陆冰盖主断面区、冰穹 A 地区、昆仑站深冰芯钻探区、埃默里冰架区和格罗夫山地区。

中国南极中山站简称中山站，是中国在南极洲建立的科学考察站之一，建立于 1989 年 2 月 26 日，位于东南极大陆拉斯曼丘陵（69°22′24.76″S、76°22′14.2″E）。中山站从 1989 年 2 月建站 20 多年来，经过多次扩建，现也初具规模，有各种建筑 15 座，建筑面积 2 700 m²，站上生活设施齐备，后勤保障条件完善，满足考察队员的工作和生活需要。

中山站至昆仑站内陆断面：从东南极沿岸的中山站出发，进入伊丽莎白公主地地区，沿兰伯特冰川东侧延伸至冰盖高原，到达南极冰盖最高区域冰穹 A 和中国南极昆仑站，全长 1 248 km。这也是中国历次南极内陆冰盖考察深入冰盖腹地，挺进冰穹 A 和昆仑站往返的固定路线。在该断面上，多学科依托内陆冰盖考察车队保障条件，开展了系统性、连续性观测和监测研究。

冰穹 A 地区：冰穹 A 地区高程在 4 050 m 以上的面积有 9 582 km²。根据卫星测高和地面测绘资料显示，冰穹 A 最高点区域为一个东西宽 10 ~ 15 km、长约 60 km 、沿东北—西南方向展布的平台地形。冰穹 A 地区常年为高压冷气团控制，高空辐合，低空辐散，是南极冷源的中心区。

埃默里冰架位于南极洲北查尔斯王子山和拉斯曼丘陵之间。埃默里冰架是南极三大冰架之一，面积 71 260 km²，东南极冰盖近 20% 的冰量是通过埃默里冰架排泄入海的。埃默里冰架的变化直接关联着南极冰盖物质平衡过程及其对海平面变化的影响，具有十分重要的研究意义。

格罗夫山地区：格罗夫山属于东南极冰盖内陆的冰原岛峰群，位于东南极伊丽莎白公主地（Princess Ellisaberth Land）兰伯特裂谷（Lambert Rift）右岸，介于 72°20′—73°10′S，73°50′—75°40′E 之间。在格罗夫山 3 200 km² 范围的雪冰面上共出露 64 座相互独立的冰原岛峰，其北界距中山站约 400 km，西侧以世界最大的冰川系统艾莫里冰川为界，并与南查尔斯王子山和北查尔斯王子山遥遥相望。这些冰原岛峰大体分 5 组沿北北东—南南西方向呈岛链状分布，宏观呈现山脊纵谷地貌。岛峰与蓝冰表面的相对高度介于几十米至 800 m 不等。由于格罗夫冰原岛峰群对东南极冰盖冰穹 A 流域的阻隔作用，在这里形成大冰盖的积累区与消融区之间的平衡线。此外，格罗夫岛峰群又处于南极内陆下降风极盛区，狂风对冰面新雪的吹蚀力极强，因此在格罗夫地区出露大面积的古老蓝冰。

格罗夫山出露麻粒岩至高角闪岩相的深变质杂岩，同造山或造山晚期花岗岩，以及构造后期花岗质、花岗闪长质细晶岩脉和长英质伟晶岩。深变质杂岩包括：浅色长英质麻粒岩、暗色镁铁质麻粒岩、紫苏花岗岩和花岗质片麻岩。整个测区可按北北东—南南西方向分为东西两个岩区，东侧以长英质麻粒岩和紫苏花岗岩为主，西侧则以花岗质片麻岩为主。由于冰盖自南东向北西运动的攀升作用，岛峰的迎冰面（南东侧）一般雪线较高，雪冰面坡度相对比较平缓。而由于冰流的侧向刮削和岛峰岩石本身的垂直节理的共同作用，岛峰北西侧则往往是近直立的断裂垮塌陡壁。冰流将岛峰上垮塌下来的碎石向北西方向（下游）搬运，在冰面上形成数千米长的碎石带。相对较低矮的岛峰往往保留末次上升的冰流覆盖研磨的形态，成为典型的羊背石。

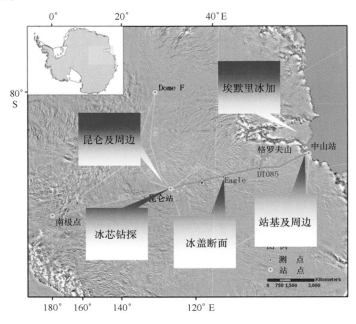

图 2-1 考察区域示意图

2.4 考察目标

2.4.1 中山站至冰穹A冰盖断面及典型区域

中山站-冰穹A断面是国际横穿南极计划（ITASE）中最重要的断面之一，因此该断面的研究成果受到国际的广泛关注。南极内陆冰川学考察的最主要目标是对中山站-冰穹A断面冰川学、气象学等进行考察，获取全面数据；沿途采集雪冰样品，对整个断面的雪冰化学通量进行研究，了解大气环流与雪冰记录之间的关系；对沿线物质平衡花杆及其网阵进行重复测量，并对雪层物理剖面进行系统观测，了解雪的密实化过程及其地域分异规律；钻探浅层冰芯样品，获取过去200～300年冰芯气候记录；对沿线进行大气化学采样，将冰盖大气成分与全球大气成分进行对比，得出纬向分布规律，为业务化观测积累经验。

通过中山站-冰穹A断面考察，获取冰盖表面变化长时间连续观测数据，分析断面区域气候演化、物质平衡和冰盖运动特征资料，测定东南极冰盖中山站至冰穹A典型断面环境参数和冰－气相互作用现代过程参数，明确研究区域冰芯气候环境指标的适用性和可靠性，绘制冰盖典型区域冰盖表面和甘伯采夫冰下山脉地形地貌，给出冰盖深部动力结构特征、底部环境和冰盖表面流场，绘制大比例尺冰盖地图，获得东南极冰盖－冰架系统物质平衡和运动特征参量。为研究该区域气候特征、揭示冰盖的物质平衡状况和运动特征、揭示冰盖动力学机制及其对冰盖物质搬运的影响、揭示南极冰盖从边缘到内陆最高点的气候环境变化规律、明确研究区域冰芯各参数指标的气候环境指代意义等奠定基础；同时为中国昆仑站深冰芯研究积累经验。

2.4.2 冰穹 A（昆仑站）区域

在冰穹 A 地区最高点钻取一支穿透冰穹 A 冰盖的深冰芯（3 100 m±50 m），利用这支冰芯重建百万年尺度气候变化记录，寻找中更新世气候转型（MPT）证据和地球地磁倒转的宇宙射线证据，阐明气候变化机制及其对地球生物圈演化的影响，探索冰盖底部性质及过程，重建冰盖演化历史，探究冰盖动力稳定机制及其对海平面变化的重要影响，冰盖下降风结构和冰－气热量交换、物质交换，开展现代冰雪界面生态地质学调查，识别冰雪样品中的化学生态指示计，建立大气生物气溶胶及半挥发性物质的分布特征和近现代浅冰芯企鹅数量变化记录，了解东南极克拉通岩石圈结构和构造演化，构建我国冰盖高原医学防治理论基础。

2.4.3 埃默里冰架区域

开展埃默里冰架运动监测，埃默里冰架是南极第三大冰架，各国对其非常重视，在第四个国际极地年期间，我国已经把埃默里冰架监测列到 PANDA 计划中，2008—2009 年中国第 25 次南极科学考察队实施了埃默里冰架的冰川学综合考察，对冰架表面物质平衡、冰架高程、冰架运动速度进行了观测。通过观测，对研究冰架物质平衡状态和冰架运动的动力学机制，揭示气候变化对冰架物质平衡和运动状态的影响奠定了基础。通过长年连续观测，对揭示冰架/冰盖稳定性、冰盖物质平衡与海平面变化关系、冰架与海洋相互作用等具有现实意义。

在埃默里冰架区，开展冰架地球物理调查，测绘冰架厚度分布、冰下水腔几何特征及其海床地质特征，观测研究冰架动态变化、物质平衡特征及冰架－海洋相互作用过程，获得东南极冰盖－冰架系统物质平衡和运动特征参量，揭示冰架结构与不同物质来源和化学组成差异，阐明冰架对海洋增温的响应和机制及其对冰盖稳定性的影响，发展冰架动力学模式，深刻认识冰架系统与全球气候变化间的联系。

2.4.4 格罗夫地区

在格罗夫山地区，运用冰川地质地貌、土壤、沉积岩、孢粉组合及宇成核素暴露年龄等各种方法手段，对格罗夫山地区新生代以来冰盖进退的历史过程进行相对精确的描述。在以前冰雷达考察数据的基础上实施大范围冰雷达探测工作，逐步掌握全区冰下地形，进而确定冰下古沉积盆地（冰下湖）的准确位置。实施内陆岩基宽频带天然地震阵列和大地电磁联合探测，以期获得冰下大陆地壳和地幔的精细结构，为大型矿产资源的探查与远景评价提供深部依据。继续进行格罗夫山基础地质调查与变质作用研究，开展地球化学调查，实施陨石发现与回收。适度进行透冰地质取样钻探（HXY－8 型钻机）的改造与关键配套设备的研制，进行技术路线设计及场地适应性研究。

依托中国南极科学考察队的平台，采集了中国到南极的科学考察航线上的大气悬浮颗粒物样品，以及东南极冰盖上的大气悬浮颗粒物和冰雪样品，利用合作单位的液相色谱—双质谱联用设备，测定样品中的有机磷酸酯含量。分析了该类污染物在这些区域的可能来源及影响因素、有机磷酸酯通过洋流进行长距离传输的可能性及大洋环流在有机污染物传输中可能的作用。对比并分析了在东南极冰盖综合断面和格罗夫山地区的冰雪和气溶胶样品中的有机磷酸酯分析结果。同时，基于东南极冰盖综合断面和格罗夫山地区的有机磷酸酯分布，本研究讨论了这些区域的有机磷酸酯来源、传输机制和控制其分布的因素。

此外，对格罗夫山地区开展近现代冰雪界面生态地质学监测和调查，主要包括：①识别冰雪和古土壤中的生态指示计，判定古环境事件和古气候变化；②确定格罗夫山地区大气生物气溶胶及半挥发性物质的分布特征；③研究典型化学物质的大气输入通量及其与冰雪界面相互作用过程。

第 3 章　考察主要任务

3.1　考察区域

　　冰穹 A 地区：冰穹 A 地区高程在 4 050 m 以上的面积有 9 582 km²。根据卫星测高和地面测绘资料显示，冰穹 A 最高点区域为一个东西宽 10～15 km、长约 60 km、沿东北—西南方向展布的平台地形。冰穹 A 地区常年为高压冷气团控制，高空辐合，低空辐散，是南极冷源的中心区。

　　埃默里冰架区：冰架是冰盖和海洋的交汇区，是冰盖与海洋共同作用的产物。在全球变化的背景下，冰架具有易变性和脆弱性。埃默里冰架面积约为 6×10⁴ km²，是东南极最大的冰架（图 3 - 1）。尽管埃默里冰架边缘仅占东南极海岸线 2%，但东南极冰盖 16% 的冰量由此输入大洋，因此埃默里冰架是一个重要的动态系统。从科学问题驱动分析，研究埃默里冰架与海洋相互作用的科学前沿问题表现在三个方面：第一，冰架的存在维持着南极冰盖的稳定性，进而维系着南极大气和冰冻圈的平衡状态；第二，冰架的存在引起陆架水的变异，是形成南大洋底层水的重要条件，并与经向翻转流和全球温盐环流状态与变异紧密相关；第三，冰架与海洋相互作用是引发灾难性海平面上升事件的"开关"。因此，围绕冰架与海洋相互作用展开大科学集成研究是当前国际南极科学最为活跃的一个领域。

　　格罗夫山地区：介于 72°20′—73°10′S，73°50′—75°40′E 之间，含 64 座冰原岛峰，面积约 3 200 km²。宽频带流动地震台阵列及剖面设计则包括拉斯曼丘陵（中山站），西福尔丘陵（澳大利亚戴维斯站），及横跨兰伯特裂谷的南查尔斯王子山，北查尔斯王子山等基岩露头区。地质填图和陨石回收将涉及南、北查尔斯王子山等基岩露头区和普里兹湾沿岸基岩露头区。

3.2　考察内容

3.2.1　深冰芯钻探、储存运输与样品处理分析

3.2.1.1　昆仑站深冰芯钻探

　　本部分内容是该项目的基础，也是关系项目成败的关键，可以细化为深冰芯钻机研制、深冰芯钻探现场准备、深冰芯钻机安装、深冰芯钻探实施、深冰芯现场处理和冰芯的运输储存 6 个方面的内容。

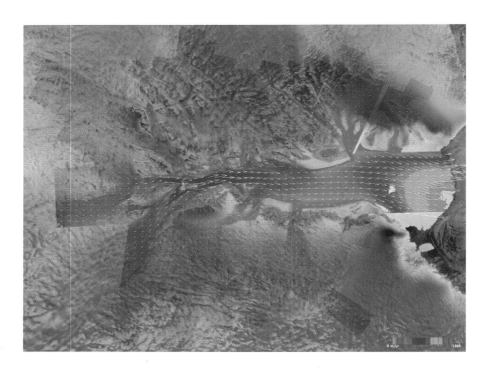

图 3-1 埃默里冰架卫星影像

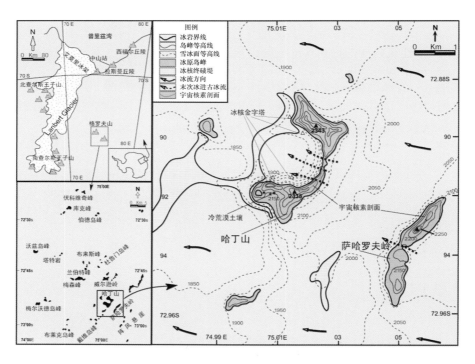

图 3-2 格罗夫山平面图

（1）深冰芯钻机研制

深冰芯钻机系统是实现深冰芯钻探的前提和基础，我们选用国际深冰芯钻探通用的液封悬缆电动机械式钻机进行冰穹 A 地区的深冰芯钻探。这类深冰芯钻机系统能保证不论在冷性冰川还是暖性冰川都能高效快速地钻取高质量冰芯。为平衡深冰芯钻孔内的压力和防止冰盖冰的塑性流动引起钻孔变形甚至闭合，在钻探过程中将选用密度与水接近但融点低于 −60℃ 的低黏稠度液体填充在钻孔中。

关于深冰芯钻机研制，目前，在科技部海洋公益重点项目支持下，于2008年已经开展适合冰穹 A 条件的深冰芯钻机研制，预计在2010年年底完成系统制造，2011年运往南极昆仑站。该钻机设计钻探深度为3 700 m，获取冰芯直径为98 mm，一次最大提取冰芯长度为4 m，能够满足昆仑站3 500 m 冰厚钻探的要求。该深冰芯钻机系统包括冰芯钻探和提取系统、地面控制系统、数字信息传输转换接口，还包括一套深冰芯钻孔多参数测量系统、浅部钻孔大气提取装置。

（2）深冰芯钻探现场准备

深冰芯现场准备主要包括钻探营地、钻探作业场地建设等。由于冰穹 A 深冰芯钻探工作人员的生活和科研可依靠中国内陆科学考察站支撑，冰穹 A 深冰芯钻探不需搭建钻探生活营地。仅在距离中国南极内陆科学考察站100 m 处建设钻探作业场地。

深冰芯现场钻探作业区基础设施建设由包括发电机间、深冰芯钻机控制室、维修车间等计入冰穹 A 内陆科学考察站建筑面积的部分（共72 m²）和不计入内陆科学考察站建筑面积的简易库区（1 000 m²）两部分组成，总面积为1 072 m²。简易库区包括钻塔拱形建筑、钻探壕沟、冰芯存放和现场测量工作间、钻孔填充液存放和灌注室等建筑。

冰芯钻探作业区建筑方案是在冰面挖掘出1 条5 m 宽，3 m 深，40 m 长的冰芯钻探场地，铺设原木地板和盖顶。储存库用钢架支撑后盖上简易木质屋顶，用于存放钻孔填充液和钻取的深冰芯样品。作业场地的钻塔拱形建筑用拱形钢架支撑后搭建约露出地面3 m 高的帐篷式屋顶，在钻塔拱形建筑内再挖掘0.6 m（宽）×10 m（长）×8 m（深）的冰芯钻头部收放地沟。用以安装钻机及其钻塔，现场组装的发电机间、维修车间和深冰芯钻探等建筑布设在冰芯钻头收放地沟附近。此外，还需开挖总面积达800 m² 的冰芯储存库区，并加盖顶板。

除基础设施建设之外，还将在现场附近进行多支浅冰芯钻探，并在建设钻探作业场地的同时进行深冰芯钻探导向孔钻探和导向孔套管铺设等工作。

冰穹 A 深冰芯钻探前将使用浅冰芯钻在钻探点钻取120 m 冰芯，钻孔的直径为130 mm。然后依次使用直径为180 mm、224 mm 和255 mm 的扩孔钻将冰芯钻孔直径扩至255 mm。当钻孔直径被扩至255 mm 后，在钻孔（导向孔）内铺设约100 m 的高密度聚氯乙烯套管，用于防止钻孔填充液渗漏到粒雪层中。

上述准备工作应在深冰芯钻探正式实施前一年完成，这样套管与其周围的雪冰可以达到较好的密封效果，从而尽量减少钻孔填充液的渗漏。

（3）深冰芯钻机安装

深冰芯钻机系统在国内进行安装测试，然后解体从国内由"雪龙"船运输到中山站，然后由内陆车队运送到昆仑站深冰芯钻探地点进行安装。主要工作内容包括钻机钻塔、绞车以及绞车控制系统、钻机控制系统、动力系统、运行伺服系统、维护系统等的安装配置。这些设备均安装在深冰芯钻探作业场地内。

钻机钻塔安装在钻探作业区的拱形建筑内，钻机钻塔须能通过钻探地沟从钻进的竖直状态转换为钻机提升到地面后处理冰屑和冰芯时的水平状态。钻机系统的绞车及其控制系统安装在钻探地沟延长方向的一侧。绞车及其控制系统通过4 000 m 长的8 芯铠装电缆与钻机连接。现场组装的发电机间、维修车间和深冰芯钻探控制室等建筑均布设在钻探场地一侧。钻机系统经过安装调试后即可实施深冰芯钻探工作。

（4）深冰芯钻探实施

该部分的主要内容是冰芯的钻取和回收。在前面的几项工作成功完成后，即开始深冰芯钻探。钻探过程中，通过地面控制系统控制钻机在深冰芯钻孔内的钻进。钻取适当长度的冰芯后，停止钻进然后将冰芯拔断并将冰芯随钻机提升到地面。随后冰芯现场处理人员将冰芯从冰芯内筒中取出，并将冰芯和冰屑套筒进行清洁，去除冰屑，然后将已经清洁好的冰芯内筒安装到钻机上继续进行下一段深冰芯钻探。冰芯钻孔的直径为 135 mm，钻取的冰芯直径为 98 mm。钻机每次将钻取到长度为 3~4 m 的冰芯。为了钻取长度为 3 100 m ± 50 m 的冰穹 A 深冰芯，钻机大约需要进行 1 040 次钻探。

深冰芯钻探地面控制系统实时监测钻机钻头钻探进度，并通过传感器实时监测冰芯钻孔内的压力、温度、倾斜度等钻探环境参数。地面终端计算机控制系统按照设定的参数要求随时调整钻探进程，保证高效钻取高质量深冰芯和钻孔的垂直度。

（5）深冰芯钻探测井仪概念设计

对于深冰芯钻探工程，后期对钻孔的测量是一项重要工作。通过对钻孔的测量可以直观地了解钻孔成孔质量。设计的测井仪通过安装的可对钻孔孔径、钻孔倾斜角、方位角、孔内温度、压力、孔壁裂隙等参数进行测量。所有数据由测井仪电气密封腔内的数据采集系统进行数据处理，并将数据通过铠装电缆发送至地表检测控制系统，再由上位机软件进行数据显示与存储。整个系统对于钻孔质量评价起到关键作用。

3.2.1.2 深冰芯现场处理

深冰芯现场处理包括冰芯样品的分段和现场测量。每段冰芯锯成 100 cm 长，便于包装和运输。现场测量主要包括冰芯的冰密度测量、地层学描述、冰芯电导率测量、冰芯直径测量、钻孔温度剖面测量等工作。完成这些测量工作后，进行冰芯的编录（卡片记录、纸质记录、摄录、拍照与计算机记录）。

冰密度测量采用 100 cm 的分辨率，在深冰芯取出切割后立即测量，测量仪器采用专用的耐低温密度测量设备。由于冰的流动塑性以及冰盖总的水平和垂直应力作用，在不同底床地形和不同深度的冰芯密度将存在较大差异，深冰芯的深度－密度剖面将携带大量的冰盖形成及其演化过程的信息。

深冰芯的地层学观测是研究冰芯形成过程中原始沉积特征最直接的方法。该观测也在冰芯切割后进行，观测设备采用自动化扫描分析设备以及冰芯光薄片观测仪等进行，对冰芯进行连续或局部的重点观测；冰芯冰结构的观测使用冰芯组构仪进行。观测内容包括火山灰层的详细描述和记录，包裹气泡的形状大小、内嵌气体水合物的尺寸与形状等。冰芯的层位及冰结构的观测研究有助于恢复冰芯积累年层，冰芯力学状态，并提取某些古气候及环境信息。

深冰芯钻孔温度剖面能反映冰盖主要的物理特性，为避免深冰芯钻探过程对钻孔内的温度的影响，该项测量须在每个钻探季节开钻前测量。在钻取完整的深冰芯后的 5~10 年内，每年还将持续进行深冰芯钻孔内的温度剖面测量。深冰芯钻孔温度反映冰盖发育的气候条件和环境特征，决定着冰盖的运动状态和稳定特性，是过去和现在许多因素共同作用的结果。

冰芯固体电导率测量。取样后沿深度方向对冰芯进行固体导电特性检测。测量仪器采用 ECM 和 DEP 分析仪，分别测量冰芯直流固体导电率和交流导电率。该项测量无须对冰芯切样和融化，在保持冰芯固态下，连续、快速地对冰芯 H^+ 浓度沿深度方向进行检测，检测结果在冰芯年代划分、判断参考层位、恢复冰芯火山活动记录、生物质燃烧事件以及在分析冰芯化学成分变化的研究中都具有重要的研究价值，此外，也可为如何科学地切取冰芯，进行样品化学分析提供直接的参考依据。

3.2.1.3 冰芯的运输储存

冰芯的运输储存条件会直接影响冰芯的性状，对维持冰芯的科学价值有重要的意义。保护样品不受到外界污染和维持深冰芯样品原有的物理特性是运输和储存工作必须恪守的原则。

冰芯从钻机内筒中取出后，首先进行必要的测量和标记，然后须在钻探点的冰芯存储区内的冰芯槽内保存 7 周或更长的时间，以释放冰芯应力，存储室的温度应在 $-50\,℃$ 左右。

现场冰芯处理还包括冰芯样品的分段，以便于冰芯样品的包装和运输。用洁净的带锯将冰芯分别锯成 100 cm 长的小段，然后用聚乙烯塑料冰芯袋包装，置于专用的深冰芯样品箱（具良好的低温保温效果）内，层与层之间用钻探现场的细雪填充。通过飞机或雪地车运输到"雪龙"船上的低温集装箱内。整个分割和运输过程中样品所处的环境温度须低于 $-30\,℃$。

3.2.1.4 冰芯样品处理分析

深冰芯运回国内后，将围绕计划的主要科学目标对其进行一系列的科学分析，为此，首先要制定冰芯样品分割原则，除满足各项分析需要的样品外，按照国际上深冰芯分析的经验，要留出足够的附样，以供将来深入研究之用。冰芯分析的主要内容包括冰芯剖面和薄切片的物理性质观测、冰芯组构分析、稳定同位素分析、主要和痕量元素分析、冰芯气体包裹体分析、冰芯微粒分析等。为提高样品的分析效率，将采用冰芯流动分析装置作为冰芯的前期处理装置，为质谱、色谱等分析仪器自动、快速、连续地提供样品。

（1）百万年来地球气候环境演化序列重建及其演化机制研究

通过冰芯的稳定氢氧同位素、冰芯气体包裹体古大气成分和放射性宇宙核素等气候代用指标的分析研究，可以高分辨率地重建过去百万年地球的气候环境演化序列，这是本计划的核心研究内容。从冰芯中提取高分辨率的气候演化信息后，可以对不同时间尺度上的气候演化周期和气候突变事件进行专题研究，探寻其规律和驱动机制。重点研究如下问题。

①中更新时气候转型（MPT）的研究。百万年气候环境演化序列将完全覆盖 MPT 的全过程，可能包含已知的 8 个主导周期为 10 万年的冰期间冰期旋回，以及中更新世阶段的主导周期为 41 ka 的冰期间冰期旋回，呈现该气候转型的细节，揭示该气候转型的驱动和演化机制。

②地球地磁倒转的冰芯记录研究。在冰穹 C 深冰芯记录中，通过对放射性同位素的测量找到了距今 78 万年前松山—布容期（Matuyama – Brunhes）地磁倒转的 ^{10}Be 证据。拟对冰穹 A 深冰芯中宇宙核素 ^{10}Be、^{36}Cl 的含量变化进行测量分析，验证冰芯记录中这一现象的普遍性，并研究其和其他气候环境变化事件之间的相关关系，此外，该项研究也将对冰芯定年提供断代依据。

③古大气成分研究。通过分析冰穹 A 深冰芯中气体包裹体中的气体成分，获取古大气的各组分的相对含量和特性，从而揭示地球大气的演化过程。通过 CO_2 和甲烷等温室气体含量变化与气候代用指标（如稳定氢氧同位素资料等）的对比研究，解译温室气体在不同时间尺

度气候演化中所起的作用，评价目前温暖气候阶段人类活动对地球气候系统的影响程度。

④气候演化模式和气候突变事件的全球对比研究。对比研究冰穹A深冰芯记录和南北极其他深冰芯、石笋、树轮和黄土等气候记录之间的异同关系，揭示不同时间尺度上气候演化事件的全球性和区域性，探讨地球气候系统的演化和驱动机制。

（2）气候变化对地球生物圈演化的影响研究

美国在西南极洲的 WAIS Divide 深冰芯计划将首先开展冰芯中古老生命形式的研究，通过深冰芯中生命物质的研究获取生物地球化学过程对全球气候系统的影响以及全球气候系统变化对生物地球化学过程的反馈作用的信息，同时将拓宽科学家研究地球生命的视野。

冰穹A深冰芯研究计划希望提取冰穹A深冰芯及其包裹气泡中保存的生物信息片段，利用 PCR 扩增技术、基因组网测试技术等研究古老生命形态及其随地球气候系统的演化方式，结合百万年来全球的气候变化规律研究地球系统生物的演化进程，定量研究地球系统生物圈演化过程受气候环境变化影响的程度，并揭示地球系统气候环境变化影响生物演化过程的作用机制。

3.2.2 中山站至昆仑站冰盖断面冰川学综合考察

重点内容包括：冰盖断面综合监测系统建设，沿中山站至冰穹A主断面和区域核心断面上布设冰盖物质平衡、冰盖运动和星—地对比观测阵及气象和梯度通量观测站；测绘冰盖断面和冰穹A地区冰层结构和冰下地形，开展冰盖浅层结构探测（FMCW雷达）及表面积累率变化分析，开展冰下湖和冰下水系发育探测，运用冰盖三维动力热力学耦合模式，重建冰盖演化历史及其对海平面的影响，在冰盖高原面和分冰岭区域探究最佳深冰芯钻取位置；实施冰盖表面天然地震、重力及大地电磁等综合地球物理探测，开展东南极克拉通岩石圈结构、构造和区域泛非期造山带的研究，在中山站－冰穹A主断面及冰穹A最高点建立冰－气相互作用梯度通量观测（含大气垂直结构观测）链和地磁观测链；开展近现代冰雪界面生态地质学监测调查和冰盖高原人体医学实验研究。

在冰盖综合断面，全程开展冰雷达精确探测，准同步采集水平－水平、水平－垂直、垂直－水平和垂直－垂直4种极化模式的探测数据，获取冰体厚度、等时冰层结构和冰下地形探测数据，并在古冰流可能存在的5个典型测站上开展冰雷达天线360°旋转测量，配合20 km冰雷达垂向测线，提取冰盖内部冰晶主轴分布信息，探寻可能发育的冰下湖采用穿透能力超过3 500 m、4种极化天线的脉冲调制型冰雷达探测系统开展探测工作。冰雷达主机、控制单元、数据存储和显示单元等安装在雪地车后备箱中，天线架设在后备箱顶棚上（仅该部分暴露在外），雪地车驮载着冰雷达沿规定的路线，完成冰雷达探测任务。

沿途采集雪冰样品，对整个断面的雪冰化学通量进行研究，了解大气环流与雪冰记录之间的关系；对断面气象观测的空白地区进行补充观测，对沿线气象要素进行车载观测；对沿线物质平衡花杆及其网阵进行重复测量，对沿线雪层物理剖面进行系统观测，了解雪的密实化过程及其地域分异规律；对冰面微地形进行观测，了解其地域分异规律；沿线进行大气化学采样，将冰盖大气成分与全球大气成分进行对比，得出纬向分布规律，为业务化观测积累经验。开展沿线冰川学和气象学考察，包括物质平衡、微地形、气象、与遥感相对应的冰川学测量，其中每晚宿营布设10×10花杆网阵一个，断面物质平衡采用花杆测量法，雪坑密度测量法和高分辨率冰雷达以及三维扫描雷达等高新技术方法。开展沿线表层雪冰化学通量研究，重复测量花杆高度，对增厚的雪层进行采样，并细致测量密度，计算净积累率，进而计算各化学物质的通量；用钢瓶采集从上海至冰穹A的大气样品，分析断面大气成分的空间分布，中山站－冰穹A断面自动气象站安装与更新，新建立冰－气界面梯度热量自动观测站，分析近冰盖表面边界层特征和下降风结构。断面物质平衡采用花杆测量法、雪坑密度测量法。运用高精度GPS技术定点监测冰盖运动。

在沿途采集表面雪样品，采样密度：10 km/个；在沿途采集雪坑样品，采样深度：2～4 m/套；在冰穹A采集一套3～6 m深雪坑样品，雪坑剖面系统观测，观测参数：密度、温度、粒径、冰层分布、雪层性质等；雪层温度测量，作业密度：挑选合适地点采集一套，测量深度：10 m。

负责收集南极科考相关区域国产资源三号卫星数据；冰盖运动监测区冰流速点加密复测及数据处理；测绘生产南极昆仑站区域1∶50 000比例尺（20 km×20 km）冰下地形图1幅；内陆车队导航等。完成南极内陆现场考察导航，在中山站—昆仑站沿线加密冰流速监测点，复测已有的监测点5点，获取冰流矢量数据；对内陆泰山站、昆仑站冰流速网进行加密与复测。根据现场安排，以上两区域加密、复测监测点5个以上。

3.2.3 昆仑站及周边区域冰川学综合调查

监测冰穹A区域冰盖表面高程、运动和物质平衡过程，采集大气样品、气溶胶样品、浅冰芯和雪坑样品，建立气象塔、梯度通量和声雷达等观测系统，开展边界层结构和冰－气相互作用过程观测，开展冰穹A测绘学工作和冰盖演化数值模拟工作，开展近现代冰雪界面生态地质学监测调查和冰盖高原人体医学实验研究。实施冰盖表面天然地震、重力及大地电磁等综合地球物理探测，开展东南极克拉通岩石圈结构、构造和区域泛非期造山带的研究。

雪冰与气候变化监测体系包括自动气象站、物质平衡标杆与平衡网阵及能够自动观测雪温、气温、雪湿度、大气压、光照和GPS位置的系统。冰穹A区域物质积累率的空间分布，通过大面积2.5 m雪芯采样，用标志层法（获取β活化度），计算20世纪60年代以来的积累率，从而绘制冰穹A区域的物质积累率空间分布图。为保证野外的可操作性，此研究范围将与雷达测量保持一致。冰穹A近百年来积累率变化，同样采用标志层法（β活化度、火山事件），获取近百年以来冰穹A平均积累率变化（注意尽量包含多的标志层）。该项研究要求提取9支15 m浅雪芯，分布呈"米"字状。冰穹A探空试验。在冰穹A顶点释放探空气球，研究冰穹A顶点低层大气廓线。在冰穹A地区采用多种测绘遥感手段，开展冰盖运动和物质平衡监测网阵的重测，获取高精度冰盖高程变化及积累率数据和冰盖表面运动信息。

根据获取的资源三号卫星影像数据，生产中山站—泰山站区域1∶50 000比例尺DLG和DOM、DEM 10幅。获取泰山站—格罗夫山—查尔斯王子山脉区域资源三号卫星影像约10景。

3.2.4 埃默里冰架区域

在埃默里冰架区，开展冰架地球物理调查，测绘冰架厚度分布、冰下水腔几何特征及其海床地质特征，观测研究冰架动态变化、物质平衡特征及冰架－海洋相互作用过程，获得东南极冰盖－冰架系统物质平衡和运动特征量，揭示冰架结构与不同物质来源和化学组成差异，阐明冰架对海洋增温的响应和机制及其对冰盖稳定性的影响，发展冰架动力学模式，深刻认识冰架系统与全球气候变化间的联系。

埃默里冰架运动监测；达尔克冰川航空摄影测量；站基大地控制点整理和影像图制作工作。

3.2.5 格罗夫山新生代古环境与地球物理、近现代冰雪界面生态地质学综合考察

3.2.5.1 格罗夫山古环境调查

（1）冰雷达勘探内容

探测全区冰下地形、冰下盆地和冰下湖。调查方法分雪地车载雷达和雪地摩托车载雷达。前者探测深度大，可反映冰层主要结构、冰下地形和地层浅表沉积结构；缺点是必须与雪地车同行，机动性受限。后者机动灵活，探测速度快，范围广，但探测精度和深度不如前者。

（2）岩芯分析内容

对钻取的岩（泥土）芯进行全面微观室内分析，内容包括物质组成（碎屑、胶结物等的矿物成分及组成比例），粒度分析及其水动力沉积环境特征，沉积物的元素、同位素地球化学及有机地球化学碎屑及胶结物的矿物地球化学特征，微生物成因的矿物学特征，沉积及埋藏年代学测定（如碎屑锆石、宇宙成因核素，火山灰 Ar – Ar 测年等手段）和微古生物萃取分析（微生物、硅藻、孢粉组合，有孔虫、甲壳类残体、放射虫等）。主要目的是厘定沉积层的沉积环境（高寒草甸、稀树草原、荒漠苔原、泰加林带、冰盖前缘沉积或者冰盖底部的冰下水系沉积环境等），确定盆地的形成与物质沉积年代，从而反演东南极冰盖在格罗夫山地区的精确演化历史。如果发现液态冰下湖泊，则重点进行存活生命体种群、类型的采集、分析和观测，研究其被冰盖掩盖以来在极特殊生境中的进化过程。

3.2.5.2 格罗夫山地区冰盖进退调查

研究内容主要包括冰川地质地貌、土壤、沉积岩、孢粉组合、宇宙核素等方面。

（1）冰川地质地貌考察研究

重点是寻找更多更典型的末次冰进遗留的最新侵蚀遗迹，寻找未被后期冰进影响的古冰盖侵蚀的最高位置。结合即将面世的地形图和标杆冰流定量观测，探讨当代冰盖运动学特征，推测冰盖运动历史，为其他方法手段的研究建立框架。

（2）格罗夫山地区新生代冰碛沉积岩初步研究成果的综合分析

这批冰碛岩的地质特征及其生物化石可以与北查尔斯王子山地区、西福尔地区以及横断南极山脉的天狼星群等上新世地层相对比。本项目中将对冰碛沉积岩的岩石学特征、沉积环境特征开展更深入的定量研究，同时进行更广泛的对比研究，以确定东南极上新世沉积地层的分布特征和沉积环境，探讨东南极冰盖上新世以来的主要进退历史。

（3）格罗夫山土壤研究

重点是其形成环境，包括碎屑矿物组成和基质特征，胶结物成分特征，地球化学特征，石英颗粒表面形貌特征，粒度分析等。重点在于探讨其水动力环境，温度环境，同时尽力在

土壤中发现更多的孢粉化石，探索可能存在的微生物性状。

（4）格罗夫山沉积岩和土壤中的孢粉化石

格罗夫山沉积岩和土壤中的孢粉化石说明南极冰盖形成以后曾经出现过适合这些植物生长的环境，暗示该地区的冰盖发生大规模的消融，即南极大陆冰川的前缘至少曾经退缩到格罗夫山地区。但是目前这些孢粉的数量十分有限，品种也不丰富，极大制约了年代学和古生境的研究，使我们的成果在这一关键问题上止步不前，而未能获得国际高水平成果。因此，我们拟集中力量对最近采集的大量沉积岩及其中的孢粉样品进行准确的定量描述与分析，试图获取尽量精细的年代区间，同时探讨该地区相应时代的古生境与古气候环境条件，并与整体南极以及北半球相应时段的主要气候事件进行对比。

（5）基岩、冰碛岩标本样品深入开展^{10}Be、^{26}Al 测试

尽管此前的宇宙核素暴露年龄数据集中于上新世时间段，为我们提供了冰盖演化的时间框架，但是由于样品数量不多，分析点有限，因此尚无法作出更准确的判断，也难以与孢粉组合、沉积岩等其他证据充分吻合。因此，我们在本项目中将对新采集的大量基岩、冰碛岩标本样品深入开展^{10}Be、^{26}Al 测试，此外，我们还将运用新引进的高分辨气体质谱仪探讨宇宙核素^{3}He 和^{21}Ne 对该地区冰退岩石暴露年龄的示踪作用。

3.2.5.3 地质构造与岩石圈结构、矿产资源探测

（1）岩基阵列地震观测

东南极大陆是行星地球上人类至今仍然一无所知的陆块，因而是国际最前沿的重量级科学问题。开展内陆岩基天然地震阵列观测记录，是解决这一大自然之谜的直接手段，可以了解冰下大陆的地壳结构和岩石圈结构，甚至探索造成南极大陆 10 亿年来位置相对固定不动的核幔对流机制。考虑到目前我们的仪器设备，南极内陆考察的后勤保障能力，格罗夫山的岛峰地貌和国际政治环境（特别保护区）等各种条件已经基本成熟，因此应当及时开展该项工作的预研究，希望在"十二五"期间直接冲击国际南极地学研究的最前沿和制高点，创造中国南极考察的新亮点。

"十二五"期间在格罗夫山及周边地区的地球物理观测将采取 2D 和 3D 两种观测系统和宽频带流动台阵及宽频带大地电磁观测两种观测手段。

观测系统包括：格罗夫山地区位于 72°20′—73°10′S，73°50′—75°40′E 之间，面积约 3 200 km²，区内分布 64 座冰原岛峰。这 64 座冰原岛峰为我们的高精度观测提供了得天独厚的条件，因为我们可以不考虑冰层的影响，直接在基岩上进行观测。在该区域拟进行 3D 密集宽频带流动地震台阵观测和宽频带大地电磁观测，观测系统见图 3 - 3；横穿兰博特裂谷布设一条密集的 2D 长剖面，完成 24 个点的观测；沿拉斯曼丘陵（中山站），西福尔丘陵（澳大利亚戴维斯站），及横跨兰伯特裂谷的南查尔斯王子山进行散点观测，主要在基岩露头区进行（图 3 - 3）。

主要观测手段：宽频带流动台阵：使用世界上最先进的抗低温、动态范围大、能耗小、容量大的仪器；长周期大地电磁观测：使用德国产的 MT - 06 型宽频带大地电磁测深仪，确保对地壳与地幔电性结构的考察。

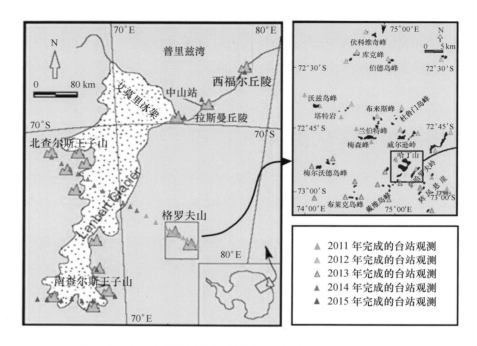

图 3-3　南极大陆格罗夫山及周边地区综合地球物理观测系统

（2）区域地质调查

格罗夫山基础地质和矿产资源调查内容包括：①岩石组成，构造样式及运动学观测；②变质构造与显微构造研究；③遥感地质及与拉斯曼丘陵的对比研究；④东南极及相邻冈瓦纳省晚元古至寒武纪构造热事件对比；⑤各类型冰碛岩的基础分析，特别注意不同类型的含矿岩石。

3.2.5.4　近现代冰雪界面生态地质学综合考察

研究依托中国南极科学考察队的平台，采集了中国到南极的科学考察航线上的大气悬浮颗粒物样品，以及东南极冰盖上的大气悬浮颗粒物和冰雪样品，利用合作单位的液相色谱—双质谱联用设备，测定样品中的有机磷酸酯含量。分析了该类污染物在这些区域的可能来源及影响因素、有机磷酸酯通过洋流进行长距离传输的可能性及大洋环流在有机污染物传输中可能的作用。对比并分析了在东南极冰盖综合断面和格罗夫山地区的冰雪和气溶胶样品中的有机磷酸酯分析结果。同时，基于东南极冰盖综合断面和格罗夫山地区的有机磷酸酯分布，本研究讨论了这些区域的有机磷酸酯来源、传输机制和控制其分布的因素。

同时，对格罗夫山地区开展近现代冰雪界面生态地质学监测和调查，主要包括：①识别冰雪和古土壤中的生态指示计，判定古环境事件和古气候变化；②确定格罗夫山地区大气生物气溶胶及半挥发性物质的分布特征；③研究典型化学物质的大气输入通量及其与冰雪界面相互作用过程。

3.2.6　北极斯瓦尔巴地区冰川环境调查工作

北极山地冰川对气候变化的响应非常敏感，近年来，冰川融化在全球海平面上升中的贡献很大。因此，研究北极山地冰川，正是为了捕捉气候变化的信号，以便更好地开展全球变化的研究。

结合我国在北极斯瓦尔巴地区的年度考察活动及支撑保障条件，对黄河站站区周边典型冰川开展系统性监测调查，重点研究 Austre Lovénbreen 冰川、Pedersenbreen 冰川这两条山地冰川。主要开展物质平衡、冰川运动、冰川温度、冰川气象等长期监测，重点开展该区域现代冰川基本特征和冰川发育气候条件、冰川表面能量与物质平衡、冰川波动与气候变化关系、气－雪－冰相互作用关系等方面的研究。

3.3　考察设备

3.3.1　冰雷达探测设备

南极冰盖一直在发生着变化，从渐变到突变。冰盖变化直接导致冰盖的扩张和退缩，直接影响全球海平面的升降和全球温盐环流的变异，造成地球气候系统的巨大变化。冰层厚度和内部结构是研究冰盖历史演化和未来变化的关键参数。一方面，冰层厚度和内部结构是卫星遥感技术无法直接测取的参数，人类对它的冰层厚度和内部结构认识依然非常局限，是极地科学研究最为薄弱的领域；另一方面，它又是当今地球气候变化研究领域的一个前沿科学和技术问题，有重大的科学研究和高新技术需求。冰雷达是解决该领域问题具有关键性、不可替代性的核心设备。

雷达冰层测厚技术出现于 20 世纪 60 年代初，由于无线电波在冰川冰介质中的传播衰减相当小，传播速度又非常稳定，它是冰盖/冰川厚度测量与冰下地形特征分析中不可替代的"经典"技术手段。1983 年，英国剑桥大学基于雷达测厚数据推出的南极冰盖近一半面积的厚度和冰下基岩地形图集，成为后人研究南极问题的经典数据，这是测冰雷达树立的第一个里程碑；进入 20 世纪 90 年代，为了满足南极冰盖与全球变化研究的需要，特别是针对欧洲冰盖数值模拟计划（EISMINY 计划）的具体要求，由英国南极调查局主持的国际 BEDMAP 计划历时 4 年时间，于 1999 年推出了覆盖整个南极大陆的冰厚与冰下地形专业数据库，其中90% 以上的资料又是雷达厚度探测技术取得的，这是测冰雷达树立的第二个里程碑。进入 21世纪，全球变暖背景下南北极冰盖在气候系统中的重要性日益突出，新的科学问题不断涌现，其中，发展高性能冰层厚度和结构探测雷达系统成为一个迫切的技术需求。自 2001 年以来，美国自然基金会（NSF）和 NASA 联合设立 800 万美元的 PRISM（Polar Radar for Ice Sheet Measurement）项目专门用于支持雷达测冰技术的发展。另外，在北极地区气候评估计划（Arctic Regional Assessment 计划，简称 PARCA 计划）和欧洲南极冰芯钻探计划的支持下，自2004 年开始，雷达冰层探测研究在北极格陵兰冰盖和南极冰盖取得重要进展，在 Nature 和 Science 刊物上发表了一批有重要影响力的文章。与冰盖研究相辉映，测冰雷达在山地冰川上也展现出优势，特别是冰芯钻探与测冰雷达组合在一起的研究计划成为一种趋势。2006 年在澳大利亚 Hobart 召开的南极科学大会上，来自不同国家的多个研究项目组报告了测冰雷达技术的最新成果，非常引人关注；在 2006 年美国地球物理秋季年会上，更有多达 50 篇的文章涉及雷达冰层的研究内容，展现出雷达冰川学丰富的研究内容，凸显出测冰雷达在极地科学研究中占有不可替代的重要作用。

我国在 20 多年来的南极冰川学研究中已取得一批重要成果，使我国对南极冰盖的认识大大提高，已成为国际南极冰盖与全球变化研究中一支重要的力量。目前，又在积极筹备中国内陆冰盖考察第二阶段的执行计划，冰穹 A 深冰芯钻探计划也在酝酿之中。具体到测冰雷达方面，我国起步于 20 世纪 80 年代初，当时在中国西部的山地冰川上开展过冰厚探测工作，但由于种种原因没有持续下去。2004—2005 年度，中国内陆冰盖队率先到达南极冰盖最高区域，并系统开展了雷达冰层探测工作，取得了非常重要的数据，在国际上引起关注。但遗憾的是，由于我国还不具有冰层雷达探测技术，雷达设备是借用日本的。

为了满足科考调查的需求，包括雷达回波信号特征准确提取冰下粗糙度、水文环境、冰底滑动关键数据的反演算法，结合冰盖表面地球物理调查数据和冰盖动力模式，实现可阐释冰盖间歇式运动机制、冰盖底部环境的遥感观测等，我们投入使用的冰雷达技术参数如下。

天线尺寸满足搭载雪地车上的要求，冰雷达电磁脉冲向下辐射，对人体不产生电磁干扰。高分辨率接收反射功率信号，识别出冰盖等时冰层分布和冰下环境，采样点间距优于 50 m，叠加次数不小于 512 次，瞬时发射功率 10 kW，反射信号功率分辨率优于 20 dB，冰雷达测厚能力不小于 3 500 m，冰层深部冰层分辨率高于 5 m，冰厚探测精度优于 15 m。采用电磁波频率在 150～200 MHz 范围的脉冲雷达技术，天线结构采用增列形式，满足搭载于固定翼飞机有限空间的要求，脉冲束角度小于 70°，采用磁场屏蔽技术，实现冰雷达电磁脉冲对人体和车辆安全不产生影响。采用脉冲宽度可调技术，兼顾探测深度和分辨率的双重需求，叠加数据处理方法，提高信噪比。采用激光测高仪和高精度 DGPS 定位传感器，获取冰雷达探测数据的空间位置和冰盖表面高程数据。

我们采用的冰盖探测雷达系统是在"863"极地机器人科考装备项目资助下，联合中科院电子所自主研发出的系统。该系统具有完全自主的知识产权，技术性能具有国际先进性和领先性。表 3 - 1 是与国际领先的冰雷达系统的比较。

表 3 - 1 与国际领先的冰雷达系统的比较

雷达参数	IECAS - Sounder - V2 （中科院电子所、中国极地研究中心）	Kansas - WCORDS （美国堪萨斯大学）	Hokkaido - Sounder （日本东北大学）
工作平台	机载/车载	机载/车载	车载
工作频率	150 MHz	125 MHz	30 MHz, 60 MHz, 179 MHz
带宽	100 MHz	150 MHz	2.4 MHz, 4.0 MHz, 14 MHz
接收机动态范围	>116 MHz	>114 MHz	>80 MHz
发射机功率	400 W	200 W	1 000 W
天线形式	车载：对数周期 机载：双偶极子	车载：Vivaldi 机载：双偶极子	车载：八木
A/D 动态范围	12 Bits	10 Bits	—
冰下分辨率	<1 m	<1 m	<6 m
探测深度	>35 000 m	>3 500 m	>3 500 m

雷达观测行进过程中，观测者在雷达舱内实时监测，一边是通过监测屏幕对观测数据进行持续查看，用以掌握雷达观测数据的质量和雷达系统的运行情况；同时观测者在舱内要对

雷达设备在各种颠簸条件下出现的状况进行维护。

（1）雷达工作舱介绍

在深刻吸取以往内陆考察工作经验的基础上，针对冰雷达技术特征和工作要求，特配备专门适用于冰雷达探测要求的工作舱一个。该工作舱分观测间与发电间两部分，工作舱内具有专门设计的适用于多套雷达观测的主机平台，使得在颠簸的冰面行驶过程中，最大限度地避免了仪器设备的损伤；发电间具备2 500 W全能型车载式移动互补电源系统，合理地利用风能、太阳能的互补性，将风能与太阳能结合起来构成风光互补发电系统，这将在很大程度上提高发电系统的稳定性和可靠性，保证了雷达观测工作的顺利进行。

全能型车载式移动互补电源系统主要由2台400 W的垂直轴和水平轴风力发电机、柔性、汇流箱、特制风光互补控制器、逆变器、镍氢电池组、静音低耗型柴油发电机组（1.5 kW）、半导体加热器、机体柜、塔杆基座、电缆管件等部分组成。

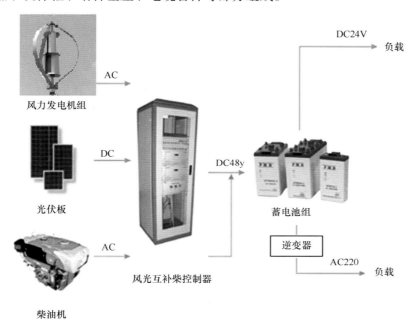

图3-4 车载电源系统的构成

其工作流程简易且可靠：当风能光能充足时，首先保证风能和光能给负载供电，当新能源仍有剩余时，给蓄电池充电；当风能光能发电满足不了负载时，蓄电池放电；当风能、光能不足以给电池充电时，电池电量下降至30%时，系统给出报警信号提示，这时，需人工切换为柴油发电机机组给负载供电，同时给电池充电；当风能、光能及柴油发电机组出现故障时，可外接AC220V电源给电池充电及给负载供电；当电池电量低至15%左右仍未有柴油发电机或车队大电源接入，则蓄电池会有过放保护功能，切断蓄电池停止放电。

观测过程中，雷达工作舱置于专用雪橇上，再托挂于雪地车或其他雪橇之后。

（2）深冰雷达

2012年12月10—16日完成了所需雷达设备的安装与调试工作，首先使用的是深部雷达与SIR雷达两套系统。深部雷达的对数周期天线共分接收与发射天线两支。首先进行雷达天线自身的组合安装，每个天线有一个馈电用的集合线和13对阵子，每对阵子有两支，从集合线上的馈电端口看去，振子的长度逐渐减小；将 13 对振子通过专用螺丝安装于集合线上的 13 对安装孔。组装好的天线长为 3.35 m。根据系统特性，将两根天线通过横梁支架（横梁支架固定于雷达舱顶部）分别架设于雷达工作舱的左右两侧，天线底端距离冰面约 2.3 m。为了天线在行驶过程中的稳固，在横梁支架的两端装配上下斜撑各两根，天线的连接电缆经雷达工作舱两侧的通线孔进入到舱内。用于浅层探测的 SIR 雷达天线置于雷达舱后面，根据 SIR 雷达的天线特性，需要将天线与冰面进行耦合，因此将天线固定的特制的玻璃钢雪撬内，并将该小雪撬拖挂在大雪撬的雪撬板正后方，使得玻璃钢雪撬在行进过程中一直位于大雪撬的撬辙内，以保证浅层雷达天线紧贴冰面平稳地向前滑行。浅层 SIR 雷达天线的连接电缆通过雷达舱后面的通线也进入舱内。

图 3 – 5　深部雷达天线安装

舱内的深部雷达系统由接收机、发射机、上位机（笔记本）3 部分组成（图 3 – 6、图 3 – 7）。其连接端口如表 3 – 2 所示。

表 3 – 2　连接端口说明

接收机	发射机	
电源输入⇒供电电源（24～30 V）	电源输入⇒供电电源（24～30 V）	
发射机输出⇒输出到发射机（连接到发射机）	功放输出⇒天线数据输入（发射天线）	
接收机输入⇒天线数据输入（连接到接收天线）	功放输出⇒发射机输出（接收机）	
功放门控⇒功放门控（发射机）	功放门控⇒功放门控（接收机）	
USB⇒上位机 USB 端口（笔记本电脑）		
GPS⇒外接 SMA 射频线（射频线直接连出）		

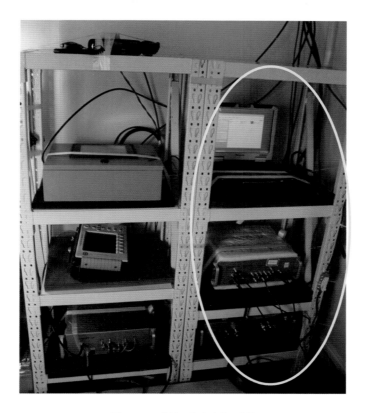

图 3-6 深部雷达主机系统

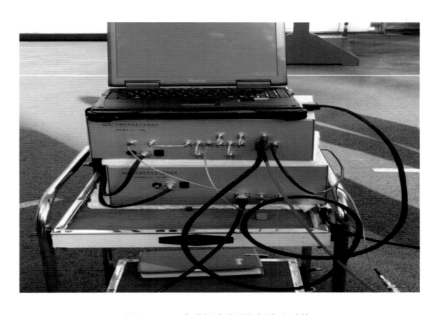

图 3-7 冰盖深部探测冰雷达系统

深冰雷达系统工作于调频脉冲压缩体制，工作频率是 100~200 MHz，冰体厚度、
冰下地形探测深度：大于 3 500 m，冰体内部结构分辨率：2 m。

2012 年 12 月 16 日，随着昆仑站队出发雷达观测工作也正式开始实施。所采用的深部雷达是穿透能力超过 3 500 m、拥有自主知识产权、新近研发的深冰雷达探测系统。它工作于调频脉冲压缩体制，工作频率为 500 MHz，发射机最大发射功率为 100 W，天线采用对数周期天线。系统的主要技术指标如表 3 - 3 所示。

表 3 - 3　冰盖深部冰雷达系统主要技术指标

参数	数值	单位
中心频率	150	MHz
带宽	100	MHz
接收机增益	81	dB
脉冲宽度	0.4 ~ 10	μS
发射机最大峰值功率	500	Watts
天线	对数周期天线	—
冰下距离向分辨率	1.0	m
极地冰厚探测深度	>3 000	m

图 3 - 8 是机器人平台的冰雷达工作带宽测量结果，从图中可以看出，雷达系统的工作频率范围为 100 ~ 200 MHz，系统带宽为 100 MHz。

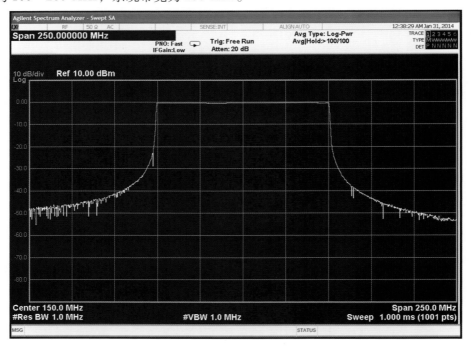

图 3 - 8　冰雷达工作频率范围

行进过程中，操作人员要根据冰盖结构的变化不断调整观测参数，达到最佳探测效果和质量。此次调整参数包括波形参数、发射机功率、接收机窗口、衰减器大小、采集点数与累加次数等，所依据的厚度变化范围是 500 m 至 3 km，雷达观测的起点位置是 69°26.957′S、76°18.673′E，终点位置是 80°24.538′S、77°07.956′E，所观测的断面长度约为 1 200 km，历时约 20 天，获取了连续性的观测数据，为识别基岩界面、提取冰盖厚度、冰下地形、基岩地貌和特征等研究打下了数据基础。

随着车队逐渐深入到内陆地区，海拔越来越高，气温越来越低，还会伴随着大风的白化

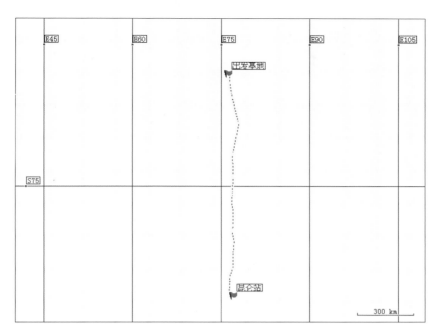

图3-9 中山站至昆仑站断面航迹（1 200 km）

天，这给冰雷达观测工作带来了巨大的困难与挑战。由于雷达天线架设于舱顶两侧，时刻经历着冰面震动的考验，每天宿营后观测人员需要都爬到舱顶对天线进行检查和加固。所需查防注意事项包括：天线受到碰撞，以防振子变形、断裂或松动；定期对天线进行检查，察看是否有振子松动的情形，若有则及时拧紧；定期检查馈电线缆的接头是否有松动，若有则及时紧固。

图3-10 雷达工作舱冰面测量（I）

此外，2012年12月24日在距离中山站约520 km处，在新选站址地区2 km×2 km的区域内开展了5条剖面的雷达观测，每条测线长约2 km，如图3-11所示。

到达昆仑站后，继续开展深冰雷达的探测。深冰雷达探测以昆仑站为中心，在20 km×

图 3 - 11　雷达工作舱冰面测量（Ⅱ）

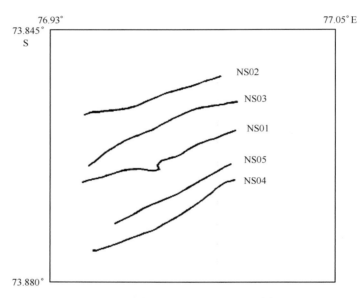

图 3 - 12　新选站址雷达冰厚观测剖面

20 km 的范围内完成了测线间距为 1.5 km 的高密度探测。共分 4 个区域开展探测，每天行驶距离达 80 ～ 90 km。该探测工作将精细描绘昆仑站区的冰下地形，并为站区进一步建设和冰芯钻探等工作提供冰层结构等信息。在昆仑站区开展的冰雷达观测数据表明：以昆仑站为中心的 20 km × 20 km 的范围内平均冰厚为 1 700 ～ 1 800 m，冰厚变化明显，探测最大冰盖厚度超过 3 000 m。昆仑站区域冰层呈现典型的垂向形变特征，说明冰穹 A 地区冰体运动历史简单，水平流动量小，主要为垂向形变的动力过程，与典型冰盖流动理论相吻合。

返程期间的雷达观测，在返程的过程中，结合国际前沿研究热点，选取了距离行进路线较近的特征区域两个，于 2013 年 1 月 26 日以点位 79°00.892′S、77°24.737′E 为中心开展了特设的"申"字形测线观测。该测线中间纵向测线长 22 km，两侧纵向测线长均为 10 km，3 条横向测线长均为 10 km；于 2013 年 1 月 27 日以点位 78°51.931′S、76°58.899′E 为中心开展了"中"字形测线观测。该测线网中的中间纵向测线长 19 km，两侧纵向测线长均为 5 km，

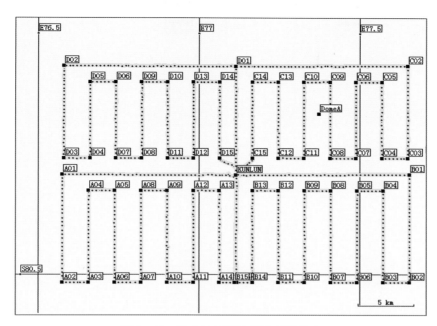

图 3 – 13　昆仑站区深冰雷达观测航迹

两条横向测线长 10 km。两组测线点位的选取与设计是根据国际 AGAP 计划发现存在大幅度冰下消融和再冻结的指定区域。昆仑站队返程中，于此处采用深部探测冰雷达开展综合探测，对再冻结冰的内部结构和几何特征进行冰雷达三维探测。由于偏离了主路线，冰面情况复杂多变且无法预知，给冰雷达舱的行进带来极大的挑战。为了提高观测工作的效率并在均速行驶的条件下保证观测数据的质量，雷达工作舱专配机械师一名与雷达现场执行人每天根据车队行程时间提前出发，在完成观测任务后回归车队。

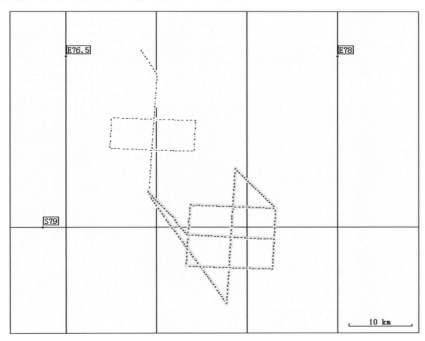

图 3 – 14　返程中特征区域内深部雷达观测航迹

对深冰芯钻孔附近的观测数据进一步处理后，可以看出在 3 000 m 附近存在回波信号，如图 3 − 15 所示。

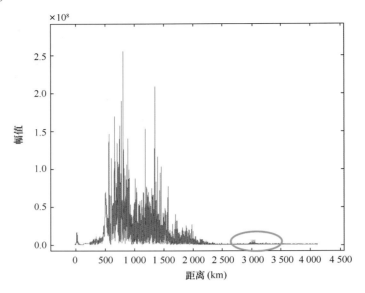

图 3 − 15　深部雷达观测数据经脉冲压缩后波形

由于经过长距离的衰减后，振幅较小，为了获得精确的厚度信息，对图 3 − 15 中的数据进一步处理，做取对数处理，获得图 3 − 16 的结果。从图 3 − 16 中可以看出，在 3 030 m 和 3 250 m 处存在明显的回波。

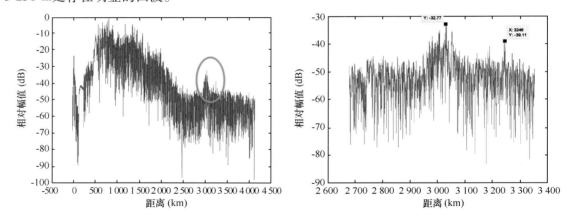

图 3 − 16　深部雷达观测数据经滤波放大后波形

在昆仑站实测结果如图 3 − 17 所示，在昆仑站地区，冰下基岩深度超过 3 500 m，表明冰雷达具有良好的穿透和分辨能力。

冰雷达探测分辨率分析。以第 29 次南极考察队在昆仑站附近获取的冰雷达数据实测分析，取中间层位计算分辨率，连续的 3 个相邻层的层厚分别是 1.0 m、1.0 m、1.0 m，表明雷达冰下分辨率优于 1.0 m（图 3 − 18）。

（3）车载浅层探冰雷达（FMCW）

在深部探测的同时，还增加了车载浅层探冰雷达（FMCW）高分辨率的精确探测。所采

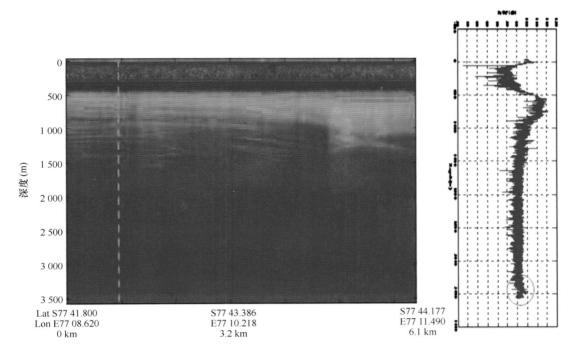

图 3-17 冰雷达穿透能力分析

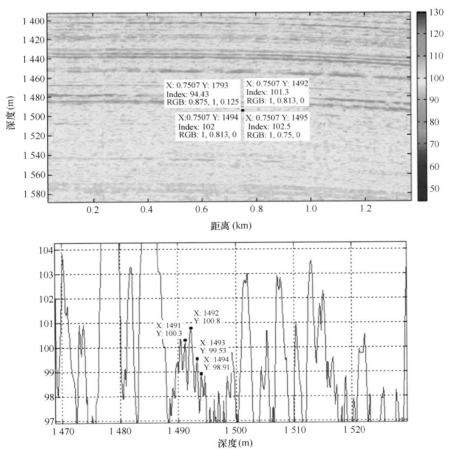

图 3-18 冰雷达分辨率分析

用的雷达工作于调频脉冲压缩体制，工作频率为 1.25 GHz，发射端口最大发射功率为 1 W，天线采用 Vawadi 天线。其探测深度可达 200 m，冰层厚度分辨率高达 8 cm。系统的主要设计指标和技术指标如表 3 - 4 和表 3 - 5 所示。

表 3 - 4　冰盖浅层 FMCW 冰雷达系统主要设计指标

序号	参数	设计指标
1	工作带宽	0.5 ~ 2 GHz
2	接收增益	50 dB
3	脉冲宽度	4 ms
4	发射机最大峰值功率	1 W
5	天线	Vivaldi
6	系统重量	< 15 kg
7	冰下距离向分辨率	10 ~ 15 cm
8	极地冰厚探测深度	> 200 m

表 3 - 5　冰盖浅层 FMCW 冰雷达系统主要技术指标

参数	数值	单位
中心频率	1.25	GHz
带宽	1.5	GHz
接收增益	50	dB
脉冲宽度	4	ms
发射机最大峰值功率	1	Watts
天线	Vawadi	—
冰下距离向分辨率	8	cm
极地冰厚探测深度	~ 200	m

图 3 - 19 和图 3 - 20 分别是冰盖浅层 FMCW 高分辨率雷达系统图和冰盖浅层雷达系统工作带宽测量图，从图 3 - 20 上可以看出，雷达系统的工作频率为 0.5 ~ 2 GHz，系统带宽为 1.5 GHz。

浅层雷达系统的安装：天线分为接收天线和发射天线，两个天线完全相同，安装时将天线正面方向竖直朝下，两个天线安装在雪地车同一侧，相同高度，两个天线前后距离大于 1 m，天线正面与雪地车前面的挡风玻璃面方向垂直（图 3 - 21）。雷达系统由雷达主机、上位机（笔记本）和天线 3 部分组成，其中雷达主机和上位机置于车内。

表 3 - 6　连接端口说明

内部端口	外部设备端口
参考信号输入 ⇒ 参考信号输出	电源输入 ⇒ 线性稳压电源供电
接收机输出 ⇒ ADC 信号输入	接收机输入 ⇒ 天线数据输入
DAC 时钟输入 ⇒ DAC 时钟输出	发射机输出 ⇒ 输出到天线
ADC 时钟输入 ⇒ ADC 时钟输出	USB ⇒ 上位机 USB 端口
10M 时钟输入 ⇒ 10M 时钟输出	GPS ⇒ 外接 SMA 射频线

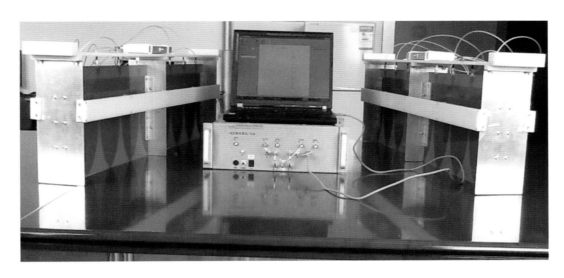

图 3 – 19　冰盖浅层 FMCW 高分辨率雷达系统

可用于南极上部 200 m 以内冰体结构探测，它工作于调频连续波体制，工作频率是 0.5 ~ 2 GHz，

冰下分辨率 10 ~ 15 cm 系统，系统重量小于 15 kg

图 3 – 20　冰盖浅层冰雷达系统工作带宽测量结果

　　浅层冰雷达观测对于雪积累率和积雪的密蚀化过程具有重要意义。在 FMCW 浅层探冰雷达观测的同时（图 3 – 21，图 3 – 22），还利用 SIR20 型浅层雷达进行对比观测。采用不同制式的雷达观测，既丰富了观测数据又提高了观测结果的质量。测线的设计都兼顾了以往冰芯钻探的点位，以此为研究成果的延续。为了获得更好的观测效果，对每条测线都严格探制偏移距进行重复探测。

图 3 - 21　浅层 FMCW 雷达观测工作

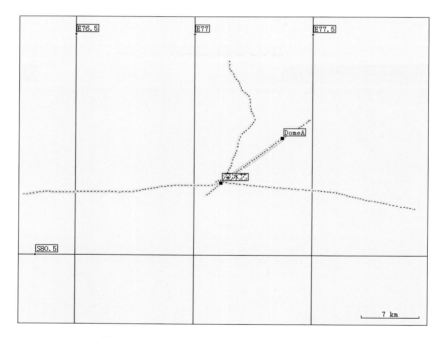

图 3 - 22　昆仑站区浅层 FMCW 雷达观测航迹

3.3.2　冰盖表面物质平衡与流速运动观测设备

冰盖表面物质平衡观测采用花杆观测法进行。沿内陆冰盖断面，每隔 2 km 设置一根竹竿作为观测标杆，用标尺测定冰盖表面至竹竿顶部的高度，间隔一定时间重复测量，获取表面精物质平衡量。该方法在冰川学上称之为物质平衡花杆观测法。

在中山站至昆仑站内陆断面和冰穹 A 地区布设固定观测站点和网站，采用高精度 GPS 定位测量，结合动态差分 GPS 设备手段，开展重复观测。选择基础长度长 1 m、可伸长、直径 30 cm、顶端刻有"＋"字的玻璃钢杆作为 GPS 高精度定位标志杆。在冰盖上进行 GPS 高精度定位测量的同时，中山站有同一类型的 GPS 接收机同时进行测量。这样以中山站上的接收机为基准点，同时取得中山站附近（100 ~ 500 km）澳大利亚南极考察站 Davis、Casey、Mawson 3 站的 GPS 数据，与中山站和冰盖上的 GPS 数据统一进行差分处理，便能得到冰盖上各 GPS 高精度定位点厘米级精度的坐标。通过不同期的复测数据的计算，便能得到考察沿线 GPS 高精度定位点的流动速度，它也代表着沿线的冰川流动速度。

使用到的设备包括 Leica AT504 扼流圈天线，Leica SR530 GPS 接收机，Leica GRX1200 GPS 接收机，Leica AT502 GPS 天线，Leica AX1202 GPS 天线，Leica GX1230 GPS 接收机，加拿大 Sensor & Software 公司生产的 pulseEKKO PRO 型探地雷达，静态 GPS 接收机；JX - 4 测图仪、ArcGIS 等。

3.3.3　冰芯钻探系统

3.3.3.1　500 m 冰芯钻探系统

该设备为中国极地研究中心与日本 GEO TECS 公司联合研制的 500 m 冰芯电动机械式钻机。钻机技术参数见表 3 - 7。

表 3 - 7　浅冰芯电动机械式钻机技术参数

名称		技术参数
钻具	主要参数	型号：Model D - 3，长度 3 359 mm，重量 50.5 kg 冰芯：直径 95 mm，长度 1 000 mm
	反扭装置	板簧式：3 片，长度 599 mm，厚 2.5 mm，宽 30 mm
	驱动部分	电机：直流电机，型号 TM - 80 - 50200 200 V/500 W 4 000 r/min；谐波减速器，减速比 1∶80
	外管	外径 125 mm，壁厚 2.5 mm，长 2 580 mm
	冰芯管	冰芯管：外径 101.6 mm，壁厚 2.1 mm，长 2 529 mm，3 螺旋翼片
	钻头	外径 135 mm，3 个刀片；钻头前角 35°；3 个冰芯卡断器；3 个垫靴
	扩孔钻具	第一扩孔钻具：外径 180 mm，冰屑管长度 2 260 mm 第二扩孔钻具：外径 215 mm，冰屑管长度 1 760 mm 第三扩孔钻具：外径 235 mm，冰屑管长度 1 560 mm
绞车	主要参数	型号 W - 4；提升力：600 N，最大 1 200 N；提升速度：25 ~ 45 m/min
	卷筒	内径 300 mm，外径 500 mm，宽度 300 mm
	电机	3 相 200 V，1.5 kW 电机；无极调速；型号 MKC6097C
钻塔	主要参数	高度 3 300 mm
	滑轮	外径 350 mm
电缆	主要参数	铠装电缆 4 - H - 220 K，外径 5.66 mm，4 芯，长度 600 m
控制箱	钻具控制箱	输入：交流 200 V；输出：钻具电机，直流 0 ~ 200 V；配套设备：变压器，AC/DC 转换器，变频器，电压表
	绞车控制箱	输出：绞车变频器型号：AC200 V - 1.5 kW；变频器：单相输入，3 相输出；配套设备：变频器，电压表，电流表，杠杆开关，制动单元
	冰屑泵	阿基米德泵

3.3.3.2 深冰芯钻探系统

该系统是中国极地研究中心与日本 GEO TECS 公司联合研制的深层冰芯钻探电动机械式钻机。钻机技术参数见表 3-8。

表 3-8 深冰芯电动机械式钻机参数

名称		技术参数
钻具	主要参数	型号：CHINARE/JARE 深冰钻；全长：12 223 mm 直径 94 mm 冰芯，长度 3 800 mm
	反扭装置	板簧式反扭装置，3 片，长 700 mm
	驱动单元	电机：直流电机；型号：TM - 80 - 50200，200 V/500 W 4 000 r/min；谐波减速器，减速比 1：80
	外管	外径 123 mm，壁厚 4.5 mm，长 4 598 mm，铝合金
	冰屑室	外径 123 mm，壁厚 4.5 mm，长 5 000 mm
	冰芯管	冰芯管：外径 101.6 mm，壁厚 2.1 mm，长 4 000 mm；3 条聚四氟乙烯螺旋条
绞车	主要参数	型号：CHINARE/JARE 深冰钻绞车 - 4000；提升力：10 kN，最大提升力 15 kN，提升速度：0 ~ 60 m/min。
	卷筒	宽 804 mm，外径 410 mm（第一层）
	电机	型号：TIKK - EBKM8 - 4P - 15 kW，输入 160 V 53 Hz，输出 15 kW，无极调速
钻塔	钻塔顶部	宽 400 mm，高 450 mm，长 2 750 mm；顶部滑轮：外径 630 mm；压力传感器：SH - 50 kN
	可旋转滑轮	滑轮：外径 480 mm；编码器：E6C2 - CWZ6C - 1200；机械计数器：Model RL - 606 - 5（2）
电缆	主要参数	铠装电缆 7H - 314K，外径 7.72 mm，长 4 000 m
控制箱	钻具控制单元	供电：AC200 V 3 相；输出：钻具电机 DC0 ~ 400 V；配套设备：变压器，AC 电压表，DC 电压表，钻压表
	钻具供电单元	供电：AC200 V 3 相；配套设备：变压器 0 240 V，变压器 240 ~ 500 V，桥式整流器，电容
	绞车主控制箱	供电：AC200 V 3 相；输出：变频器控制；变频器型号：VFAS1 - 2185PM 200 V 18.5 kW
	制动单元	型号：PBR7 - 052W7R5
	绞车控制箱	供电：AC200 V 3 相；配套设备：钻压表，钻速表，深度表，电机电压表，电机电流表，频率表

3.3.4 格罗夫山考察主要设备

3.3.4.1 天然地震仪阵列

将 10 套 RFTEK130 和 3ESP（或 STS - 2）组成的宽频带地震观测系统设置在拉斯曼丘陵和格罗夫山地区，台站间距为 20 ~ 50 km，仪器连续记录 12 ~ 24 个月。目前仪器已经开始观测并实时记录数据。

将 5 套宽频带地震仪器轮流在格罗夫山裸露基岩区进行长期观测，最终组成一个二维的观测阵列。为扩大观测面积，并进行岩基、冰基地震观测数据对比，我们还在拉斯曼丘陵设置了 3 台地震仪，在中山站—格罗夫山途中设置了 2 台冰基地震仪，同时在关键地区设置了大地电磁观测记录仪。

（1）低温改造

要满足在南极大陆极端气候条件下地震观测，需要在现有条件下对仪器进行部分改造，并在安装仪器时增强保温措施，保证仪器在极低温条件下正常运转。

宽频带地震仪器是高精度的进口电子产品，对其电子元器件的低温改造不仅成本高昂，而且也不具备技术条件，因此仅对仪器的电缆和外围设备进行了改造。

①地震计原装电缆在低温时僵硬，不仅容易折损还不利于安装。经常造成地震计的水平偏移，严重影响记录质量，为此将其改装为德国进口的 TKD 低温柔性电缆。由于其良好的屏蔽性，还将电源和信号传输线整合到一根电缆，增强了仪器在低温情况下的稳定性。

②在南极特殊的条件下记录介质非常重要。预研究中将记录介质 CF 卡置换为原装进口的 INNODISK 工业级宽温度的 ICF4 000 卡，该 CF 卡专为需要在苛刻的条件下操作的电子设备而设计，工作温度可在 $-40 \sim 85℃$，具有防震、防尘及高传输速度等优点，可以保证记录数据的安全。

③电瓶采用了 BLS 的低温卷绕电池组，保证电瓶在低温情况下充、放电的效率。该电池可在 $-55℃$ 低温正常使用，内部无流动液体可任意方向放置使用，启动电流大，是普通电池的 3 倍。

④太阳能控制器在以往的使用中经常因为温度变化、水汽等因素而损坏，为此特别定制了具有 IP67 标准、低温性能良好的控制器，消除了电源系统中的隐患。

（2）地震仪器电源系统配置

由于南极特殊的地理环境，每年 6—12 月处于极夜状态，为保障野外仪器的正常工作，需要考虑除太阳能之外的电源，而南极的风能是可以利用的唯一能源。因此，仪器的电源系统采用了风能与太阳能结合的供电方式，尽可能保证仪器在 12 个月内连续工作。

南极内陆温度低、风力大，普通风机难以承受。我们通过厂家定制的 GP-300 风能发电机基本能解决这一问题，该风机历经厂家多次强台风和风洞测试，工作环境温度 $-50 \sim 120℃$，安全风速可达 50 m/s。通过风光互补控制器连接太阳能和风机组成一个 300 W 的电源系统，风能和太阳能可同时，也可以分别为地震仪器供电。

（3）地震仪器的保温措施

南极的极端低温是野外仪器要克服的难题，保持仪器的正常工作温度是一个至关重要的因数。一般情况下仪器要在 $-20℃$ 之上才能正常工作，而且还要尽可能保持恒定的温度，显然在南极无法满足这样的条件。为解决这一问题我们首先把仪器放置在通用保温箱内，这种 120 L 的保温箱有成品可买，成本低保温效果好，然后在箱子内再放置根据仪器形状制作的橡塑保温海绵。经测试 25℃ 的温度经过 24 h 后还能保持在 12℃ 左右。但仪器长期观测还需要外部提供一定的热源，而硅胶加热薄膜可以很好地解决热源的问题，我们在记录器、摆箱和电瓶箱中各放置两片 5 W 12 V 的直流加热薄膜，使用定时器控制每天加热 4 次，每次 60 min。这样不仅节省电力还能保持仪器的温度。基本可以满足低温条件下宽频带地震仪器的观测条件。

为了确保野外仪器的正常、稳定的工作，在仪器的低温改造、电源系统和安装方式等各个环节做了认真的准备，逐步形成了一套较完善的南极宽频带地震仪器的观测体系。

3.3.4.2　岩矿化探设备

手持式矿石分析仪是一种 XRF 光谱分析技术，X 光管产生的 X 射线打到被测样品时可以激发样品中对应元素原子的内层电子，并出现壳层空穴，此时原子处于不稳定状态，当外层电子从高轨道跃迁到低能轨道来填充轨道空穴时，就会产生特征 X 射线，原子恢复稳态。X 射线探测器将样品元素的 X 射线的特征谱线的光信号转换成易于测量的电信号来得到待测元素的特征信息。目前在地质勘探、矿山测绘、开采、矿石分选、品位鉴定、矿产贸易、金属冶炼以及环境监测等领域有着广泛的应用。

目前，项目利用 Niton XL3t 500 矿石分析仪已经完成如下工作。

对南极岩矿标本库中的岩石样品进行了测量，共测量岩石样品 213 块，获得岩石元素含量数据 619 条，大部分样品检出 31 种元素，包括 Mo、Zr、Sr、U、Rb、Th、Pb、Se、As、Hg、Zn、Cu、Ni、Co、Fe、Mn、Cr、V、Ti、Sc、Ca、K、S、Ba、Cs、Te、Sb、Sn、Cd、Ag、Pb，极少数样品检测出 Nb、Bi。

3.3.4.3　透冰地质钻探系统

透冰地质取样钻机深冰芯钻探现场准备利用一个夏季完成，基础设施建设包括蓝冰面发电机间、钻机控制室、维修车间等。钻探作业区包括钻塔拱形建筑、钻探地沟、岩芯存放和现场测量工作间、钻孔填充液存放和灌注室等建筑。经研制改装后的 HXY - 8 型取样钻机在国内完成组装测试后，从国内运输到中山站，然后由雪地车运送到深冰芯钻探地点进行安装，随即开始实施取样钻探。预计 2011—2012 年开始，以后每年继续在不同井位实施钻探取样，争取对格罗夫山地区全部主要冰下盆地进行钻探取样。钻取的岩（泥）芯样品经现场处理后，由内陆车队从格罗夫山低温分装运输运到中山站，装载上"雪龙"船。

经过技术、经济分析评价，在格罗夫山取样钻探采用具有足够钻探能力（包括处理事故和复杂情况的能力）先进性和经济性的国产 HXY - 8 型 2 000 m 全液压岩心钻机。由于该钻机尚不具备钻透冰层的经验和适当的钻具，因此开展了具有针对性的研发和改装。钻孔孔径宜选择 PQ - 122 mm、HQ - 97 mm、NQ - 77 mm，钻孔结构适当简化。钻进以采用绳索取心方法为主，如深部岩石地层复杂，亦可准备一批高强度铝合金钻杆（普通提钻方法）。高强度铝合金 50 mm 外丝钻杆无锡现在已经可以生产。考虑成本和环保，钻井液以水基为主。如地层漏失严重，可以考虑使用泡沫泥浆，该类型泥浆的比热系数，即热传导特性差，有利于孔壁稳定。机器设备保温，绳索取心钻具内管总成、施工人员等均需保暖，保温以遮蔽围挡为主，采用电加热等应根据环境温度和施工厂房进行热平衡计算。寒冷低温地区施工装备配置的动力机还应考虑具有预热启动功能，泥浆循环系统需要特殊保温控温处理。应当针对永冻层回冻等孔内事故及复杂情况进行设备研制和技术处理方式。

3.3.5 其他重要设备

3.3.5.1 冰盖表面特征监测系统

本系统为自我研制，目的是实现内陆考察队在车辆行进过程中对沿途冰面的状况（车辆颠簸、积雪深度）进行自动化监测，通过对沿途冰面状况的监测数据来分析雪面的粗糙度。本系统包括平板电脑控制器、三维振动传感器、激光测距仪、GPS 定位模块等。主要是利用三维振动传感器和激光测距传感器取得南极中山站至昆仑站内陆降雪量积雪厚度以及雪地车振动、角度、吃雪深度等参数，并且用 GPS 进行全天候全路段的实时定位，采集完数据后进行分析，总结断面雪面的粗糙度、积雪厚度的空间分布特征，为研究南极冰盖冰物质的平衡状况提供依据。其系统原理如图 3 - 23 所示。

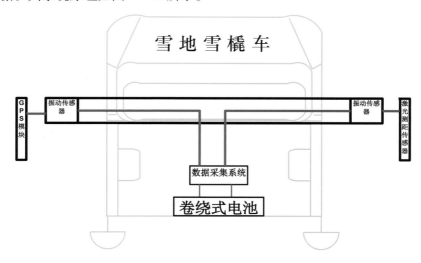

图 3 - 23　冰盖表面特征监测系统原理

系统的两个"六方向惯性导航模块"MPU - 6050，是一个三维的加速度计，能高监测 3 个方向的角速率；激光测距仪监测车辆顶部至雪面的距；GPS 模块记录车辆行进的轨迹。经过半年的研制，该系统于 2014 年 9 月初研制成功，系统实物图见图 3 - 24。监测软件是在 Vb 环境下进行监测界面的编写，并安装在平板电脑上，实现数据的在线监测及存储。

3.3.5.2 极地海基海冰浮标

海冰是极地冰冻圈极重要的组成部分，它是海洋表面积温与海洋热通量共同作用的产物，反映了海洋与大气之间的相互作用和影响，因此海冰是大范围的研究和预测地球气候变化以及海洋热通量的重要参考因素（Gerhard，2003；康建成等，2005）。海冰的变化情况直接影响到内陆冰盖的消融和生成，并且对南北极的生态圈也起着至关重要的作用，2002 年美国科学家 Smith 和 Kerr 发现由于北极海冰范围的持续性缩小对当地居民及海鸟，北极熊在内的极地生物圈造成了很大的影响，所以对海冰的监测研究至关重要（赵进平，李涛）。但海冰监测有两个难点：海冰生长的持续性监测和实时性监测（CHENG，2002；ZHANG. et al.，2006）。

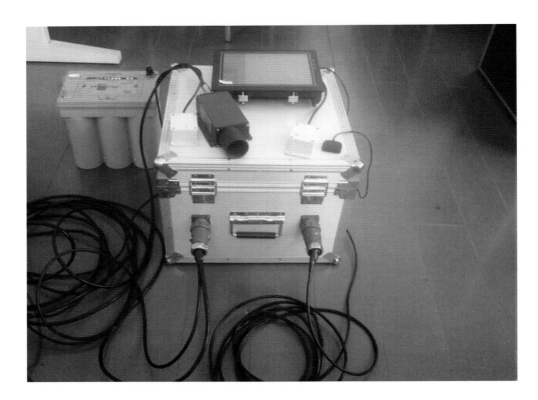

图 3 - 24 监测系统实物

图 3 - 25 南极现场安装

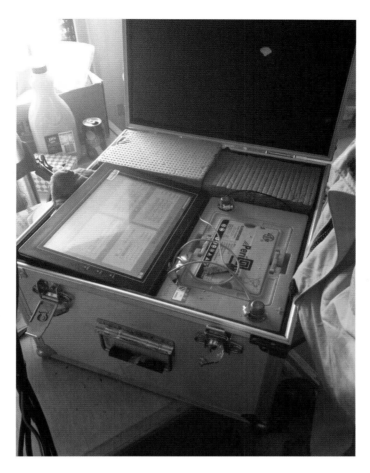

图 3 - 26 仪器箱内部图

利用海冰浮标实时监测海冰的生长消融是全世界极地研究的一个重点，投入了大量的人力、物力，但目前为止并没有一个很好的监测方法。并且我国南北极海冰研究设备大部分是从芬兰、美国、德国和俄罗斯等国家采购的，性能优越，但是一般这类仪器的售价太高，例如，极地研究中心雷瑞波教授研究海冰生长所使用的采购自芬兰的温度链传感器售价就高达3万余元，加上控制设备整套设备高达十几万元。另外，在南北极实地应用时无法对设备进行维护和调试。这样要研究大范围的海冰生长漂移等基本不可能。基于这些，笔者希望能够用更加经济的方法来监测海冰的生长消融。

海冰浮标整体结构框图如图 3 - 27 所示。系统主要由 3 大部分组成：蓄电池供电控制，数据采集和数据发送。本系统采用 GPS 定位浮标，监测海基浮标随海流漂移的位置。依靠电容冰厚传感器及温度链采集的电容温度数据来综合判断冰厚，通过冰上声呐传感器监测海冰上表面降雪累计量，利用冰下声呐传感器数据区分冰花和海冰的分界面从而得到实时连续的测量数据，经由铱星通信实时传输海冰各参数实施监测数据，达到实时监测海冰生长消融和漂移的目的（图 3 - 27）。

图 3 -28 为自我研制的海基浮标的实物图。海基浮标从总体结构上来看由两部分组成：坐落在冰浮标上的冰上子系统和冰下监测系统。冰上子系统包铝合金支架、太阳能板、小型垂直风力发电机、声呐传感器、铱星天线和 GPS 天线。水下监测系统包括温度链、重锤以及

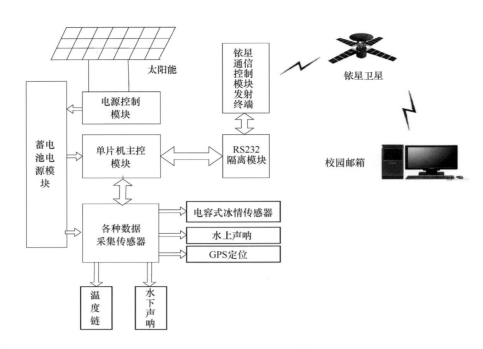

图 3 - 27 海基浮标监测系统原理

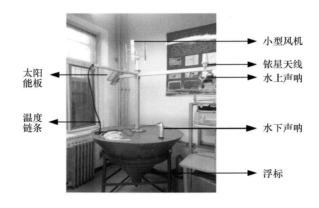

图 3 - 28 海基浮标的实物

冰下声呐传感器。海冰浮标的控制装置及电源在浮标内部，导线通过铝合金管与各传感器、天线等设备相连接。

3.3.5.3 中山站至昆仑站冰盖表面积雪及温度链监测仪器

该仪器也是自制仪器，主要用于冰盖表面积雪累积量自动监测及浅层冰雪层（10 m 以内）冰雪温度监测，以及监测点风速、风向等的综合监测。

如图 3 - 29 所示，该系统包括主控制器、风速传感器、风向传感器、超声波雪面监测传感器、9 m 长（每 9 cm 一个温度测点）温度链传感器、铱星数据无线传输模块、蓄电池及小型风力发电机等。主控制器主要对各类传感器进行数据读取和定时开断监测，以减小系统工作功耗。风速风向传感器主要监测安装点的风参数，超声波雪面变化传感器主要实时监测安装点冰盖表面降雪量，9 m 长温度链能够对雪面以下 9 m 深的冰雪层断面进行温度监测。小

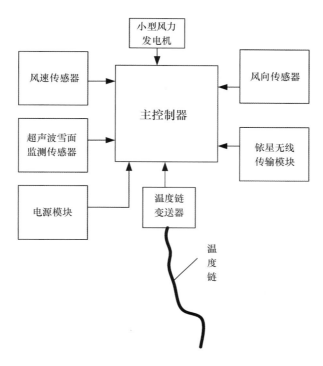

图 3 - 29　冰盖表面积雪及温度链监测仪器概念图

型风力发电机可以给蓄电池进行间断性充电，保证监测系统电源充足，铱星无线传输模块负责将监测的数据进行无线发送，直接传回国内。

图 3 - 30 是冰盖表面积雪及温度链监测仪器的支架外形图。该系统将在第 32 次南极考察中在中山站至昆仑站冰盖上安装 10 套进行监测试验。

3.3.6　现场和室内分析设备

现场分析设备包括冰密度测量设备、ECM 仪、自动化扫描分析设备、冰组构分析仪，钻孔温度测量设备，FA - 1 型六级筛孔撞击式空气微生物采样器（军事医学科学院微生物流行病研究所和仪器研究所），TH - 150 型智能中流量总悬浮微粒采样器（武汉天虹智能仪表厂），PM10 - 100 型大气可吸入颗粒物切割器（武汉天虹智能仪表厂），公牛（BULL）GN - 804 防冻结工程供电系统，野外便携式雪地浅层雪芯钻探器（中国科学院寒区旱区环境与工程研究所）等。

样品实验室分析设备：ICS - 3000 离子色谱仪、Picarro 水同位素分析仪、Finnigan MAT - 253 稳定同位素比质谱仪、Beckman Coulter Multisizer 3 微粒分析仪、Varian GC450 气相色谱仪、Perkin Elmer Quantulus 1220 液体闪烁计数仪、Milli - Q Element 洁净实验室超纯水制备系统、X 射线衍射仪、α/β 计数系统 MINI 20、SEM 扫描电镜、冰切片磨制机（Leica SM2400），冰芯带锯（HEMA BB_ 315_ S 和 HEMA BB_ 315_ H）、冰组构自动分析仪（G50）、高分辨时间飞行气溶胶质谱一套（HR - ToF - AMS）（含车载平台）、电感耦合等离子质谱（ICP - SFMS）、外置离子阱型气相色质联用仪（ITQ1100）、雪特性分析仪（Snow Fork）10 套、低浓度 α/β 活化度计数仪、高温元素分析仪、低温微生物分析系统、偏光显微镜、电子探针、扫描电子显微镜、多道同位素质谱仪、惰性气体质谱仪、宇宙核素前处理、大功率同位素质

图 3 - 30　冰盖表面积雪及温度链监测仪器的支架外形

谱仪、Ar - Ar 质谱仪、透射电子显微镜、有机物质谱仪。深部冰雷达系统 2 套、浅部冰雷达系统 3 套、500 m 冰芯钻机和深冰芯钻机系统、星载差分高精度定位 GPS 系统（Star Fire 32）、机载电磁感应测量系统（EM - bird）、机载航拍照相机、高光谱可见光辐照度计。OR-TEC 高纯锗 γ 射线探测器（AMETEK, Inc.）。ICP - OES DV2100（Perkin Elmer, Inc.）。4000 Q TRAP LC/MS/MS 系统（Applied Biosystems MDS SCIEX）。ICS5000，DIONEX 离子色谱分析仪（Thermo Fisher Scientific Inc.）。

　　断面表层雪过量^{17}O 测试在法国原子能委员会和法国科研中心的气候与环境实验室（LSCE）完成，分析仪器包括 CoF$_3$ 法纯氧制备流程和气体稳定同位素质谱仪。

3.4　考察人员及分工

　　本项目由中国极地研究中心联合中科院青藏所、中科院寒旱所、武汉大学、黑龙江测绘局、南京大学、中国科学技术大学、吉林大学、太原理工大学共 9 家单位共同完成。

3.4.1　考察人员

　　根据年度考察任务和现场计划，由各参加单位推荐初选人选，专项办和极地办经过统筹协调后，再经高原适应性训练和选拔考核后，确定出考察人员名单。在"十二五"期间，本专题人员先后派出共计 58 名队员赴南极现场考察工作。

本专题在"十二五"期间，派出人员赴南极工作统计表见表 3 - 9。

表 3 - 9　派出人员赴南极工作统计

时间	考察队次	考察区域	人数	备注说明
2011—2012 年度	第 28 次南极考察	内陆断面、冰穹 A，昆仑站及黄河站	15 人	内陆保障队员协作
2012—2013 年度	第 29 次南极考察	中山站、内陆断面、冰穹 A，昆仑站、泰山站及黄河站	16 人	内陆保障队员协作
2013—2014 年度	第 30 次南极考察	中山站、内陆断面、冰穹 A，格罗夫山、昆仑站、泰山站及黄河站	17 人	内陆保障队员协作
2014—2015 年度	第 31 次南极考察	中山站、内陆断面、冰穹 A，昆仑站、泰山站及黄河站	16 人	内陆保障队员协作
	合计		64 人	

3.4.2　考察分工

中国极地研究中心是本项目的投标人，负责制定考察内容和工作量以及项目任务的分解和落实，负责项目进度并保障按计划进行以及预期目标的实现和成果的提交。负责在冰穹 A 地区进行冰芯钻探和冰盖/冰架冰雷达探测以及站基冰冻圈要素综合监测研究，协调昆仑站及周边区域、中山站至昆仑站、埃默里冰架和站基冰冻圈综合考察，承担冰盖外业考察和室内分析处理、雪冰样品野外采集和室内分析测试工作。

中科院青藏所负责对南极格罗夫山新生代古环境与地球物理综合考察的室内研究，开展大范围冰雷达探测研究，为确定冰下古沉积盆地（冰下湖）的准确位置做准备；开展透冰地质取样钻探（HXY - 8 型钻机）的改造与关键配套设备的研制，为开展人类首次岩基阵列天然地震观测，进行相关配套设备的改进与研制。

中科院寒旱所承担南极冰盖考察任务，参与冰盖系统（冰架、冰盖断面和冰穹）物质平衡变化及冰盖动态研究。

武汉大学负责中山站 - 冰穹 A 沿线冰流速点观测任务，负责绘制 2005—2011 年间中山站—昆仑站断面平均冰流速矢量图。

黑龙江测绘地理信息局负责冰穹 A 区域 1 : 50 000 冰下地形图绘制（配合极地研究中心完成）；负责冰穹 A 及周边区域、埃默里冰架 GPS 观测任务，负责绘制埃默里冰架典型区域冰流速矢量图。

南京大学承担冰盖水汽来源及物质源区分析研究，承担冰穹 A 地区现代气候条件下的气泡封闭过程及冰 - 气年代差研究，参与冰穹 A 冰芯钻探及分析工作，参与冰盖系统（冰架、冰盖断面和冰穹）物质平衡变化及冰盖动态研究。

中国科学技术大学承担南极内陆冰盖综合断面大气气溶胶及半挥发性污染物分布特征研究。

吉林大学参与冰穹 A 深冰芯钻探工作。

太原理工大学承担内陆断面冰冻圈关键要素监测，开展中山站至昆仑站冰盖地貌特征自动化监测以及冰流速自动化监测。

3.5　考察完成工作量

3.5.1　冰穹 A 地区深冰芯钻探

中国南极深冰芯科学钻探 DK–1 工程是国际上第一个在冰穹 A 地区开展的深冰芯钻探项目，由中国第 28 次南极科学考察队（CHINARE 28）昆仑站队首度实施，第一季开始先导孔施工，钻进深度 120.79 m，取芯 120.33 m，进行了 3 次扩孔施工，并成功安装 100 m 套管。2013 年 1 月，在先导孔施工基础上由中国第 29 次南极科学考察队（CHINARE 29）昆仑站队安装深冰芯钻机，正式进行深层取芯钻探，完成深冰芯钻探 3 回次，钻进深度 10.54 m，取出冰芯 10.99 m。2015 年 1 月，中国第 31 次南极科学考察队 CHINARE 31）昆仑站队完成冰芯钻探 172.7 m，截至目前，总钻进深度为 303 m。

借鉴国外先进的冰钻测井仪器开发经验，设计了深冰芯钻孔测井仪器 3D 概念图 1 套，该设计的仪器可完成对孔径、孔内温度、孔内压力、钻孔倾斜度等测井参数的采集，为深冰芯钻孔后续测井提供技术支持。

3.5.2　昆仑站及周边区域冰川学综合调查

3.5.2.1　冰雷达探测

在昆仑站或冰盖断面的典型区域，开展冰雷达综合探测，采用深部探测冰雷达，进行网格状的密集测量，绘制出高精度三维冰下地形图。在冰穹 A 区域，针对 24 次队、28 次队和 AGAP 数据特征进行补充和强化观测，以网格状小范围加密探测为主，重点探测高分辨率内部冰层和积累率空间分布形态。针对 24 次队和 AGAP 数据特征进行补充和强化观测，以昆仑站为大本营，完成了边长 30 km、间距 1.25 km 的正方形网格状小范围加密探测，在探测高分辨率内部冰层和积累率空间分布形态方面获得高质量数据。

在冰盖断面 950~980 km 附近，国际 AGAP 计划发现存在大幅度冰下消融和再冻结的区域。内陆队返程中，在该地区停留一周，开展冰雷达综合探测采用深部探测冰雷达，进行网格状的密集测量。对再冻结冰的内部结构和几何特征进行冰雷达三维探测。

3.5.2.2　冰表物质平衡与冰流速度场观测

对昆仑站站区及周边地区物质平衡观测网阵和 GPS 冰流速监测网点复测。完成昆仑站区域冰流速点观测，对于站区的 NL09、NL10、NL12、NL26–01、DTO4–588、DTO4–597、ZGDI 七个冰流速点，采用以 KunLun 为固定点的单基站模式进行解算，采用 LGO 软件进行基线处理及平差解算。成功获得昆仑站区 30 km × 30 km 冰表流速矢量图。绘制昆仑站站区 1:1 000 比例尺地形图 1 幅。

3.5.3 中山站至昆仑站冰盖综合断面考察

3.5.3.1 冰盖综合断面物理特征观测

（1）冰雷达全断面、全深度探测

经过几次强化观测，获得中山站至昆仑站冰盖断面全深度冰雷达观测完整数据资料，绘制出完整断面冰厚分布、冰下地形特征图。

（2）表面物质平衡与冰流观测站点观测

经过开展连续性、系统性复测工作，获得中山站至昆仑站年度冰盖物质平衡和冰流速负责数据资料，据此绘制出完整断面上表现出时空分布特征及变化的物质平衡图件和冰流速度图件。

（3）其他

①完成航摄面积 100 km²，飞行 20 条航线，获取 868 张航片。制作达尔克冰川影像图 1 幅。

②在第 31 次南极考察中开展冰盖表面形态特征监测，在中山站 – 冰穹 A 断面，利用车辆振动监测系统监测冰盖表面积雪特征。针对 29 次队获取的中山站至昆仑站车辆振动监测数据，进行系统的处理，提取冰盖的表面积雪软硬度等变化特征；针对 30 次队以中山站为依托获取的内陆冰盖定点积雪厚度变化、中山站近岸海冰厚度变化数据，初步分析海冰年生长变化规律；针对 31 次队获取的中山站至昆仑站车辆振动监测数据，进行系统的处理，提取冰盖的表面积雪变化特征和表面粗糙度分析，绘制出了中山站至昆仑站 800 km 冰盖表面当年积雪深度与冰盖表面粗糙度图形。

③负责收集南极科考相关区域国产资源三号卫星数据；冰盖运动监测区冰流速点加密复测及数据处理；测绘生产南极昆仑站区域 1∶50 000 比例尺（20 km × 20 km）冰下地形图 1幅；内陆车队导航等。

④完成南极内陆现场考察导航，在中山站—昆仑站沿线加密冰流速监测点，复测已有的监测点 5 点，获取冰流矢量数据；对内陆泰山站、昆仑站冰流速网进行加密与复测。根据现场安排，以上两区域加密、复测监测点在 5 个以上。

在支撑昆仑站考察的中继站——泰山站开展导航测绘和冰盖运动监测，获得了高精度冰流速监测点坐标，南极冰穹 A 地区地形图 1 幅，冰穹 A 地区的冰流速图 1 幅，泰山站地形图 1 幅。

3.5.3.2 中山至昆仑站内陆冰盖断面雪冰化学观测与采样

完成上海—中山站—昆仑站考察断面底层大气水汽同位素测试。使用自主研发的大气水汽同位素观测系统，依托"雪龙"船及昆仑车队，实时监测了大气水同位素比率，相关数据分析正在进行中。

完成 Panda – 1 气象站拆卸。由于 Panda – 1 气象站电池耗尽，相关气象元件性能测试已完成，在昆仑站内陆考察过程中，我们拆卸了 Panda – 1 气象站，并打包带回国内。其相关数据为进一步自主研发南极冰盖内陆自动气象站提供了重要基础数据。

开展了冰穹 A 低空探空实验。在冰穹 A 大本营顺利释放探空气球，获得了冰穹 A 区域近地层大气廓线特征数据。数据显示，12 月冰穹 A 地区对流层厚度远远低于中山站，约为 0.8 km；且顶点区域有明显的逆温层。第 29 次南极考察期间大气探空气球释放工作共获得 16 组有效的气象参数垂直廓线数据。

钻取浅雪芯。为进一步研究雪冰现代过程中的再搬运过程对雪层沉积记录的影响，在冰穹 A、EAGLE 和 LGB69 气象站附近钻取了 2~3 m 浅雪芯各 1 只，带回国内做进一步实验分析。第 29 次南极考察期间在中山–冰穹 A 进程中在 520 km 处钻取雪芯 10 m，并获取了该研究点 10 m 处雪温（可以反映该地的年平均气温）及冰穹 A 浅雪芯 23 m。

采集沿途雪坑 13 个，共获取 558 个冰雪样品。大气气溶胶采集共获取样品膜 18 个。归程中测量了花杆物质平衡数据 610 个，获取表层雪样品共 181 个，采样频率为间隔 10 km 等距采样。520 km 架设自动气象站 1 台，传感器包括 2 m 温度、湿度、风速风向、大气压、辐射，4 m 温度、湿度、风速风向、大气压、辐射等。气象站采用太阳能板供电，并配有较大容量的蓄电池作为电力持续供给保障，获取了 45 天的气象资料，为在该地区建设中国第二个内陆站的气象参考奠定了基础。

完成中山站–冰穹 A 断面去程 42 个表层雪过量 ^{17}O、110 个断面表层雪稳定同位素（δ^{18}O、δD）、53 个表层雪微粒浓度、6 个表层雪微粒矿物组成及其单颗粒形态、58 个表层雪痕量元素及其常规离子，以及冰穹 A 雪坑样品 30 个过量 ^{17}O 及稳定同位素（δ^{18}O、δD）、30 个痕量元素及常规离子和冰穹 A 雪坑样品 40 个 β 活化度，以及冰穹 A 地区夏季 8 个"晴空降水"样品和 7 个"结霜"样品的过量 ^{17}O 及稳定同位素（δ^{18}O、δD）样品的测试工作。

完成对第 29 次南极中山站—昆仑站断面考察资料的统计、分析。化学样品分析内容包括表层雪及雪坑样品中化学离子、稳定同位素、痕量金属（主要为汞）等。物质平衡数据整理，初步形成了一套数据集。通过实测气象数据，对比 NCEP 等再分析资料，评价了各再分析资料在南极的适用性。总结形成了冰穹 A 核心区域雪冰物理化学数据集、中山站约格罗夫山可溶性气溶胶数据集、中山站约冰穹 A 可溶性气溶胶数据集和中山站约冰穹 A 2012—2013 年度测量数据。

获取大量冰雪、气溶胶样品，为后期深入分析南极冰盖断面的环境与气候变化打下基础。对东南极冰盖综合断面进行科学考察，为进行东南极冰盖综合断面研究提供了样品采集的平台。进行环南极航线上的海洋边界层气溶胶研究提供了采样平台，并提供了在东南极格罗夫山地区采集气溶胶和冰雪样品的机会。采集了普里兹湾的海水样品。

从东南极中山站至冰穹 A 考察沿线及冰穹 A 顶部地区布设了大量 GPS 观测站，进行冰盖运动监测研究和内陆冰盖地图测绘。

3.5.4　站基冰冻圈要素综合调查监测与评估

3.5.4.1　南极内陆出发基地雪面降雪量观测

利用太原理工大学自我研制的雪面变化监测装置，在内陆出发基地的冰盖上进行不同点的位置的雪面变化观测。内陆出发基地的冰盖上安装了两套雪面变化监测仪器，其中一套（69°45′40.9″S、76°20′5.3″E）正常工作至 2014 年 7 月，另一套（69°25′25.8″S、76°21′25.6″E）正常工作至 2014 年 11 月。

3.5.4.2 海冰漂移及厚度观测浮标

海冰浮标上搭载 GPS 和海冰温度链检测传感器，浮标顺着海流漂移，测控仪能根据温度链自行判断厚度大小，并将数据存储，最终通过铱星系统将数据无线传输回国内。度夏期间在中山站附近海域利用充气小艇对浮标做了投放试验，实验结果显示浮标各方面工作正常。2 月 28 日"雪龙"船离开中山站前在海员帮助下于中山泊子尾部成功投放，一枚投放两天后损坏，第二枚持续传输了近 3 个月的数据后失联。通过本次试验，可以看出，在南极中山站附近投放海冰浮标能够实现对中山站附近的海冰的监测，但存在较多的不确定性，比如冰山撞击等可能导致浮标无法正常工作等。

3.5.4.3 北极黄河站冰川学监测工作

完成连续 4 个年度的春季和夏季冰川学常规观测和监测计划。对 Austre Lovenbreen 和 Pedersenbreen 两条典型山谷冰川，进行了冰流速、冰下地形等相关的测绘工作。获得了黄河站附近山地冰川的冰流速、冰面地形、冰下地形等数据。

3.5.5 南极格罗夫山新生代古环境与地球物理综合考察

古气候环境变化研究：观测点 200 个，岩矿样品 300 余份，发表论文 2 篇。

车载冰雷达探测路线 200 km，获得海量数据（数 T 级）。分析数据反演冰厚、冰下地形及冰下沉积盆地，完成学术论文 1 篇，硕士毕业论文 1 篇。

设置岩基、冰基宽频带天然地震台 10 个，设置大地电磁观测仪 2 台。

室内地球化学异常探测样品 600 份，发现达到工业品位的铷矿富集异常。

变质作用岩石样品 500 块，室内岩相学、岩石地球化学、年代学等测试数据 5 000 份，发表论文 2 篇。

收集陨石 583 块，包括灶神星陨石 1 块。

3.5.6 近现代冰雪界面生态地质学综合考察

取得了大量冰雪、气溶胶样品，为后期深入分析南极冰盖断面的环境与气候变化打下基础。其中 2010—2011 年考察队员对东南极冰盖综合断面进行科学考察，为进行东南极冰盖综合断面研究提供了样品采集的平台。而 2009—2010 年考察队员为进行环南极航线上的海洋边界层气溶胶研究提供了采样平台，并提供了在东南极格罗夫山地区采集气溶胶和冰雪样品的机会。同时，2011—2012 年考察队员采集了普里兹湾的海水样品。2012—2013 年考察队员在昆仑站及冰盖断面采集雪坑样品及表层雪样品，并在考察队驻扎点位采集大气颗粒物样品。2013—2014 年考察队员在中山站—格罗夫山断面及格罗夫山区域采集表层雪及雪坑样品，同时在各驻扎点位采集大气颗粒物样品，在格罗夫山采集古土壤样品。

3.6 内陆考察重大事件介绍

（1）在中国第 28 次南极考察期间（2011—2012 年度）

首次实施极地专项——冰盖专题调查评估任务计划。中国第 28 次南极科学考察历时 163

天，圆满完成"一船三站"考察任务。在本次考察中，中国南极昆仑站深冰芯项目取得了重要进展，完成了昆仑站深冰芯钻探孔 100 m 导向管的安装，并钻取了顶部 120 m 的冰芯，这标志着昆仑站深冰芯钻探前期准备工作中，最为关键的环节已经完成。

（2）在中国第 29 次南极考察期间（2012—2013 年度）

此次考察中，中国科学家在气候最恶劣的南极冰穹 A 地区使用深冰芯钻机系统，成功钻取 3 段长度超过达 3 m 以上的冰芯，实现深冰芯科学钻探零的突破，这标志着中国具备了开展深冰芯科学钻探的能力。

冰雷达探测取得重要发现。在此次科考中，考察队对昆仑站核心区域和断面关键区域开展了冰雷达强化探测，获得了迄今世界上分辨率最大的三维深冰结构和冰下地形数据，找到了冰盖由底部快速"生长"的三维雷达图像证据，为冰盖稳定性与海平面变化研究提供了新的视野。同时，中国成功运用国内自主研发的深部雷达系统和 FMCW 浅部高分辨率冰雷达等核心设备对冰盖进行探测。中国成为继美国之后第二个拥有该技术的国家。

（3）在中国第 30 次南极考察期间（2013—2014 年度）

在南极建立了我国第 4 个科学考察站——泰山站，进一步拓展了我国南极考察的广度和深度。系统开展了内陆断面至泰山站的综合观测，完成了格罗夫山综合考察行动，获得了大量观测数据和科学样品。

（4）在中国第 31 次南极考察期间（2014—2015 年度）

中国昆仑站队又一次成功到达昆仑站，高质量完成年度考察计划，在雪冰观测与采样、大地测量等多方面，取得重要进展，在昆仑站钻取深冰芯 172 m，获取了大量实时工况钻进参数和孔内原始数据，高质量完成专题年度任务计划。

第4章 获取的主要数据与样品

4.1 数据与样品获取的方式

4.1.1 冰穹 A 地区深冰芯钻探

深冰芯钻机系统安装调试内容主要包括以下几个方面。

①钻机塔架定位，组件按顺序安装到位、紧固，钻塔起落正常、顺畅，附属配件组装齐备，钻孔液回流槽安装到位并固定，钻机提升装置安装完毕。

②完成 4 000 m 电缆绞车定位、安装，将电缆穿过钻塔顶部滑轮，配合刹车装置和测力计，连接绞车控制器，将 4 000 m 铠装电缆以 500 kg 左右的张力盘在绞车绞盘上。

③组装钻机各部位组件，包括反扭系统、控制器及电机密封腔、冰屑筒、冰芯筒、钻头组件及进尺记录单元，连接完成铠装电缆与钻机之间的接头，安装冰芯筒架。

④布置并安装变压器、稳压电源、绞车控制器、钻机电机控制器、变频器控制箱、信号转换控制箱以及上位采集控制计算机，将各测控部件数据通信、供电电缆连接完毕并排查可能的错误连接，安装钻机外部称重传感器和温度传感器，通电测试电机及绞车工作状态，安装上位机软件，调试信号通信状态。

⑤设备调试完毕，起钻塔，利用绞车控制器将钻机下放再提升，反复几次检查缩孔情况后，将钻机下放至孔底，采集并记录原始孔底参数。进行无钻孔液钻进试验，取出 30 mm 冰芯。

在深冰芯钻探过程中，通过随钻测控传感器获取包括钻进深度、接地压、钻进电机电流电压、转速、钻孔倾斜度、电缆张力、钻孔液压强、孔温、钻进速度等参数。详细记录深冰芯钻机孔内原始数据。钻机操作人员通过分析孔内参数及时调整钻具下放速度和钻进速度，从而获得较高的钻进效率，同时分析判断孔内是否发生事故，并及时采取措施避免事故进一步恶化，冰穹 A 深冰芯钻探采用醋酸丁酯为钻孔液，冰芯去除表层钻孔液后，完成冰芯样品的处理、称量、记录、分割、包装等工作。

冰芯的钻取和保真运输。冰芯钻探现场准备，冰芯钻机安装、冰芯钻探实施与现场处理。开展冰芯钻探与样品前处理以及相关现场测试。

测试分析主要包括：对冰芯样品进行冰芯剖面和薄切片的物理性质观测、冰芯组构分析；对冰芯样品进行主要阴阳离子，稳定同位素，有机酸等化学分析；提取冰芯中保存的生物信息片段，进行生物碎片分析及基因测序。

4.1.2　昆仑站及周边区域冰川学综合调查与评估

在昆仑站及周边开展冰雷达强化观测，获取冰盖上部浅层结构特征和空间分布差异以及冰穹 A 底部热力和动力环境信息，分析冰穹 A 冰盖物理学基本特征及其变化信息。

对表面积累率时空变化开展强化观测，对布设的物质平衡标杆和网阵开展连续观测，获取冰盖表面积累率基础数据。

开展系列雪坑采样、浅冰芯排钻采样，采集表面大气样品，研究降雪沉积环境和冰 – 气界面物质和能量交换的过程与机制。

以昆仑站为中心布设 200 km × 30 km 的冰流速监测网，获取观测数据，以确定冰穹 A 地区冰盖运动矢量及冰雪物质平衡，对了解内陆冰盖运动特征，对比分析全球性气候变化和南极冰雪消融的相互关系，完善地球动力学系统都具有重要的意义。

4.1.3　中山站至昆仑站冰盖综合断面考察与评估

运用超高分辨率测冰雷达对冰盖上部浅层开展典型区域强化观测，结合物质平衡观测网观测和高分辨率卫星影像和测高数据，获取冰盖基本参量——积累率的时空变化数据资料。

在断面若干区段上，开展冰盖内部结构和冰底地形探测，探寻冰下湖及其冰下河流发育与分布，揭示冰盖底部热力和动力状况，分析冰盖快速变化特征及其对冰盖稳定性和海平面变化的影响。

在冰流速监测中，主要用静态 GPS 观测的方式，在监测点架设静态 GPS 接收机，通过事后基线解算的方式，获取高精度的监测点坐标，然后利用多期的监测点坐标资料，提取监测点冰流速变化情况。经过 5 年时间，在中山站至冰穹 – A 沿线断面建立 30 个以上高精度 GPS 冰盖运动监测点，进行 GPS 复测获得其高精度三维坐标，同时从第二年以后，每年加密复测沿线 GPS 控制点，精确测量出沿线不同地点的大地坐标，通过复测 GPS 成果对比，并对冰盖运动特征进行分析，得出冰盖局部运动速度矢量，对冰盖运动规律及地球动力学研究提供基础资料。同时，为内陆导航提供基础资料，通过多年连续观测，确定内陆车队行进的最佳路线。

在考察站周围和山地冰川表面的地形图测量中，主要使用 GPS – RTK 的作业方式，先在已知点架设参考站，然后利用电台使流动站和参考站保持联系，流动站在移动的过程中实时、快速获取点位坐标，从而实现大范围的测图工作。

开展系列雪坑采样、浅冰芯排钻采样，采集表面大气样品，协同观测冰盖 – 大气相互作用的物质交换和热量平衡过程，雪冰样品离子、同位素、微粒等分析。

雪冰过量 ^{17}O 测试方法如下：利用固体试剂三氟化钴（CoF_3）法来制备氧气（$2H_2O + 4CoF_3 \xrightarrow{370℃} 4CoF_2 + 4HF + O_2$）的方法，通过液氮冷阱去除反应负产品、再通过 5Å 分子筛液氮冷阱捕获制备的 O_2，最后通过液氮冷阱的方法收集纯 O_2。收集的纯 O_2 使用线外采用双路进样模式，利用气体稳定同位素质谱仪进行 $\delta^{17}O$ 和 $\delta^{18}O$ 的同时测定。样品测试在法国原子能委员会和法国科研中心的气候与环境实验室（LSCE）完成。

雪冰稳定同位素（$\delta^{18}O$、δD）测试方法如下：使用南京大学地理与海洋科学学院海岸与海岛开发教育部重点实验室的 Picarro L2120 – i 光腔衰荡光谱稳定同位素分析仪测定，每个样品测试 8 针，为了消除记忆效应去除前 5 针，测试结果取后 3 针测试结果的平均值，使用实验室二级标样对所测同位素值进行校正。

微粒浓度测定：断面表层雪微粒浓度采用 256 通道的微粒分析仪（型号：Coulter Counter Multisizer e III ⓒ）进行测试。具体的实验步骤如下：①实验前两天，安装上孔径为 50 μm 的小孔管（测试范围：1～30 μm）将库尔特微粒分析仪打开；②实验开始时，首先将 3 杯电解液置于分析仪内测试空白，以确保超净室的环境达到实验条件，样品杯足够洁净；③用液枪分别抽取 2 mL 样品、8 mL 电解液进入样品杯中进行测试，每个样品测试 3 次。断面微粒浓度测试在中国科学院寒区旱区环境与工程研究所完成。

微粒矿物组分和形貌测定主要步骤如下：①样品前处理，样品前处理在中国科学院寒区旱区环境与工程研究所的冰冻圈科学国家重点实验室完成，包括实验器具的洁净处理与分样离心处理。洁净处理的器具主要是 60 mL 的 LDPE 的样品瓶和 250 mL 的离心瓶。在 1 000 级的超净实验室内，将这些器具浸泡在 25% 的硝酸溶液中 24 h 以上，之后用 Milli－Q 超纯水冲洗 10 遍以上，再转移到 100 级超净工作台上自然风干。分样离心是在 100 级超净工作台上，利用日立 CR22GIII 型高速冷冻离心机（High－Speed Refrigerated Centrifuge）进行多次离心，离心机转速为 14 000 r/min，离心时间为 20 min 以上。最后得到的表层雪样浓缩溶液转移到 LDPE 的样品瓶中。②不溶微粒样品的制备，不溶微粒样品的制备实验是在南京大学内生金属矿床成矿机制研究国家重点实验室进行的，可以分为表层雪样浓缩溶液的过滤分离和 SEM－EDX 实验分析的预处理两部分。表层雪样浓缩溶液的过滤分离是在 100 级超净试验台上，采用砂芯过滤装置连接真空泵进行的，使用的滤膜是 Millipole 公司的聚碳酸酯滤膜，其直径为 47 mm，孔径为 0.22 μm。待过滤完全，将滤膜小心取下，在 100 级超净台中晾干。SEM－EDX 实验分析的预处理是为了方便 SEM－EDX 检测分析，对晾干的滤膜进行一些预处理。在 100 级超净工作台上，从直径 47 mm 的滤膜中间，剪下一块大约 1 cm×2 cm 的矩形，将其用双面胶粘在玻璃片上，对处理好的富集在聚碳酸酯滤膜上的不溶微粒样品进行喷金处理，如此便得到了可供 SEM－EDX（扫描电子显微镜与 X 射线能量仪）实验分析的不溶微粒样品。③SEM－EDX 可以同时进行样品的表面显微形态的观察和微区成分分析，是目前最重要的单颗粒分析技术。其中，SEM 是直接利用样品表面的物质特性来微观成像的，聚焦电子束在固体样品表面逐点扫描，激发出二次电子、背散射电子、X 射线等信号，经放大后在阴极射线管上产生反映样品表面形貌的图像。SEM 具有较高的放大倍数、很大的景深和视野、成像富有立体感以及样品制备简单等优点。而 EDX 利用不同元素的 X 射线光子特征能量不同来分析材料微区成分元素种类与含量，具有分析速度快、灵敏度高和谱线重复性好等优点，但其测量的精准度不高，定量分析能力有限。单颗粒分析技术是利用显微镜进行单个颗粒物的类型、大小、数量、形态、颜色、光学性质、化学成分等特征分析的一种受体模型法，可以用来直观地鉴别颗粒物。本次对不溶微粒进行 SEM－EDX 实验分析是在南京大学内生金属矿床成矿机制研究国家重点实验室进行的，SEM 和 EDX 的型号分别是 JEOL JSM－6490 和 Oxford INCA Energy，SEM－EDX 的参数设定为：工作电压"Acc. volt" 20 kV、束斑"spot-size" 50、工作距离"WD" 10 mm。

雪冰中痕量元素的测试方法如下：首先将样品置于 1 000 级超净实验室，室温放置直至其完全融化。之后将样品瓶移动 100 级超净工作台，取出 0.5 mL 至用于痕量元素测量的样品瓶中，并加入 0.25 μL 美国 Fisher 公司的"optima"级硝酸（1%），并放置 24～48 h 进行充分酸化后用电感耦合等离子质谱［Thermo ELEMENT2 high resolution inductively coupled plasma sector mass spectrometer（ICP－SFMS）］进行痕量元素含量的测量。实验表明，样品放置 5 天与 24 h 的实验结果没有差别。选用 SLRS－4 作为标准物质对 ICP－SFMS 进行校正。样品测量开始之前，根据样品的浓度范围配制 5 组标准样品，将 ICP－SFMS 测量的值与标准值进行比对。在样品的测量过程中，我们会定时地测量标准物质值，从而保证测量的准确性。痕量元素的测量在美国缅因大学气候变化研究所完成。

常量离子的测试方法如下：将样品放置于 100 级超净工作室内，室温融化，在 100 级超净工作台里，倒入 4 mL 进入用于 IC 测量的样品瓶中，之后用离子色谱（Dionex ion chromatographs with chemical suppression and conductivity detectors）对其中常量离子的浓度进行测量。阴离子的测量选用：AS－11 柱，400 μL 样品环和 1～8 mM 的氢氧化钾（KOH）洗脱液。阳离子的测量选用 CS－12A 柱，500 μL 的样品环和 25 mM 甲基磺酸洗脱液。痕量元素的测量在美国缅因大学气候变化研究所完成。

Beta 活化度的测试：在中国科学院寒区旱区与工程研究所进行。测量方法如下：首先，将样品室温融化，按照每千克样品加入 0.000 33 kg 分析纯盐酸的标准往样品中加入盐酸，以充分活化样品中的放射性物质；之后，将雪冰样品通过洁净过滤器从而将样品中的放射性物质吸附在阳离子交换滤膜上（MN616，LSA－50），重复 3 次过滤操作来增加吸附的充分性。最后，将阳离子交换滤膜放置在锡纸上常温晾干，待充分晾干后，将其装入洁净乙烯塑料瓶中以备测量。测量 Beta 活化度使用的测试仪器为堪培拉欧洲系统测量公司生产的低本地值的 α∕β 计数系统 MINI 20。样品杯测试前，我们通常先将机器空转 3 天及以上，待机器稳定后再测试样品。样品测试时间设定为 24 h，单位为 cph/kg。

4.1.4　站基冰冻圈要素综合调查监测与评估

航空影像数据获取情况：航空摄影采用哈苏 H4D－60 相机，CCD 尺寸 40.2 mm × 53.7 mm，焦距 35 mm，传感器像素 6 000 万，曝光速度 1/800 s。

站基大地点测量：采用静态测量方式获取中山站附近 GPS 大地控制点数据 3 个点。

4.1.4.1　铺标

达尔克冰川铺标工作从 2011 年 12 月初至 2012 年 2 月中旬，共计铺标 21 个，在车辆和人员所能到达区域铺标 16 个，其中协和半岛陆地铺标 14 个，采用红、黄油漆涂刷的方式铺设，埋设标志杆搭建标志物以便再次寻找。铺标颜色和地面颜色反差较大，涂刷均匀，特征明显，利于航拍成像（图 4－1），达尔克冰川雪面铺标 2 个，采用 1.5 m × 1.5 m 的红色方布铺设（图 4－2），红布四角捆绑石头压实，测取红布中心的坐标。2 月 19 日剩下 5 个铺标点人员较难到达，利用直升机协助完成。

4.1.4.2　像片控制测量

铺设的标志几何中心进行像控点测量，像控点全部布设为平高点，受 GPS RTK 通信条件限制，点位的测定采用 GPS 静态的测量方式，与中山站 GPS 跟踪站联合解算测定坐标及高程。像控点相对于邻近高等级控制点的平面中误差不超过图上 0.1 mm，相对于附近水准点的高程中误差，平地丘陵地山地均不超过1/10等高距。

图4-1 油漆涂刷铺标

图4-2 红布铺标

4.1.4.3 航空摄影

航空摄影工作是本项目最关键环节，航摄成果的质量直接影响最终产品的质量，本项目航空摄影使用南极科考队租用的"海豚"号直升机，由于无法在直升机底部开洞，相机只能采用外挂式。"海豚"号直升机的稳定性一般，无自动导航设备，机上机长采用手持GPS领航，航摄人员使用秒表控制曝光时间，手动快门摄影。直升机飞行时受气流的影响，很难保证水平方向和航高的稳定性，加之人工手动误差等因素影响，不可能完全满足航摄技术指标，因此，航摄技术指标适当放宽，以满足不出现绝对漏洞为准。

航线布设方向：航线按常规方法敷设，按纬线方向飞行。

航摄高度与地面覆盖面积见图4-3。

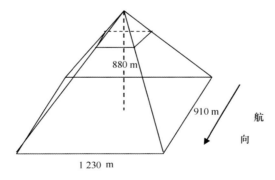

图4-3 航摄高度与地面覆盖面积

①依托中山站，开展周边雪冰要素（包括达尔克冰川、湖泊、接岸固定冰、积雪、冰架等）综合监测，获取南极典型站点雪冰环境变化的基础信息数据。

②开展雪冰中典型污染物的本底情况调查与检测。

③在站区附近，采集冰下融水，沉积物及浅层雪坑样品，开展雪冰环境调查，在与其他站基环境对比分析的基础上，评估中山站雪冰环境特征。

④在北极山地冰川的冰雷达探测中，利用 GPS 实时获取点位坐标，利用探冰雷达实时获取冰川厚度，利用雪地摩托携带 GPS 和探冰雷达进行大范围探测，然后通过内业处理，提取冰层厚度分布图，并结合冰面地形图，获取冰下地形图等。

⑤冰盖表面雪面特征监测。

第 29 次和第 31 次南极考察内陆队在其中一辆雪地车上安装了自制的车辆震动监测系统。该系统利用平板电脑作为检测软件的平台，利用 USB 接口的扩展连接了超声波激光测距传感器、三维加速度传感器、GPS 模块等。利用 1 次/s 的监测存取数据，获取了车辆行进过程中车辙压下新雪后的深度和车体颠簸数据。车辙深度可以用于分析近年冰盖降雪，车体颠簸的三维加速度数据可以分析雪面的粗糙度。在第 29 次南极考察内陆车队中，该数据中由于安装在仓外的激光测距传感器在距中山站约 500 km 以后没能再正常工作。而经过对监测系统的改进，第 31 次内陆车队基本完整地记录了从中山站到昆仑站冰盖表面雪面的粗略数据。

对该数据进行的处理如下（实际记录的数据）：

ACC1_ X，Y，Z（g），三相加速度，Z 轴为竖直方向；

VBT1_ X，Y，Z（g），三相振动，由加速度计信号取峰值得到，响应约为 10 ms；

AGL1_ X，Y，Z（d/s），三相角度数据，由角速率数据积分而来。

激光测距仪数据：Distance（m）测量雪橇的吃雪深度，反映雪面的松软程度。

GPS 模块数据：GPS（dd/mm，mmm）实时记录雪橇车的运行位置，精确定位南极中山站至昆仑站不同路段的积雪厚度。

分析方法如下：

①利用三相加速度数据所反映出来重力数据变化，利用加速度位移公式计算出雷达舱的振动位移 S；

②利用激光测距仪测出来的实时数据 L，减去雪橇车高 M，得到雪面厚度 D；

③利用雷达舱的振动位移 S 和雪面厚度 D 进行融合得到南极中山站至昆仑站的积雪厚度 H，并能准确反映中山站至昆仑站的雪面粗糙度；

④利用 GPS 数据，在南极圈纬度改变 1°大约是 111.8 km，纬度改变 1′大约是 1.65 km，经度改变 1°大约是 85.1 km，经度改变 1′大约是 0.67 km，计算出雪橇车距中山站的距离；

⑤利用以上数据绘制二维折线图，精确描绘出南极中山站至昆仑站的积雪厚度及雪面的粗糙度。

在南极考察内陆车队行进过程中，需要对雪橇车舱体的颠簸状况、倾斜角度和吃雪深度进行实时监测，所以基于系统监测要求在 Visual Studio 2005 平台下设计雪橇车舱体参数的采集程序，并且能进行实时显示，其舱体参数监测画面如图 4－4 所示。

2014 年 11 月 30 日雪面特征监测系统随着中国第 31 次南极科学考察队登上了南极中山站。在冰上卸货完成后，2014 年 12 月 15 日 33 名内陆考察队员开始了从中山站到昆仑站的征程，深入南极内陆冰盖超过 1 300 km，到达南极内陆冰盖最高点——位于冰穹 A 地区的中国南极昆仑站，进行昆仑站二期收尾工程及冰芯钻探、天文观测等考察工作。据内陆队员反映，行进过程中通过对雪橇车舱体姿态的实时监测，及时调整了雪橇车的行进速度与角度，很大程度上避免了因不规则振动而导致运输物资和精密仪器的二次损坏，并且激光测距仪所测得

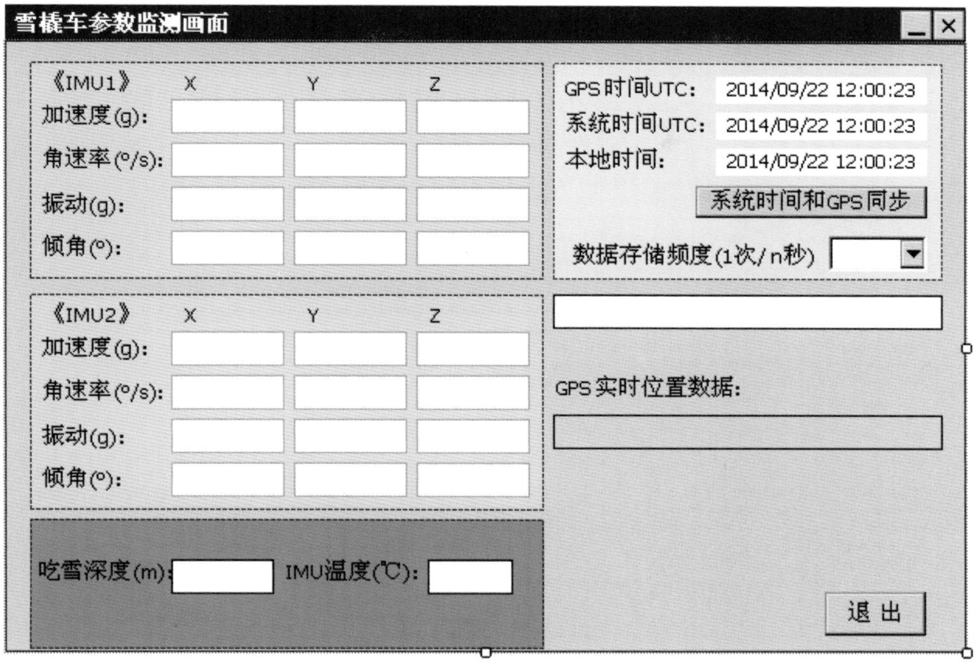

图4-4 数据采集系统监测画面

的雪橇车吃雪深度与内陆队员实地测量数据基本一致，证明雪面特征监测系统工作正常。

1）中山站附近海域海冰生长变化监测

用自我研制的海冰浮标进行了南极中山站附近海冰的漂移式无线监测实验和雪面积雪变化监测实验；在内陆出发基地的冰盖上安装了两套雪面变化监测仪器，其中一套（69°45′40.9″S、76°20′5.3″E）正常工作至2014年7月，另一套（69°25′25.8″S、76°21′25.6″E）正常工作至2014年11月。3月底，开展海冰漂移及厚度变化的观测，投放海冰冰物质平衡浮标两套，其中一套在投放后第2日便失去信号，另一套正常工作至2014年6月，获取了中山站附近海冰厚度及漂移数据。度夏期间在中山站附近海域利用充气小艇对浮标做了投放试验，实验结果显示浮标各方面工作正常。并在熊猫码头附近海域对电容式冰情传感器进行了测试，数据显示仪器工作正常。在5月初，委托环境预报中心的越冬队员韩晓鹏在中山站附近的海面上安装了两套电容感应式海冰厚度监测传感器。

2）泰山站建设、导航与站区测绘

2013—2014年，我国开展了第30次南极科学考察，内陆冰盖考察队主要执行泰山站建站任务。泰山站位于中国南极中山站与昆仑站之间的伊丽莎白公主地，73°51′S、76°58′E，海拔高度2 621 m。距中山站约522 km，距昆仑站715 km，距格罗夫山85 km，距埃默里冰架接地线220 km，距离查尔斯王子山资源区370 km。其不仅将成为中国昆仑站科学考察的前沿支撑，还将成为南极格罗夫山考察的重要支撑平台。中国南极测绘研究中心在本次泰山站建站工作中主要承担建站导航与站区测绘工作。总体上，站区测绘可分为以下4个内容。

（1）泰山站区地形测绘

地形测量（topographic survey）指的是测绘地形图的作业。即对地球表面的地物、地形在水平面上的投影位置和高程进行测定，并按一定比例缩小，用符号和注记绘制成地形图的工作。极地地形测绘的现有手段，包括地面测量、航空测量和卫星遥感等。相对后两种方法，虽然大地测量受限于极地恶劣的环境，但是其具有较高的精度。此外，获得第一手的实地测量资料对后续航空测量以及卫星遥感方法在极区应用具有检验作用。

地面测量手段包括传统大地测量和现代大地测量手段，其中 GPS 卫星定位系统是目前大地测量中应用最广、最有效的地面测量方法。实时动态差分法（RTK，Real – time kinematic）是一种新的 GPS 测量方法，能够在野外实时获得厘米级的定位精度。在 RTK 作业模式下，基准站通过数据链将其观测值和测站坐标信息一起传送给流动站。流动站不仅通过数据链接收来自基准站的数据，还要采集 GPS 观测数据，并在系统内组成差分观测值进行实时处理。

为了避免人为干扰或其他意外的发生，基准站被建立在距离泰山站建站区域上风向150 m处。同时，为了增加测量效率，移动站则被固定在雪地车上（离地约2.8 m）进行运动测量。以泰山站区为中心，4 km 为边长设计测量航线，航线间距为 500 m，单条航线内 GPS 采样时间为 15 s。最终获得地形测量点 724 个。图 4 – 5 为本次泰山站地形测绘航线示意图。

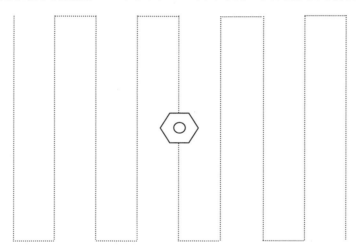

图 4 – 5　泰山站地形测绘航线示意图

（2）泰山站区冰流杆布置

不同于地球上的其他区域，南极地区处于整体的移动状态。实时监测泰山站区的冰流速不仅有利于冰川动力学研究，更有利于保障泰山站的安全运行。图 4 – 6 为南极地区冰流速示意图。

作为本次站区测绘任务之一的冰流杆布置工作，可在地形测量阶段一并完成。同样以站区为圆点，1 km 为边长分别布置冰流速杆。图 4 – 7 和图 4 – 8 分别为站区冰流速杆分布示意图和现场测量示意图。

（3）GPS 常年跟踪站建设

南极地区建立 GPS 常年跟踪站对于我国南极科学考察以及测绘行业具有非常重大的意义。一方面其可以更好地为南极科考提供更加连续稳定的基础数据；另一方面，作为南半球 GPS 常年跟踪站，它还可以极大地改善我国即将启用的 2 000 地心坐标系的参考框架。目前，我国在长城站，中山站以及北极的黄河站分别建有 GPS 常年跟踪站。但受限于能源供应问题，在内陆建立 GPS 常年跟踪站的工作一直停滞不前。

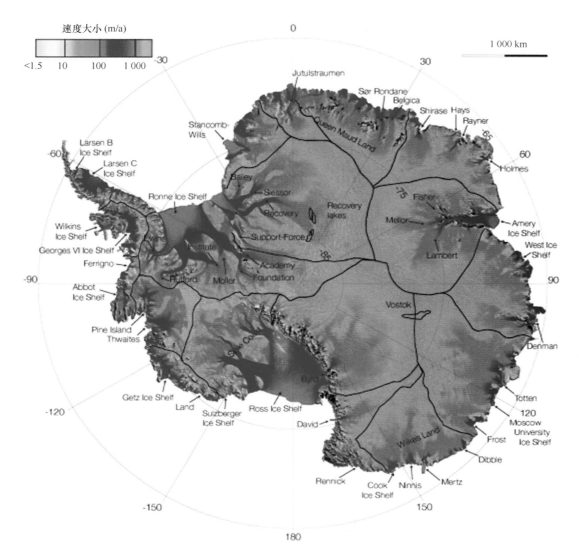

图 4-6　南极区域冰流速示意图

近年来随着新能源的崛起，风能，太阳能等新兴能源越来越受到关注。但受限于南极特殊的环境，极昼光照时间长而风小，极夜风大却缺少光照。因此，单一选用风能或太阳能功能皆难以进行常年的供电。风光互补是一套发电应用系统。该系统在资源上弥补了风电和光电独立系统在资源上的缺陷，其利用太阳能电池方阵、风力发电机将发出的电能存储到蓄电池组中，当用户需要用电时，再通过输电线路送到用户负载处。

中国南极测绘研究中心充分考虑考察区域的气候环境特点以及国外成果应用案例，成功地在泰山站站区建立起我国第一个内陆 GPS 常年观测站。图 4-9 为泰山站 GPS 常年观测站。

（4）泰山机场建设

为了充分发挥泰山站之与昆仑、格罗夫考察区域的支点作用，其配有固定翼飞机冰雪跑道。依据泰山站区的风速数据，得知该区域主风向为北偏东70°。图 4-10 为泰山站区风向数据。

依据主风向以及站区位置利用 GPS 设备对机场进行放样。

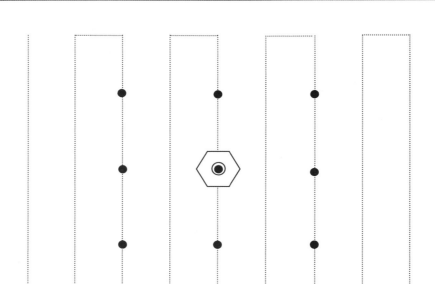

图 4 - 7　站区冰流速杆分布示意图

图 4 - 8　冰流速杆现场测量示意图

3）北极斯瓦尔巴德地区冰川环境调查

武汉大学中国南极测绘研究中心于 2004 年在黄河站建成 GPS 跟踪站，当时使用的是 Leica AT504 扼流圈天线和 Leica SR530 接收机，于 2006 年更换为 Leica GRX1200 接收机。2005 年，在 A 冰川和 P 冰川上钻孔埋设了 22 根监测标杆，使用的是 Leica AT502 天线和 Leica SR530 接收机，在后续的每年观测中，使用的是 Leica AX1202 天线和 Leica GX1230 接收机。2015 年，将其中两个监测点升级为风光互补发电连续观测系统。现场观测情况如图 4 - 11

图 4 - 9 泰山站 GPS 常年观测站

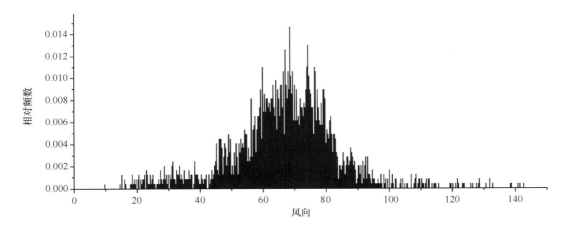

图 4 - 10 泰山站区风向数据

所示。

在 A 冰川 D3 监测点开展静态 GPS 测量，并以此为基站开展 RTK - GPS 测量，在 A 冰川表面开展了密集的 RTK - GPS 测量。利用同样的方法在 P 冰川获取了密集的 RTK - GPS 测点数据。两条冰川的 RTK - GPS 测点如图 4 - 12 所示，这是后期开展冰面地形变化分析的宝贵基础数据。

针对 GPR 工作，在 A 冰川上，使用加拿大 Sensor & Software 公司生产的 pulseEKKO PRO 型探地雷达，开展了 50 M 和 100 M 的 COR 雷达测线和 50 m、25 m 的 CMP 雷达测点工作；在 P 冰川上，开展了 25 m、50 m 的 CMP 测点工作和 50 m 的 COR 测线。雷达探测工作的具体空间分布和工作现场如图 4 - 13 和图 4 - 14 所示。

图 4 - 11　北极冰川静态观测，监测点人工观测（左）和监测点连续自动观测（右）

 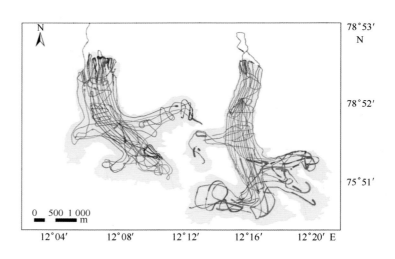

图 4 - 12　北极冰川 RTK - GPS 测点示意图，工作现场（左）和实测点位（右）

4.1.5　南极格罗夫山新生代古环境与地球物理综合考察

　　对现有冰川地貌、土壤、沉积岩、孢粉组合、宇宙核素、区域地质及矿产数据进行室内综合分析评价。对第 26 次南极考察队已完成的基准测线和小尺度阵列冰雷达考察数据进行综合处理，在此基础上设计大范围雷达探测方案。开展透冰地质取样钻探（HXY - 8 型钻机）的改造与关键配套设备的研制。开展岩基阵列天然地震观测实施方案，对相关配套设备进行改进与研制。

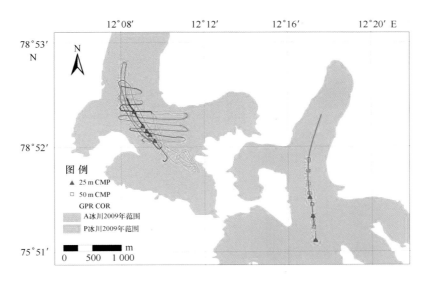

图4-13 北极冰川GPR点位示意图

图4-14 北极冰川GPR测量现场情况，100 MHz天线CMP（左）和25 MHz天线COR（右）

4.1.6 近现代冰雪界面生态地质学综合考察

4.1.6.1 气溶胶样品的采集

气溶胶样品的采集分为海洋大气边界层气溶胶的采集和南极冰盖近地表气溶胶的采集两个部分。为清除可能吸附的有机质污染，滤膜在使用前均用铝箔包裹并在25℃以上烘烤48 h以上。采样结束后的滤膜对折后仍用铝箔包裹，并在4℃冷藏（Wu et al.，2010；Wu et al.，2011）。

海洋大气边界层气溶胶的采集依托"雪龙"船进行，在考察期间采集了36个样品。采样使用的是武汉天虹智能仪表厂生产的TH-1000C2型大流量大气总悬浮颗粒物采样器。采样所用滤膜是美国 Whatman 公司生产的 EPM2000 滤膜，外形尺寸为 20 cm×25 cm，滤膜孔径为 0.22 μm。采样流量设置为每分钟 1.05 m³，采样时间为 48 h。为防止船舶航行中油料燃烧和人员活动给样品带来污染，我们把采样器设置在船舶艏部顶层甲板上，并连接了一台自动风速风向控制仪。只有在风来自船头方向并风速大于 3 m/s 时采样器才接通工作并采集样品（Xu et al.，2010）。

南极内陆冰盖近地表气溶胶的采集依托中国南极科学考察内陆队进行。考察期间在格罗夫山地区采集了 19 个气溶胶样品。南极内陆冰盖气溶胶的采样使用武汉天虹智能仪表厂生产的 TH-150 型智能中流量总悬浮微粒采样器，配备 PM10-100 型大气可吸入颗粒物切割器。采样所用滤膜是美国 Whatman 公司生产的 QM-A 型石英微纤维滤膜，外形尺寸为直径 9 cm 的圆形，滤膜孔径为 2.2 μm。采样流量设置为每分钟 100 L。由于受到内陆考察行程的限制，采样时间为 30~95 h 不等。为防止考察队员活动和车辆行驶给样品带入污染，我们把采样器设置在内陆宿营地和站区的上风向。由于考察区域常年盛行稳定东风（Parish，1988；Parish and Bromwich，1991，2007），因此在上风向采样可以排除考察队带来的污染。

对于气溶胶样品，我们将未使用的滤膜装入采样器 5 s 后回收作为现场空白。回到实验室后将现场空白与样品按同样流程处理分析（Wu et al.，2010；Wu et al.，2011；Xu et al.，2010），以验证样品分析结果的可靠性。

4.1.6.2 表层雪样品的采集

考察期间在东南极冰盖综合断面上采集了表层雪样品。其中用低密度聚乙烯采样瓶采集了一套 120 个表层雪样品，采样间隔 10 km（图 4-15）。为避免考察车辆行进给样品带来污染，在考察和采样过程中车辆一直行进在 GPS 导航线路的下风向 100 m 以上，采样地点选取在 GPS 导航线路的上风向 30 m 以上。由于东南极冰盖综合断面上常年盛行稳定东风，因此考察车辆不会给上风向的采样地点带来污染。采样时采样人面朝上风向，迎风采样，用采样瓶直接扣取样品，以避免采样人给样品带来污染（Qin et al.，1999；Qin et al.，1994；Qin et al.，1992）。采集表层雪样品时选取冰盖表面松软的浮雪采集，以确保采到的是当年新降雪（Ding et al.，2010；Xiao et al.，2013）。采样瓶在使用前均用正己烷（HPLC 级）、甲醇（HPLC 级）和高纯水（18.2 MΩ）分别冲洗 3 次，以去除瓶内壁可能残留的污染（Lee et al.，2008；Sun et al.，2002；Sun et al.，1999；Xiao et al.，2000）。

4.1.6.3 雪坑样品的采集

考察期间在格罗夫山地区采集了 9 套雪坑样品，在东南极冰盖综合断面上采集了 4 套雪坑样品（图 4-16）。其中在格罗夫山地区采集的 9 个雪坑样品中的 8 套采用低密度聚乙烯采样瓶采集，采样间隔 10 cm，雪坑深度 50 cm 到 220 cm 不等，另 1 套采用聚全氟乙丙烯采样瓶采集，采样间隔 20 cm，雪坑深度 200 cm。在东南极冰盖综合断面上采集的 5 套雪坑样品中的 3 套采用低密度聚乙烯采样瓶采集，采样间隔 5 cm，雪坑深度分别为 120 cm、150 cm 和 180 cm，另 1 套雪坑样品位于昆仑站站区，采用聚全氟乙丙烯采样瓶采集，采样间隔 4 cm，雪坑深度 300 cm。采样时为避免采样人给样品带入污染，挖掘雪坑时均留下上风剖面作为采样面，采样时采样人穿着连体洁净服进入雪坑工作。为避免挖掘工具给样品带来污染，在雪坑挖掘完成后用洁净工具去除采样面表面的 10 cm 雪层再进行采样。采样瓶在使用前均用正

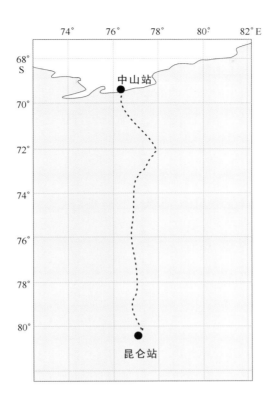

图 4 – 15 中山站—昆仑站冰盖断面表层雪采样位置

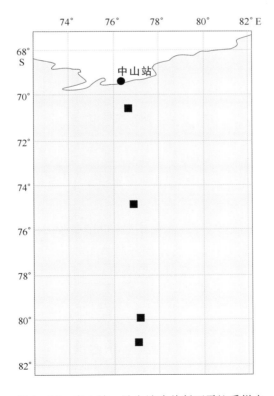

图 4 – 16 中山站—昆仑站冰盖断面雪坑采样点

己烷（HPLC 级）、甲醇（HPLC 级）和高纯水（18.2 MΩ）分别冲洗 3 次，以去除瓶内壁可能残留的污染（Lee et al.，2008；Sun et al.，2002；Sun et al.，1999；Xiao et al.，2000）。

对于雪坑样品，我们用未使用的采样瓶装满高纯水（18.2 MΩ），并在采样时打开瓶盖置于采样地点，采样后回收作为现场空白。回到实验室后将现场空白与样品按同样流程处理分析（Krachler et al.，2008；von Schneidemesser et al.，2008）。

4.1.6.4　海水样品的采集

考察期间采集了南大洋普里兹湾的 3 个海水样品。采样依托"雪龙"号科考船，使用高密度聚乙烯采样瓶，通过悬索在船头附近采集，以避免船舶给样品带来污染。采样瓶的清洗与采集冰雪样品时的流程一致。

4.2　获取的主要数据或样品

4.2.1　冰穹 A 地区深冰芯钻探

303 m 冰穹 A 深冰芯样品；
深冰芯钻探钻机运行参数 1 份；
深冰芯钻探孔底原始数据 1 份；
深冰芯钻探测孔仪概念图 1 套。

4.2.2　昆仑站及周边区域冰川学综合调查与评估

在昆仑站周边地区，获取了覆盖 900 km² 范围的 GPS – RTK 动态观测值。在中继站周边地区，获取了覆盖 5 km² 范围的 GPS – RTK 动态观测值。
昆仑站及周边地区冰雷达观测数据集 1 套；
2013—2014 年度内陆冰盖运动观测数据 1 套；
1∶50 000 比例尺冰穹 A 冰下地形数据；
1∶50 000 比例尺冰穹 A 冰厚数据；
29 次队（2013 年）31 次队（2015 年）两次冰盖表面特征数据，数据量约 400 MB；
冰穹 A 5 mDEM 数据 1 幅。

4.2.3　中山站至昆仑站冰盖综合断面考察

中山站—昆仑站断面冰雷达观测数据集 1 套；
中山站—昆仑站断面典型区域雷达数据处理结果图；
冰穹 A 核心区域雪冰物理化学环境参数；
花杆物质平衡数据 610 个，断面表面物质平衡最新测量结果；
中山站 – 冰穹 A 横穿断面上海源物质及积累率空间分布；
中山站—格罗夫山考察路线可溶性气溶胶研究结果；

中山站—冰穹 A 考察路线可溶性气溶胶研究结果；

中山站 – 冰穹 A 断面稳定同位素观测与模拟结果图件及冰穹 A 稳定同位素敏感性分析结果；

2012—2013 年度中山站—昆仑站断面冰架冰盖运动观测数据 1 套；

南极内陆冰盖综合断面半挥发性污染物分布特征数据集 1 套。

在冰穹 A、EAGLE 和 LGB69 气象站附近钻取了 2 ~ 3 m 浅雪芯各 1 支；520 km 处雪芯 10 m，冰穹 A 浅雪芯 23 m；中山站 – 冰穹 A 断面雪坑 24 个，表层雪样品 535 组；大气气溶胶采集共获取样品膜 18 个。

在 520 km 架设自动气象站 1 台，传感器包括 2 m 温度、湿度、风速风向、大气压、辐射，4 m 温度、湿度、风速风向、大气压、辐射等。气象站采用太阳能板供电，并配有较大容量的蓄电池作为电力持续供给保障，获取了 45 天的气象资料。

获得了南极地区冰流速监测点的高精度 GPS 观测值。在中国第 24 次至第 31 次南极内陆冰盖考察时，在东南极中山站—昆仑站 1 200 km 以上的考察断面上，获取了 100 余个冰流速监测站点的观测值。获得了南极地区 GPS – RTK 测点的较高精度的坐标值。

获取中山站 – 冰穹 A 断面去程 42 个表层雪过量^{17}O、110 个断面表层雪稳定同位素（δ^{18}O、δD）、53 个表层雪微粒浓度、6 个表层雪微粒矿物组成及其单颗粒形态、58 个表层雪痕量元素及其常规离子，以及冰穹 A 雪坑样品 30 个过量^{17}O 及稳定同位素（δ^{18}O、δD）、30 个痕量元素及常规离子和冰穹 A 雪坑样品、40 个 β 活化度，以及冰穹 A 地区夏季 8 个"晴空降水"样品和 7 个"结霜"样品的过量^{17}O 及稳定同位素（δ^{18}O、δD）。

27 – A 雪坑有机标识物含量变化。

29 次队南极化学离子数据 – original data。

计算泰山站冰流速监测点坐标，获取泰山站—格罗夫山—查尔斯王子山脉区域资源三号卫星影像约 10 景。

2013—2014 年度内陆冰盖运动观测数据 1 套。

中山站—昆仑站沿途表面积雪特征图。

4.2.4　埃默里冰架综合调查与评估

埃默里冰架典型区域冰流速矢量图。

4.2.5　站基冰冻圈要素综合调查监测与评估

站基 GPS 点位数据；

计算泰山站区域冰流速，泰山站区地形图；

资源三号卫星影像数据 11 景，根据获取的资源三号卫星影像数据，绘制中山站—泰山站区域 1∶50 000 比例尺 DLG 和 DOM、DEM 10 幅。

获得了北极山地冰川的冰川 GPS 观测值和厚度观测值。其中在黄河站 GPS 跟踪站获取了连续的高精度 GPS 双频载波和相位观测值。在 Austre Lovenbreen 和 Pedersenbreen 冰川上的 GPS 静态监测点共 22 个，每年两次均获取了观测时间不少于 1 h 的高精度 GPS 双频载波和相位观测值。在两条冰川上均获取了大范围 RTK 观测点，以及大范围探冰雷达观测值，共采集了 32 条测线，34 000 余个测点，测线里程累计超过 120 km，测区面积超过 10 km²。

4.2.6　南极格罗夫山新生代古环境与地球物理综合考察

格罗夫地区冰雷达冰下地形探测测线图。

天然地震仪大地电磁仪布设图。

获取岩矿样品 300 余份。车载冰雷达探测路线 200 km，获得海量数据（数 T 级）。

室内地球化学异常探测样品 600 份。

变质作用岩石样品 500 块，室内岩相学、岩石地球化学、年代学等测试数据 5 000 份。

收集陨石 583 块，包括灶神星陨石 1 块。

4.3　质量控制与监督管理

4.3.1　冰穹 A 地区深冰芯钻探

在钻进过程中通过深冰芯钻机监测仪表对钻孔深度、钻进速率、钻孔倾斜角、孔内钻井液液位等参数进行采集，详细记录了深冰芯钻机孔内原始数据。

钻机操作人员通过分析孔内参数及时调整钻具下放速度和钻进速度，从而获得较高的钻进效率，同时分析判断孔内是否发生事故，并及时采取措施避免事故进一步恶化，经过 303 m 的钻进过程，获得了丰富的深冰芯钻机运行数据。

4.3.2　昆仑站及周边区域冰川学综合调查与评估

实行一级检查一级验收制度，项目实施人现场检查，单位实行最后总体验收。外业巡检做到 100%，图面验收 100%，精度统计抽查 10%。严格控制质量监督管理，实施标准按国家测绘相关标准执行。

自我研制的仪器均为系统集成，即采用的传感器均为国家军工或工业级产品，参数均符合现场使用，保证了数据的采集质量。

萃取所用容器均用正己烷（HPLC 级）、甲醇（HPLC 级）和高纯水（18.2 MΩ）分别冲洗 3 次，以去除内壁可能残留的污染。在萃取过程中用高纯水（18.2 MΩ）作为实验空白与样品按同样流程处理分析。每组处理 7 个样品的同时处理 3 个实验空白。

4.3.3　中山站至昆仑站冰盖综合断面考察与评估

在 GPS 外业数据采集过程中，一方面增加观测时间、选择适宜的观测条件；另一方面使用抗多径的 choke ring 天线、可快速跟踪卫星并有效防止失锁的接收机、耐低温线缆等。

在 GPS 内业数据处理过程中，在数据预处理环节时有效地探测和剔除粗差、降低极区低高度角卫星的权重，在基线解算和平差环节时联合测区周围常年 GPS 跟踪站共同参与解算，以及联合全球核心站进行整体平差。

断面表层雪过量 ^{17}O 的分析精度：5 per meg；断面表层雪稳定同位素测试分析精度分别

为：$\delta^{18}O < 0.1‰$，$\delta D < 0.5‰$；β 活化度强度测量：除少数样品因 β 活化度强度过低而导致误差较大外，其他样品的测量误差都小于 5%。痕量元素的测量精度不同元素略有不同，如 As 测试精度：0.02 pg/g；U 测试精度：0.004 pg/g；常量离子的测试精度不同离子略有不同，如 Na^+ 的测试精度为：0.4 μg/L；SO_4^{2-} 的测试精度为：2.5 μg/L。微粒浓度的分析精度是空白样品的微粒浓度小于最低样品的浓度的 10%。

4.3.4　埃默里冰架综合调查与评估

利用连续多时相中分辨率星载微波遥感数据，对埃默里冰架实施连续监测，提取冰面湖、冰裂隙、冰隆及冰架前端边缘的分布及变化；利用高分辨率连续 INSAR 数据，高精度获取冰架接地线区域的冰川流速，探测冰流突变；通过以上两方面的监测研究，掌握埃默里冰架的动态变化。

在埃默里冰架上布设 GPS 观测网阵，开展冰架运动观测，结合卫星遥感资料，给出关键区域冰架流动矢量图。在若干主要断面上开展冰盖浅层结构探测（FMCW 雷达）及表面积累率变化分析，开展冰架动力热力耦合数值模拟工作及冰架海洋耦合数值模拟工作。

在 1~2 个位置开展热水钻钻孔并实施钻孔测井工作，获取钻孔温度、应力应变、冰层物理剖面数据，给出冰架内部精确冰层构造剖面。在获得后勤保障支持条件下，运用 K - 32 吊运轻型雪地车和配套雪橇至冰架前缘地区，采用车队综合断面考察方式、沿网格状测线对冰架实施多学科综合观测，通过航空、冰面断面、固定网阵、钻孔、站点等多手段，联合大洋调查力量，对埃默里冰架动力结构、稳定性及其对冰盖失衡过程和南极冰架水、底层水等水团形成、温盐环流的重要影响进行集成研究。

4.3.5　站基冰冻圈要素综合调查监测与评估

4.3.5.1　GPS 数据处理

1）数据处理软件

基线解算：采用美国麻省理工学院（MIT）的 GAMIT 10.12 版软件和 TGO 1.62 版软件中的 BASELINE 模块。

网平差：采用美国麻省理工学院（MIT）的 GLOBK 5.11 I 版软件和 TGO 1.62 版软件中的 NETWORK 模块。

2）数据预处理

依据外业观测手簿，将同一天的观测数据放在一起，并进行以下数据正确性的检验：点名一致性与正确性；接收机与天线型号的正确性；天线高的正确性；年积日的一致性。

本次数据处理时收集了 VESL、MCM4、DAV1、SYOG 及中山站（ZHON）5 个 GPS 连续运行站的数据用于 Gamit Globk 软件解算；收集了 MCM4、SYOG 及中山站（ZHON）3 个 GPS 连续运行站的数据用于 TGO 软件解算。

使用随机软件标准化，对有问题的数据使用 PC_ rinex 软件进行标准化，形成观测数据文件 SITEDAYS.YYO 和广播星历文件 SITEDAYS.YYN，其中 SITE 为点位编码，DAY 为年积日，S 为观测时段号，YY 为观测年号，O 为观测数据，N 为广播星历。

3）GPS 基线解算

（1）数据准备

首先建立工作目录，如处理南极的数据就建立目录/naji，然后在此目录中再建立/rinex、/brdc、/igs、/tables 四个子目录，并从相关机构网站上找到对应年和时段的各种信息文件和观测数据放入对应的子目录中。其中更新后的/tables，需要进行以下的准备。

①建立测站的初始坐标 L 文件 lfile。L 文件是包含所用测站的概略坐标的文件，只支持大地坐标和球坐标两种格式。如果没有测站的概略坐标可以通过以下两种方法获得：一是原始观测文件中的近似坐标；二是用命令 sh_ rx2apr 产生 L 文件。

②输入天线高度值和观测信息控制表格文件。station. info 测段中各测站信息文件。主要记录所有测站的接收机和天线类型，需要按照规定的格式手工编辑，可以参考 gamit/templates/station. info。另外，工程的名字也在这里定义，本例中以 jzan 作为工程名。

sestbl. 测段分析策略、先验测量误差以及卫星约束等。sestbl. 文件是数据处理方案的核心控制文件，光压模型、卫星截止高度角、天顶延迟、解的类型（松弛、基线、轨道）以及迭代次数等很多参数都在该文件里配置。

sittbl. 各站使用的钟和大气模型及先验坐标约束等。在该文件里可以对测站进行约束以及设置大气模型等参数。

session. info 此文件包含年、日、采样间隔、历元数、起始时间以及卫星号，可以手工创建也可以在计算时用 makexp 创建。

③找到对应时段（一般以年区别）的各种参数文件，包括：

pole. 极移参数；

ut1. UT1 表；

luntab 月球星历表；

soltab. 太阳星历表；

leap. sec 从 1982 年 1 月 1 日以来的 TAI – UTC 值的跳秒值；

gdetic. dat 大地水准面参数表；

antmod. dat 天线高及相位中心偏移模式参数；

rcvant. dat 接收机及天线类型信息。

（2）主要参数设置

卫星轨道：采用 IGS 精密星历；

解算模式：采用 LC – HELP 观测值，用 RELAX 解法求解作为基线结果；

卫星截止高度角：10°；

天顶方向对流层延迟参数估计：对流层延迟是作为待定参数解算，每 2 h 估计一个参数，每天每站估计一个对流层梯度；

周跳剔除：采用 AUTCLN 自动修复周跳；

坐标约束：IGS 站的坐标水平方向给予 5 cm 的约束，垂直方向给予 10 cm 的约束；

数据采样间隔：采样间隔 30 s。

（3）GPS 基线解算

基线处理步骤：

makexp 程序建立所有准备文件的输出及一些模块的输入文件；

makej 程序读取观测文件（RINEX 格式），得到用于分析的卫星时钟文件 J 文件；

makex 生成接收机时钟文件 K 文件和观测文件 X 文件；

执行 ngstot 程序由 sp3 文件生成星历表文件 T 文件；

建立与执行批处理：执行 FIXDRV 程序产生分析的批处理文件 b＊＊＊＊.bat，批处理工作由 ARC（可选）、MODEL、AUTCLN、CFMRG 和 SOLVE 组成。数据处理中的迭代方案是在文件 sestbl. 中设置的。ARC 程序通过对卫星的位置和速度的初始条件 G 文件的数学积分获得星历表 T 文件；MODEL 程序计算观测的理论值和相对于这些观测值估计参数的偏差，并将它们写入输入的 C 文件用于编辑和估算；AUTCLN 程序进行相位观测的周跳（cycleslip）和粗差（outlier）的自动剔除；CFMRG 程序生成一个观测方程的 M 文件；SOLVE 程序完成最小二乘法分析，并将打印输出文件写到 Q 文件中，其中包括估算的基线矢量值和它们的不定度的表，可以用于统计和作图；同时也将协变矩阵结合与从其他时段和实验得到的调整和协变结合形成 H 文件，为 GLOBK 作为输入数据，其提供了 GAMIT 和 GLOBK 的数据交换中介。

以 GPS Day（年积日）为单位，进行基线解算。对于 GAMIT 软件基线解的同步环检核，可以把基线解的 Nrms 值作为同步环质量好坏的一个指标，一般要求 Nrms 值小于 0.5，不能大于 1.0。GPS 网同步环 Nrms 统计见表 4 - 1。

表 4 - 1　GPS 网同步环 Nrms 统计

基线文件	Nrms（周）
oblsua. 002	0. 190 28E + 00
oblsua. 004	0. 185 35E + 00
oblsua. 005	0. 207 92E + 00
oblsua. 006	0. 188 46E + 00
oblsua. 010	0. 177 19E + 00
ojzana. 023	0. 197 73E + 00
odabya. 024	0. 195 78E + 00
oblsua. 035	0. 190 49E + 00

由表 4 - 1 可知，GPS 网同步环 Nrms 均小于 0.5。

（4）TGO 基线解算

GPS 基线计算前，进行 GPS 基线参数设置。

参数设置情况：解算类型为电离层空闲浮动或固定解；使用的星历为广播星历；气象数据为标准；高度角限制为 13°。

这里的可接受的基线解是在没有人工干预下得到的。通常的做法是先选择固定解后进行基线处理，然后再选择浮动解对未通过的基线处理即可。这里放弃了对 RMS、比率、参考变量的约束，主要是同步基线过长。高度角限制是考虑了南极区域的外业观测环境，主要特点遮挡少，故设为 13°。

4）GPS 网平差

（1）GLOBK 平差

采用与 GAMIT 配套的综合平差软件 GLOBK，在 WGS - 84 椭球上进行三维整体平差处理。GLOBK 软件的核心——卡尔曼滤波技术，不仅估计了测站观测信息，也估计了卫星轨道信息，从而可以获得精确的三维地心坐标。

在 ITRF96 框架下，将 VESL、MCM4、DAV1、SYOG4 个 GPS 连续运行站点固定，做三维约束平差，求出 ZHON 站和 GPS 控制点的坐标。

平差步骤：建立 GLOBK 的批处理文件，准备控制文件和各站点的相关位移和坐标信息。执行批处理即可得到综合解算的结果 prt 文件和 org 文件。

对整网的全部基线结果进行了 X^2 检验（要求小于 5），数据全部通过检验，参与平差。X^2 检验情况见表 4－2。

表 4－2　GPS 网 χ² 检验结果统计

平差文件	X^2 检验值
globk_ qita_ 08002. prt	0.384
globk_ qita_ 08004. prt	0.178
globk_ qita_ 08005. prt	0.487
globk_ qita_ 08006. prt	0.487
globk_ qita_ 08010. prt	0.360
globk_ jzan_ 08023. prt	0.341
globk_ daby_ 08024. prt	0.329
globk_ qita_ 08035. prt	0.543

由表 4－2 可知，GPS 网 X^2 检验均小于 5。

（2）TGO 平差

在 ITRF96 框架下，将 MCM4、ZHON、SYOG3 个 GPS 连续运行站点固定，做三维约束平差，求出 GPS 控制点的坐标。

操作步骤：

①选择基准/WGS84。

②选择网平差形式/95% 置信界限。

③选择点/固定 2D 和高程。

④选择加权策略/应用到所有观测值/纯量类型：缺省。

⑤选择按 F10。出现 X^2 检测失败，但查看 D597、Qita、Wxf 网观测值/标准残差项，都不存在粗差。此时，修改加权策略/纯量类型：自动的，按 F10。然后 X^2 检测通过，三维无约束平差完成。

⑥选择基准/投影基准——WGS84；选择网平差形式/95% 置信界限。

⑦选择点/固定 2D 和高程，选择 MCM4、ZHON、SYOG 作为已知点，输入的为大地坐标和大地高。

⑧选择加权策略/应用到所有观测值/纯量类型：缺省；选择按 F10。

⑨出现 X^2 检测失败，但查看 D597、Qita、Wxf 网观测值/标准残差项，都不存在粗差。此时，则修改加权策略：各个观测值、交替的，按 F10。然后 X^2 检测通过，三维约束平差完成。

4.3.6 南极格罗夫山新生代古环境与地球物理综合考察

4.3.6.1 冰雷达勘探

雪地车载冰雷达随车沿设计的探测基线实施探测，一般可随营地转移开展观测，关键测线需雪地车专门进行走航观测。雪地摩托车载冰雷达主要进行高速大面积的阵列探测，所获数据将与雪地车载冰雷达的数据配合反演，以求获取可靠的冰下地形地貌形态，寻找冰下湖泊。

4.3.6.2 地质取样钻探

采取冰下古沉积盆地的沉积物、基岩岩芯。无污染洁净取样，岩芯从岩芯筒中直接存放入密闭式岩芯盒，登记照相，现场初步描述记录，低温保存运输。如无法对岩芯整体冷冻保存，可现场切分并分层装存。若遇到水体中存活生物时，按特殊要求取样并固定保存。

4.3.6.3 岩心分析

对岩（泥）芯进行常规常量和痕量元素丰度分析、光谱分析、粒度分析、磁化率分析、白度分析，在此基础上，利用偏光显微镜、电子显微镜、电子探针、多道质谱仪、惰性气体质谱仪（HELIX）、有机质谱等大型精密测试设备对钻取的岩（泥土）芯进行全面微观室内分析，内容包括沉积物的物质组成，矿物水动力沉积环境特征，碎屑及胶结物的矿物地球化学特征，残余锆石和宇宙核素的矿物沉积及埋藏年代学测定，微生物群落、孢粉组合、有孔虫、介形虫、放射虫、甲壳类残体等微古生物的年代及古生态环境分析测定。

4.3.6.4 冰盖进退及古环境调查

格罗夫山考察队随内陆考察车队沿中山站－内陆冰盖综合考察基干路线至 250 km 处，设置燃油补给基地，小分队乘雪上履带车及 2 辆雪地摩托车分道向西行进 80 km，沿上游接近格罗夫山冰原角峰群，选择避风处设置宿营地。利用南极夏季开展野外冰川地质地貌调查与填图，采集土壤、沉积岩转石、宇宙成因核素剖面等必须的岩石标本。同时开展基础地形测绘，遥感数据的地面校正，气象观测，以及陨石的寻找回收。运用新引进的高分辨气体质谱仪深入开展 ^{10}Be、^{26}Al、^{3}He、^{21}Ne 和 ^{36}Cl 测试。

4.3.6.5 岩基阵列地震观测

①天然地震观测技术。引进国际上最先进的宽频带地震仪器（瑞士产的 STS－2 传感器 + 德国产的记录器），分别进行三维和二维观测。每期观测时间为 2~3 个月。

②大地电磁观测技术。采用 MT－06 型大地电磁测深仪，每个站点的观测时间根据场地实验确定，以获得深至上地幔的电性结构信息为目标。

③野外工作中先将 12 套宽频带地震仪和 4 套 MT 测深仪随内陆考察车队沿中山站－内陆冰盖综合考察基干路线运至 250 km 处，再搭乘雪上履带车和雪地摩托车运到格罗夫山冰原角峰群的宿营地。然后，将地震仪器和 MT 仪器分别架设在指定位置。由于可供记录的时间较

短，为了在有限的时间内记录到更多的地震数据，要求架设仪器高质量与高速度。该项工作可以与区域地质调查队配合进行。

4.3.6.6 区域地质调查

格罗夫山的地质调查主要在中山站－冰穹 A 地球科学综合断面行动中进行。在格罗夫山露岩区实施基础地质调查，包括岩石组成，构造样式，运动学研究及地质填图。由地质及遥感（测量）科学家组成的地质小分队，利用南极夏季尽可能对该地区全部露岩进行调查与填图，并采集必须的岩石标本。

4.3.7 近现代冰雪界面生态地质学综合考察

4.3.7.1 气溶胶样品的萃取

对考察期间采集的海洋大气边界层气溶胶样品，使用高纯水（18.2 MΩ）超声萃取 20 min，静置 48 h 分离提取上清液用于分析。对考察期间采集的海洋大气边界层气溶胶样品和东南极冰盖内陆近地表气溶胶样品，使用 HPLC 级乙腈超声萃取 15 min，静置 48 h 分离提取上清液。其中海洋大气边界层气溶胶样品的上清液用低流速的高纯氮气吹至 1 mL 用于分析，东南极冰盖内陆近地表气溶胶样品的上清液用低流速的高纯氮气吹至 0.5 mL 用于分析（Carlsson et al.，1997b；Dodson et al.，2012；García et al.，2007；Hartmann et al.，2004；Marklund et al.，2003；Marklund et al.，2005；Meeker and Stapleton，2010；Sjödin et al.，2001；Staaf and Ostman，2005；Wensing et al.，2005）。

4.3.7.2 冰雪样品的固相萃取

我们对考察期间采集的表层雪和雪坑样品进行了固相萃取。首先将冰雪样品装入洁净玻璃烧杯内，在洁净室内自然融化。固相萃取使用的是美国 Waters 公司生产的 3cc Oasis HLB 固相萃取柱。萃取柱首先用 7 mL HPLC 级乙腈活化并用 10 mL 高纯水（18.2 MΩ）清洗，然后将 100 mL 冰雪融水通过固相萃取柱，再用 7 mL HPLC 级乙腈洗脱固相萃取柱中吸附的有机磷酸酯，并用高纯氮气将萃取液吹至 1 mL 用于分析。萃取所用容器均用正己烷（HPLC 级）、甲醇（HPLC 级）和高纯水（18.2 MΩ）分别冲洗 3 次，以去除内壁可能残留的污染。在萃取过程中用高纯水（18.2 MΩ）作为实验空白与样品按同样流程处理分析。每组处理 7 个样品的同时处理 3 个实验空白（Bacaloni et al.，2007；Möller et al.，2004；Quintana et al.，2006；Rodil et al.，2005）。海水样品的固相萃取与冰雪样品的固相萃取流程一致（Andresen et al.，2007）。

4.3.7.3 仪器分析

在考察期间采集的样品使用 4000 Q TRAP LC/MS/MS 系统（Applied Biosystems MDS SCI-EX）进行分析，所用色谱柱为 Agilent C18 柱（4.6 mm × 150 mm，5 μL）。移动相 A 为高纯水，移动相 B 为 0.1% 甲酸溶于甲醇。洗脱梯度设置如下：0～5 min 85% B，5～6 min 95% B，6～7 min 85% B。此批样品分析了 TBEP、TBP、TCEP、TCPP、TDCP 和 TPP（Bacaloni et al.，2007；Möller et al.，2004；Rodil et al.，2005）。第 27 次南极科学考察期间采集的样品利用 HPLC/MS/MS 系统分析，所用色谱柱为 Waters XTerra C18 柱（2.1 mm × 150 mm，5 μL）。柱温设置为 45℃。移动相 A 为高纯水，移动相 B 为乙腈。梯度设置如下：0 ~ 10 min 线性梯度 50% 到 55% B，10 ~ 15 min 线性梯度 55% 到 83% B，15 ~ 22 min 保持 50% B 冲洗色谱柱。此批样品使用全氟代 TnBP 作为内标，分析了 TMP、TEP、TCEP、TPrP、TCPP、TD-CP、TPhP、TnBP、TBEP、TCrP、EHDPP 和 TEHP（Bacaloni et al.，2007；Möller et al.，2004；Rodil et al.，2005；Wang et al.，2011）。

考察期间采集的表层雪和雪坑样品使用离子色谱（ICS5000，DIONEX）分析了其中的 Li^+、Na^+、NH_4^+、K^+、Mg^{2+}、Ca^{2+} 等阳离子和 Ac^-，$HCOO^-$，MSA^-，Cr^-，NO_2^-，Br^-，NO^{3-}，SO_4^{2-}，PO_4^{3-} 等阴离子。阳离子分析用色谱柱为 Capillary lonPac CS12A（250 mm × 0.4 mm），保护柱为 Capillary lonPac CG12A（50 mm × 0.4 mm），抑制器为 Cation Capillary E-lectrolytic Suppressor（CCES 300），工作方式为自循环模式，淋洗方式为 15 mmol/L 的 MSA 以每分钟 0.010 mL 等度淋洗，柱温 30℃。阴离子分析用色谱柱为 lonSwift MAX - 100（250 mm × 0.4 mm），保护柱为 MAX - 100（50 mm × 0.4 mm），抑制器为 Anion Capillary Electrolytic Suppressor（ACES 300），工作方式为自循环模式，淋洗方式为氢氧化钾梯度淋洗，0 ~ 4 min，0.2 mm；4 ~ 16 min，0.2 ~ 14 mM；16 ~ 22 min，14 ~ 50 mM；22 ~ 23 min，50 mM，淋洗速度为 0.010 mL，柱温 30℃（Legrand et al.，1984；Legrand et al.，1992；Legrand and Mayewski，1997；Udisti et al.，1994）。

萃取所用容器均用正己烷（HPLC 级）、甲醇（HPLC 级）和高纯水（18.2 MΩ）分别冲洗 3 次，以去除内壁可能残留的污染。在萃取过程中用高纯水（18.2 MΩ）作为实验空白与样品按同样流程处理分析。每组处理 7 个样品的同时处理 3 个实验空白。

4.4　数据总体评价情况

整个专题的现场实施依托中山站、昆仑站等站基支撑保障条件，依托内陆冰盖雪地车队考察平台，结合直升机、极地冰雪机器人、雪地摩托、全地形车等手段，充分运用中国南极考察的后勤保障能力和平台，按照《南北极环境综合考察与资源潜力评估技术规程》的相关技术要求开展调查研究。

在专题实施期间，按照专项的统一要求对项目实行了严格的质量管理，实行单位、项目负责人、项目执行人三级责任制，保障了项目的高质量实施。

所有的样品均遵循规范方法开展分析工作，通过严格的质量控制，充分采用国际先进的考察分析仪器设备和方法技术，严格执行国家计量认证标准，以保证各学科考察资料的精度和获取效率。在项目执行过程中，部分实验室多次参与了实验室比对和国际互校，有的数据在国内外权威实验室完成，测试方法均为国际上通用认可的实验测试方法，因此获得的实验数据准确可信。

第 5 章　主要分析与研究成果

5.1　深冰芯钻探成果及综合分析

人类对极地地区冰盖进行取芯钻探始于 20 世纪中期，是一项较新的研究和尝试，其研究成果具有相当高的科学意义。由于地球大气中的尘埃及悬浮颗粒随着大气的流动沉积在南极大陆冰盖，并被不断生长的南极冰雪所封盖，加之南极冰盖受人类活动影响极小，并且南极内陆降水量很低，所以南极冰盖记录着地球气候环境变化的信息及气候演变历史，被誉为地球环境数据的"时间容器"（Motoyama，2007）。为了更好地了解地球气候环境变化，就需要向极地冰盖钻进，以获得冰芯。冰芯因其分辨率高、信息量大、保真性强、时间序列长和洁净度高而成为研究地球系统中环境、生物、化学和物理过程的最好媒体之一。冰芯研究可重建超过百万年的气候变化序列，阐明地球气候变化机制及地球气候变化对生物演化和生物界的影响，它将成为探究过去全球气候变化、监测现在全球气候变化和预测未来全球气候变化的重要手段，冰芯研究已经为全球气候变化研究作出了不可磨灭的贡献（Qin，1991；Petit et al.，1997；Yao，1998；EPICA Community Members，2004，2006；Ren et al.，2009）。

中国南极深冰芯科学钻探 DK－1 工程是国际上第一个在冰穹 A 地区开展的深冰芯钻探项目，由中国第 28 次南极科学考察队（CHINARE 28）昆仑站队首度实施，第一季开始先导孔施工，钻进深度 120.79 m，取芯 120.33 m，进行了 3 次扩孔施工，并成功安装 100 m 套管。2013 年 1 月，在先导孔施工基础上由中国第 29 次南极科学考察队（CHINARE 29）昆仑站队安装深冰芯钻机，正式进行深层取芯钻探，完成深冰芯钻探 3 回次，钻进深度 10.54 m，取出冰芯 10.99 m。2015 年 1 月，中国第 31 次南极科学考察队昆仑站队深冰芯钻探小组完成取芯钻探 54 回次，钻进深度 172.7 m，获取连续冰芯 172 m（Zhang，et al.，2014）。截至 2015 年 4 月，昆仑站深冰芯钻探总深度已突破 300 m。

下面从深冰芯钻探场地建设、冰芯钻取及处理、钻探数据分析和调查综合分析等方面详细介绍取得的进展及成果。

5.1.1　场地建设成果

深冰芯钻探场地主要工程施工内容包括冰芯钻探槽挖掘、深冰芯钻探场地控制室建设、深冰芯钻探场地维修间建设、深冰芯样品处理场地建设 4 个方面（图 5－1）。施工前场地准备工作、挖掘门洞积雪、打开门洞、打开钻探场地遮阳布等 1 天。

5.1.1.1　开挖冰芯钻探槽

深冰芯钻探槽要求钻探槽平整垂直，其规模为长 10 m、深 10 m、宽 0.6 m，计划总共挖

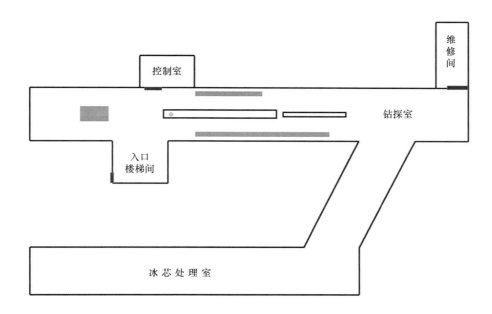

图 5-1 深冰芯钻探场地平面图

掘雪冰约 50 m^3（图 5-2）；2010—2011 年第 27 次南极昆仑站考察期间已完成了 7 m 长钻探槽的挖掘工作，第 29 次南极昆仑站考察期间继续挖掘剩余 3 m 冰芯钻探槽，总挖掘量约 20 m^3，施工时间总计 5 人 5 天，深冰芯钻探槽挖掘完毕后铺设倒流槽。

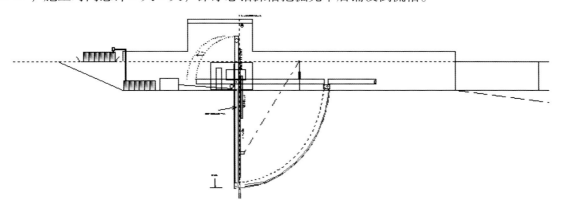

图 5-2 深冰芯钻探场地及钻探槽剖面图

5.1.1.2 深冰芯钻探场地控制室建设

在深冰芯钻探场地旁边挖掘冰芯钻探控制室，先通过扬雪机挖掘所需空间，其建设规格为长 4.5 m，宽 2.7 m，深 3 m；内部先铺设龙骨，将雪面铲平后铺设保温板，然后铺设 2.5 cm×244 cm×122 cmn 木工板，控制室主体工程完成后，安装操作台（80 cm×60 cm）及货物放置架（共设 3 层）；控制室内安装供暖设备暖风机和电暖器，温度要求为（−20±5）℃，如图 5-3 所示。施工时间为 3 人 3 天。

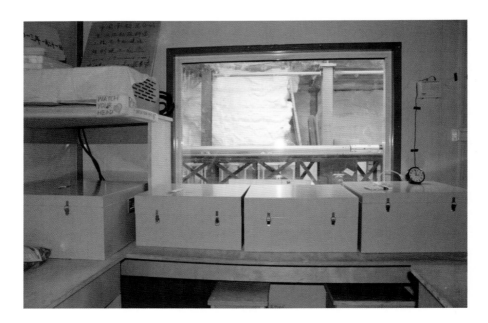

图 5 - 3   钻机控制室

5.1.1.3   深冰芯钻探场地维修间建设

在深冰芯钻探场地出口端建设深冰芯钻机系统维修间，先通过扬雪机挖掘建设所需的场地，其规格为长 9 m，宽 4 m，深 3 m，内部铺设地板，安装操作台，货架和板凳。此外，在维修间内安装电暖器 1 台。施工时间为 2 人 4 天，施工完毕后冰芯钻探维修间如图 5 - 4 所示。

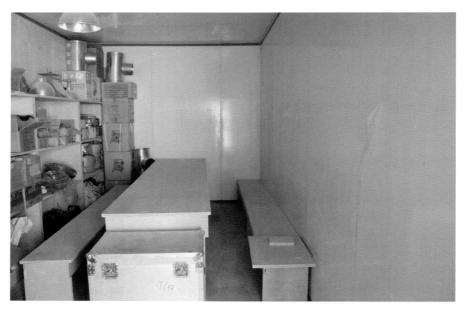

图 5 - 4   维修间

5.1.1.4 深冰芯钻探样品存储场地建设

在离深冰芯钻探场地 10 m 处开挖冰芯样品处理间，先通过扬雪机挖掘（图 5-5），规格为长 30 m，宽 5 m，深 3 m，打水平木桩，将雪面铲平；两边铺设 2.5 cm×244 cm×122 cm 木工板，架设 6 m 钢梁，钢梁上方铺设 5 cm×10 cm×400 cm 木方，木方垂直于钢梁铺设，通过钻尾螺丝固定于钢梁，然后在木方上铺设 2.5 cm×244 cm×122 cmn 木工板。深冰芯处理场地建设时间为 4 人 7 天，施工过程如图 5-6 所示。

图 5-5 使用扬雪机挖掘深冰芯处理间

图 5-6 深冰芯处理间建设

5.1.1.5　深冰芯钻探场地辅助设施

　　钻探槽盖板是冰芯钻探过程中重要的保护设施，且要易于打开，该盖板利用 2.5 cm×244 cm×122 cm 木工板建设，木工板中间用横梁支撑，一端拴有线绳易于打开盖板（图 5－7）。此外，本次考察过程中对进入冰芯钻探场地的楼梯进行了安装（图 5－8）。

图 5－7　深冰芯钻探槽盖板

图 5－8　深冰芯处理场地楼梯建设

5.1.1.6　场地附属配套设备建设

场地附属配套设备包括场地电力、照明、供暖系统、冰芯处理平台、钻井液加注系统、排风系统和钻孔液加注系统等（图 5 - 9）。深冰芯钻探场地位于地下，气温接近 - 40℃，为保障人员和设备安全，需要配置供暖和照明系统。钻井液加注系统用以向钻孔中加注钻孔液。排风系统抽排掉场地中挥发出的钻孔液，是作业安全的必要保障。脱液系统用来回收钻孔液，可以降低钻探成本。

图 5 - 9　场地附属配套设备建设

5.1.2　冰芯钻取及处理成果

目前已成功实施了 3 个考察季的钻探工作，截至 2015 年 4 月，钻探深度已突破 300 m。下面分年度介绍冰芯钻取和处理工作的主要进展和成果。

5.1.2.1　冰芯钻取

第一季：2011—2012 年

（1）项目进展

中国南极深冰芯科学钻探工程第一季（2011—2012 年）任务于 2012 年 1 月 7 日正式开始实施。任务分为 3 个阶段：先导孔取芯钻探、扩孔及导向管安装，实施进度如表 5 - 1 所示。

第一阶段先导孔取芯钻探过程采用外径 135 mm 钻头，完成取芯钻探 118 回次，钻进深度 120.79 m，平均回次进尺 1.024 m；取芯总长度 120.33 m，平均回次取芯 1.020 m；总钻时

51.5 h；顶部 0～36 m 取芯钻探单次进尺深度 1.2～1.4 m，单次取芯长度 1.0～1.4 m；36～90 m 深度取芯钻探单次进尺深度 1～1.2 m，单次取芯长度 0.9～1.2 m；90～111 m 取芯钻探单次进尺深度 0.7～1.0 m，单次取芯长度 0.5～0.9 m；111～120 m 取芯钻探单次进尺深度 0.3～0.9 m，单次取芯长度 0.2～0.8 m。由于冰层硬度随深度增加而增加，故单次进尺深度和单次取芯长度随钻进深度减小（图 5 – 10）。同时钻进效率也随钻进深度增加，冰层变硬和提下钻时长变长而降低（图 5 – 11）。

表 5 – 1　第一季工作进度

名称	日期
先导孔取芯钻探	2012 年 1 月 7 – 14 日
第一次扩孔	2012 年 1 月 14 – 17 日
第二次扩孔	2012 年 1 月 18 – 20 日
第三次扩孔	2012 年 1 月 20 – 22 日
安装套管	2012 年 1 月 22 日

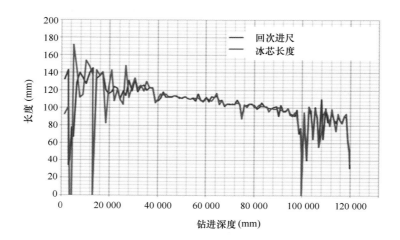

图 5 – 10　回次进尺和回次冰芯长度随钻深变化曲线

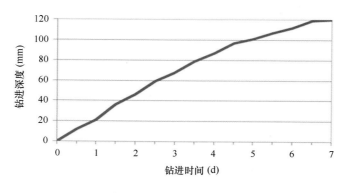

图 5 – 11　先导孔施工进度

第二阶段共进行了 3 次扩孔。第一次扩孔共进行 99 回次，扩孔直径从 135 mm 扩大至 180 mm，钻深 104.05 m，平均回次进尺 1.05 m，钻时 26 h；第二次扩孔共进行 65 回次，扩孔直径从 180 mm 扩大至 215 mm，钻深 99.68 m，平均回次进尺 1.53 m，钻时 17 h，打捞冰屑 2 次，共捞取冰屑 2.4 m，达到扩孔深度 102.08 m；第三次扩孔共进行 45 回次，扩孔直径从 215 mm 扩大至 245 mm，钻深 100.03 m，平均回次进尺 2.22 m，钻时 14 h，打捞冰屑 1 次。与取芯钻探相同，扩孔随冰层深度增加钻进效率呈递减趋势。由于有一定量的冰屑掉落孔底，每次扩孔后要对孔深进行测量，并使用取芯钻具进行冰屑打捞，直至钻至孔底。冰屑打捞后钻孔深度达到 120.79 m。

第三阶段共安装导向管 17 根，每根长 6 m，导向管之间以密封管口螺纹形式连接，导向管安装在第一次扩孔深度 100 m 处。

（2）钻探设备

第一季先导孔施工所用设备为浅层冰芯电动机械式钻机。钻机技术参数见表 5-2。

表 5-2 浅层冰芯电动机械式钻机技术参数

名称		技术参数
钻具	主要参数	型号：Model D-3；长度 3 359 mm；重量 50.5 kg 冰芯：直径 95 mm，长度 1 000 mm
	反扭装置	板簧式：3 片，长度 599 mm，厚 2.5 mm，宽 30 mm
	驱动部分	电机：直流电机，型号 TM-80-50200 200 V/500 W 4 000 r/min；谐波减速器，减速比 1:80
	外管	外径 125 mm，壁厚 2.5 mm，长 2 580 mm
	冰芯管	冰芯管：外径 101.6 mm，壁厚 2.1 mm，长 2 529 mm，3 螺旋翼片
	钻头	外径 135 mm，3 个刀片；钻头前角 35°；3 个冰芯卡断器；3 个垫靴
	扩孔钻具	第一扩孔钻具：外径 180 mm，冰屑管长度 2 260 mm 第二扩孔钻具：外径 215 mm，冰屑管长度 1 760 mm 第三扩孔钻具：外径 235 mm，冰屑管长度 1 560 mm
绞车	主要参数	型号 W-4；提升力：600 N，最大提升力 1 200 N；提升速度：25~45 m/min
	卷筒	内径 300 mm，外径 500 mm，宽度 300 mm
	电机	三相 200 V，1.5 kW 电机；无极调速；型号 MKC6097C
钻塔	主要参数	高度 3 300 mm
	滑轮	外径 350 mm
电缆	主要参数	铠装电缆 4-H-220K，外径 5.66 mm，4 芯，长度 600 m
控制箱	钻具控制箱	输入：交流 200 V；输出：钻具电机，直流 0~200 V；配套设备：变压器，AC/DC 转换器，变频器，电压表
	绞车控制箱	输出：绞车变频器型号：AC 200 V-1.5 kW；变频器：单相输入，三相输出；配套设备：变频器，电压表，电流表，杠杆开关，制动单元
冰屑泵		阿基米德泵

（3）实施进程及经验总结

第一阶段的先导孔取芯钻探工作分为以下 4 个步骤。

① 开孔。开孔是整个钻探工作的重要环节。开孔是否垂直直接关系到钻孔的垂直度。开孔时必须扶稳钻具，使钻具电机慢速转动（钻头转速在 20~30 r/min 之间），带动钻机平稳钻入雪面。同时要保持电缆的张紧度，使钻具不会倾斜。当钻头钻入雪层后仍要扶稳钻具，保持垂直，直至整个钻具全部进入雪面以下。

　　② 钻进。开始钻进后，根据不同深度冰雪硬度，调整钻头转速，保持在 40 ~ 80 r/min 之间。在钻孔开始阶段，由于冰盖上部雪冰硬度较低，钻进速度较快，为了保证钻孔垂直度，将钻头转速控制在 40 r/min 左右，控制绞车转速使钻进速度保持在较低水平。当钻深超过 20 m 后，逐步增加钻头转速，调整至 60 r/min（最高达到 80 r/min），钻进速度控制在 6 ~ 8 m/h。钻进过程中采用的钻头为不锈钢刀片式钻头，刀头前角有 35° 和 40° 两种。钻进中采用 35° 刀头，通过每回次对冰芯表面切痕的分析，冰芯表面质量符合要求，所以未更换 40° 刀头。全孔共更换两次刀头，分别是钻深 76 m 时和 108 m 时，更换刀头之前，钻进速度明显下降，提钻更换钻头后，钻速恢复正常。在整个钻进过程中需严密监视钻具回转电机电流，钻具回转电机电流是孔内工况的主要表征参数，正常钻进时电流保持在 0.6 ~ 1.2 A 之间。当钻进速度很低或者不进尺时，由于钻头不进行切削或切削量很小，电流会明显下降；当冰屑腔内冰屑已满时，电流超过 1.2 A，无法继续钻进，冰芯管与套管之间由于冰屑堆积使得回转阻力增大，可能导致反扭装置打滑，存在扭断电缆的危险，需及时提钻。具体对应工况为钻深 76 m 时，刀头变钝，进尺慢，电流迅速降低。当钻进至 100 m 时电机电流突然增大然后迅速降低，低于正常钻进电流，表明冰屑腔内冰屑已满，冰芯管阻力增大，电流上升，同时导致反扭板簧滑动，无法进尺，电流迅速降低。故迅速提钻调紧反扭板簧，下钻后电流仍然很低，分析反扭板簧调整过紧，使得钻具无法紧密接触孔底，再次提钻适当调松反扭板簧之后恢复正常钻进。在钻深达到 73 m 之前，每回次钻取的冰芯完整度较好，73 m 之后每回次取出的冰芯断为 2 ~ 3 节，而且断口处有明显磨痕，分析为钻进速度过快，钻具产生较大振动，使冰芯断裂，降低绞车转速至 0.1 m/min，效果不佳。原因可能是钻头在钻进过程中产生热量，在冰芯中产生热应力，使冰芯断裂，或者深部冰芯取出后没有围压作用，冰芯自身膨胀导致。

　　随着整个取芯钻进的深入，冰硬度随着钻孔深度不断增加，钻进速度也随之降低。如图 5 - 12 所示。

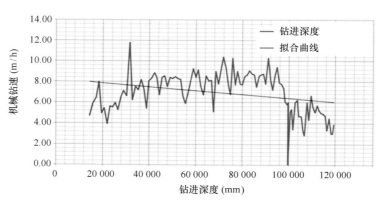

图 5 - 12　机械钻速随孔深变化曲线

　　③ 提钻及下钻。提钻过程中，由于钻具内装满冰芯和冰屑，钻具较重，需慢速提钻，防止钻具晃动，造成冰芯掉落；下钻过程中，需通过变频器控制绞车电机功率保持适当的钻具下放速度，避免钻具对孔壁的破坏。

　　④ 处理冰芯清理钻具。提钻后将冰芯、冰屑分别取出，对冰芯进行清洁、称重、量尺、分段、数据记录、装袋、标号装箱。同时对钻具进行清洁，准备下一回次钻进。由于长时间多次提下钻，会导致钻孔直径变大，所以每隔一些回次需将反扭系统调紧，以保证反扭刀片紧贴孔壁。

第二阶段的扩孔采用多级扩孔方式。深冰芯钻孔采用无钻杆双管单动式电动机械钻具，顶部采用反扭板簧片支撑钻具，不能采用直径245 mm的钻头直接钻至100 m深，因为这样反扭系统将无法卡在孔壁上，钻具将无法向下继续钻进；另外，如若用245 mm钻头直接扩孔，冰屑量势必很大，不易除屑，大大降低了钻进效率。取芯钻探结束后分别用直径为180 mm、215 mm和235 mm的扩孔钻具分3次扩孔至设计孔深，如图5-13所示。图5-13中钻孔底部方框为深冰芯钻具，钻具总长12.2 m，为保证深冰芯钻具反扭装置能够在孔内支撑钻具，所以先导孔孔底与第三次扩孔深度高度差必须大于12.2 m，考虑到会有冰屑在孔底堆积，故设计此距离为16 m。

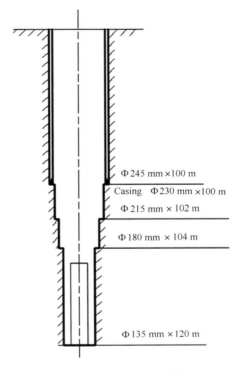

Φ 245 mm ×100 m
Casing Φ 230 mm ×100 m
Φ 215 mm × 102 m
Φ 180 mm × 104 m
Φ 135 mm × 120 m

图 5 - 13　孔身结构

扩孔过程无须取芯，而且不需要考虑刀头对孔壁的影响，所以控制电机转速110 r/min，进尺速度明显高于取芯钻探，如图5-14所示。

在扩孔过程中，大量冰屑落入孔底，为了不影响后续取芯钻探，每次扩孔期间都用取芯钻具及时地进行冰屑打捞工作，最后一次冰屑打捞时取出一截30 mm冰芯，表明冰屑已经清理干净。

第三阶段为安装导向管。为防止实施深冰芯钻探时钻井液渗入顶部松散雪层，维护顶部孔壁稳定，将17根共102 m套管下放至第一次扩孔的100 m深度。下放过程平均速度0.3 m/min。导向管的顺利下放表明钻孔顶部的孔斜度很小。

第二季：2012—2013年

（1）项目进展

中国南极深冰芯科学钻探工程第二季（2012—2013年）任务于2013年1月10日（中国第29次南极科学考察）正式开始实施。任务主要分为3个阶段：深冰芯钻机及附属设备组

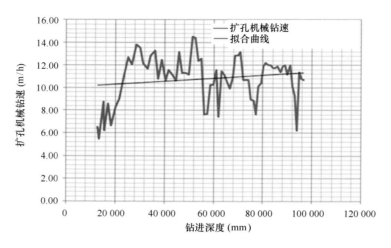

图 5 – 14 扩孔钻探机械钻速随孔深变化曲线

装、设备联机调试及孔内原始参数测试、深冰芯取芯钻探，实施进度如表 5 – 3 所示。

表 5 – 3 第二季工作进度

名称	时间
深冰芯钻机及附属设备组装	2013 年 1 月 10—16 日
设备联机调试	2013 年 1 月 16—19 日
孔内原始参数调试	2013 年 1 月 20 日
深冰芯取芯钻探	2013 年 1 月 20—22 日

第一阶段深冰芯钻机及附属设备组装。钻机塔架定位，组件按顺序安装到位、紧固，钻塔起落正常、顺畅，附属配件组装齐备，钻孔液回流槽安装到位并固定，钻机提升装置安装完毕；完成 4 000 m 电缆绞车定位、安装，将电缆穿过钻塔顶部滑轮，配合刹车装置和测力计，连接绞车控制器，将 4 000 m 铠装电缆盘在绞车绞盘上；组装钻机各部位组件，包括反扭系统、控制器及电机密封腔、冰屑筒、冰芯筒、钻头组件及进尺记录单元，连接完成铠装电缆与钻机之间的接头，安装冰芯筒架；布置并安装变压器、稳压电源、绞车控制器、钻机电机控制器、变频器控制箱、信号转换控制箱以及上位采集控制计算机；将冰屑离心机、冰芯清洁设备、通风设备、防护用品等深冰芯钻探辅助安置到位。

第二阶段设备联机调试，并进行孔内原始参数的测试。将各测控部件数据通信、供电电缆连接完毕并排查可能的错误连接，安装钻机外部称重传感器和温度传感器，通电测试电机及绞车工作状态，安装上位机软件，调试信号通信状态；设备调试完毕，起钻塔，利用绞车控制器将钻机下放，再提升，反复几次检查缩孔情况后，将钻机下放至孔底，采集并记录原始孔底参数。进行无钻孔液钻进试验，取出 30 mm 冰芯。而后灌注钻井液，再次进行孔内参数测试。

第三阶段正式开展深冰芯取芯钻探。共完成钻进作业 3 回次，总进尺深度 10.54 m，共取出冰芯 10.99 m（含上年度剩余冰芯）。

（2）钻探设备

第二季深冰芯钻探施工所用设备同样是中国极地研究中心与日本 GEO TECS 公司联合研

制的深层冰芯钻探电动机械式钻机。钻机技术参数见表 5－4。

表 5－4　深层冰芯电动机械式钻机技术参数

名称		技术参数
钻具	主要参数	型号：CHINARE/JARE 深冰钻；全长：12 223 mm 直径 94 mm 冰芯，长度 3 800 mm
	反扭装置	板簧式反扭装置，3 片，长 700 mm
	驱动单元	电机：直流电机，型号：TM－80－50200，200 V/500 W 4 000 r/min；谐波减速器，减速比 1：80
	外管	外径 123 mm，壁厚 4.5 mm，长 4 598 mm，铝合金
	冰屑室	外径 123 mm，壁厚 4.5 mm，长 5 000 mm
	冰芯管	冰芯管：外径 101.6 mm，壁厚 2.1 mm，长 4 000 mm；3 条聚四氟乙烯螺旋条
绞车	主要参数	型号：CHINARE/JARE 深冰钻绞车－4 000 提升力：10 kN，最大提升力 15 kN，提升速度：0～60 m/min
	卷筒	型号：804 mm 宽，外径 410 mm（第一层）
	电机	型号：TIKK－EBKM8－4P－15 kW，输入 160 V 53 Hz，输出：15 kW，无极调速
钻塔	钻塔顶部	400 mm 宽，450 mm 高，2 750 mm 长，顶部滑轮：外径 630 mm，压力传感器：SH－50 kN
	可旋转滑轮	滑轮：外径 480 mm，编码器：E6C2－CWZ6C－1200 机械计数器：Model RL－606－5（2）
电缆	主要参数	铠装电缆 7H－314 K，外径 7.72 mm，长 4 000 m
控制箱	钻具控制单元	供电：AC200 V 3 相；输出：钻具电机 DC0～400 V 配套设备：变压器，AC 电压表，DC 电压表，钻压表
	钻具供电单元	供电：AC200 V 3 相；配套设备：变压器 0～240 V，变压器 240～500 V，桥式整流器，电容
	绞车主控制箱	供电：AC200 V 3 相；输出：变频器控制；变频器型号：VFAS1－2185PM 200 V 18.5 kW
	制动单元	型号：PBR7－052 W7R5
	绞车控制箱	供电：AC200V 3 相；配套设备：钻压表，钻速表，深度表，电机电压表，电机电流表，频率表

（3）实施进程及经验总结

第一阶段深冰芯钻机及附属设备组装分以下 5 个步骤。

① 根据冰槽及孔口位置，确定钻塔底座初步准确位置。将钻塔底座、支座安装；连接钻塔组件及起吊架，安装钻塔底部滑轮、钻机导向槽、导向轮与钻机限位开关传感器。安装电动提升机，铺设钻孔液回流槽以及孔口液体收集装置；将钻塔起落数次，确定钻塔动作范围符合冰芯钻探槽尺寸，并运转正常、顺畅。最终确定钻塔底座位置，将底座固定。

② 参考钻塔位置，将绞车固定在适当位置，并安装稳牢；安装盘线辅助刹车装置。

连接绞车控制器组件，将电缆接入绞车，连接并测试控制器与绞车通信，将电缆穿过钻塔底部与顶部滑轮以及刹车轮。将待盘电缆安置到位，在电缆线盘上安装辅助阻力装置。在钻塔底部安装测力计，开动绞车控制器，观察电缆张力，将 4 000 m 铠装电缆以 5 000 N 左右的张力盘绕在绞车绞盘上。

③ 将钻机各部分组件置于钻塔导向轮上，组装冰芯筒、冰屑筒；连接进尺深度传感器。缠绕电缆接头钢缆，连接钻机控制通信单元与驱动电机，测试通信状态，排查故障；控制动作一切正常后，拆装密封腔，将驱动电机与控制器安装好；连接电缆接头与钻机。安装反扭

系统与钻头组件，并将钻机各部分集成，再次进行控制动作测试。将冰芯筒架、钻孔液回收槽、手动绞车（牵引冰芯筒）定位并固定。

④ 布置并连线变压器、稳压电源、绞车控制器、钻机电机控制器、变频器控制箱、信号转换控制箱以及上位采集控制计算机，安装钻塔顶部称重传感器、温度传感器，并将所有外部传感器（包括进尺深度传感器、限位开关传感器）与控制器连接，安装上位机测试控制软件。

⑤ 将冰屑离心机、冰芯清洁设备、通风设备、防护用品安置到位。

第二阶段设备联机调试，并进行孔内原始参数的测试。

① 设备连接安装完成后，通电测试各部分之间供电与数据通信状况，排查可能出现的隐患与故障。

② 所有设备安装调试完成后，调整反扭系统张紧度，以适应孔径；将钻机送入钻孔，反复提下钻，调整反扭张紧度，测试缩孔情况及孔深、孔底冰屑深度、不同下放速度对应的接地压等参数。

③ 将钻机下放至孔底，测试并记录接地压、孔底温度等参数。

④ 在不添加钻孔液的情况下，进行试钻，测试不同转速情况时，钻进速度和接地压情况，并取出残留冰屑和少量冰芯（30 mm）。

⑤ 收集全部原始参数后，灌注钻孔液约 400 L，灌至钻孔 104 m 深处，再次下钻，测试钻机进入钻孔液时及触及孔底时的接地压。

在深冰芯取芯钻探前的孔内参数测试过程中，无钻孔液下放钻机时，钻机接地压保持 6% 左右，触底接地压 25%；灌入钻井液后，下放钻机进入钻孔液使接地压保持在 15% 左右，钻具下放速度保持在 30 cm/s 左右；触底接地压 30%。孔底温度 −50℃ 左右；钻具静止时倾斜角 x：−1.4°～−1.0°，y：−0.9°～−0.5°。

在无钻孔液试钻过程中，测试钻具下放速度与接地压和电机负载之间的关系，接地压和电机负载随钻具下放速度增加而上升。

第三阶段为深冰芯钻探作业。由于是在添加钻孔液情况下的首次钻进，钻进过程中要根据电机电流与接地压等参数的变化不断调整包括钻机下放速度、转速参数等控制参数，以保证钻进速度，同时要防止下放速度过快导致的钻机倾斜、卡钻、反扭滑动等孔内情况的发生。取芯钻探过程中，钻具在钻孔液中下放速度保持在 30 cm/s，提升速度保持在 34 cm/s 左右；提升钻具时称重约为 11 kN；卡断冰芯时电缆张力增加至 16 kN；钻进过程中，钻机倾斜角 x：−1.6°～−1.0°，y：−1.1°～−1.0°；钻进过程中，绞车控制采用"slow"档，拨盘控制在 100～130 之间，保持接地压在 30%～60% 之间，控制驱动电机电流在 2～3 A 之间；当接地压超过 60%，表明冰芯冰屑已满，或者反扭失效，应及时停钻；当电流超过 3 A，并保持大于 3 A，表明冰芯冰屑已满，也应及时停钻；钻进过程中，电机转速控制在 4 000 r/min 左右，钻进效率较高；结束钻进准备提钻时，应稍加反转，以关闭冰屑腔，并适当增加提升速度，以卡断冰芯。

第三季：2014—2015 年

（1）项目进展

中国南极深冰芯科学钻探工程第三季（2014—2015 年）任务于 2015 年 1 月 1 日（中国第 31 次南极科学考察）实施。任务主要分为 4 个阶段：钻探场地电气系统更新、深冰芯钻机及附属设备组装与恢复、设备与软件联机调试及孔内原始参数测试、深冰芯取芯钻探，实施进度如表 5 - 5 所示。

表 5 - 5　第二季工作进度

名称	时间
钻探场地电气系统更新	2015 年 1 月 1—5 日
深冰芯钻机及附属设备组装与恢复	2015 年 1 月 5—6 日
设备与软件联机调试及孔内原始参数测试	2015 年 1 月 6 日
深冰芯钻探	2015 年 1 月 6—18 日

（2）实施进程及经验总结

第一阶段：钻探场地电气系统更新。

①对深冰芯钻探场地电气配电系统进行更新，单独设置深冰芯钻机专用配电箱，以保证钻进过程安全稳定。此外还布设一套计算机系统电气保护配电系统。

②对场地照明系统进行布置与设备架设。由于场地内光线较暗，特对照明系统进行了改造，在钻具放置台、工具台、冰芯处理台分别架设照明装置，对控制室、维修间单独架设照明装置，对所有照明装置进行独立合理的布线，并设置独立开关。

③对钻探辅助设备进行了电气系统维护与更新，以保证场内通风、冰屑处理、冰芯处理、钻探提升及钻孔液加注等的安全供电。

第二阶段：深冰芯钻机及附属设备组装与恢复。

①由于第 30 次队没有进行深冰芯取芯钻探工作，钻探设备在场内存放两年，开始深冰芯钻探作业之前要对所有设备进行适当加温，以恢复到正常作业温度。

②钻探系统恢复作业温度后，对钻机进行了组装，包括钻头、外管、冰芯管、冰屑腔、电机、电器元件压力腔、反扭装置、电缆终端等，安装过程中对部分安装螺钉进行更换，并对钻具连接螺纹进行润滑。

③对钻进检测与控制系统进行连接、通电调试，确认所有控制部件、检测部件工作正常，对绞车控制箱、钻机控制箱、变频器控制箱、信号中继单元及变压器进行电气连接。

④对钻进过程监控软件进行调试，确认参数获取正常、数据曲线显示正常。

⑤对钻探辅助设备进行恢复与更换。包括通风管、钻塔提升机、冰芯切割机的布置与维修，供暖设备更换、冰屑离心机更换等。

第三阶段：设备与软件联机调试及孔内原始参数测试。

①所有设备联机上电，通过控制器，控制绞车及钻机运行，确认各部分动作正常，上位机软件获取参数正常，通信状态正常。

②将钻塔竖起，下放钻机进入孔内，检测钻孔缩孔情况，根据钻孔孔径调整反扭系统；将钻机继续下放，测试钻孔液漏失情况，记录钻孔液液位；测试钻孔内钻机倾斜角；测试孔底温度、深度等参数。所获数据：钻孔液位 95.2 m；孔底温度 -54.6℃；钻具倾斜角 1.7°；计算孔深 122.84 m，实际孔深 122.67 m。

第四阶段：深冰芯钻探。

①下钻：下钻过程保持下钻速度为 50 cm/s，接地压为 6.2%，进入钻孔液后接地压为 12% ~20%，到达孔底接地压明显升高，达到 60% 后停止下放，提升 30 cm 左右再进行钻进。

②钻进：钻进开始时设定钻机电机转速 4 000 r/min，待切削冰后，转速降低，继续调整转速达到 4 000 r/min 以保证钻进效率；钻进过程中接地压保持在 30% ~60% 之间，电机电流保持在 1.8 ~2.8 A 之间。

③提钻：提钻前需将电机反转一点，封闭冰屑腔，再以较快的速度提升钻具，以保证钻头卡刀卡断冰芯，提升速度控制在 50 cm/s，接近空口处降低提升速度。

④冰芯处理：取出冰芯后，将冰芯进行量长、切割分段（1 m 等分）、标记、装袋装箱。

⑤清理钻具，甩干冰屑，回收钻井液。

⑥工作结束前将钻孔液灌注至 100 m 左右深度。

本工作季中遇到了一些问题：

①孔内电机控制继电器经常烧坏，分析电机工作负载较大，考虑采用适当降低电机转速以减小工作负载。

②第 15 回次冰芯筒难以从外管取出，分析钻进过程接地压设置过小，导致切削冰屑直径较小，造成内外管之间堵塞，考虑钻进过程中适当增加接地压设置，增加钻头没转吃入深度。

③钻进过程中数据通信中断，分析电缆中断接头接触问题，每回次提钻后要对电缆中断进行检查，检查是否有电气短路或者接头断开现象。

④电器元件密封腔漏液报警，分析密封腔密封圈失效，考虑在安装密封腔时，不要将安装螺钉拧得过紧，容易导致密封圈变形。

⑤偶尔出现冰芯脱出冰芯管现象，建议每回次要对钻头卡到弹簧进行检查，一旦变形及时修复或更换，以免冰芯脱落。

⑥信号中继单元变压器烧坏，分析电压不稳以及突然断电对电气设备的损坏，建议配置冰芯场地专用发电机，防止其他工作大功率用电设备对电气系统电压影响。

⑦钻深数据不准确，问题出现在钻塔底部滑轮编码器与滑轮连接轴套由于低温出现打滑现象，已进行修复，建议定期检查。

5.1.2.2　冰芯处理

取出冰芯后，需要进行一系列的处理和测量：

①清扫冰屑和钻孔液；

②测量冰芯总长并记录；

③静置直至冰芯表面的钻孔液完全挥发；

④待冰芯内部压力完全释放后，将冰芯切割成 1 m 长的小段。称量重量，再装入筒袋密封后保存在特制的保温箱中。

处理过程中，在 124 m 深处发现了明显的污化层，可能记录了一次火山喷发事件（图 5 -24）。

5.1.2.3　小结

上述 3 个季的工作为中国南极昆仑站深冰芯钻探项目正式开始的 3 个南极工作季。2011—2012 年工作季完成先导孔施工（图 5 - 15），共完成取芯钻探 118 回次，取出冰芯 120.33 m，图 5 - 16 为取出的 120 m 处冰芯样品。取芯长度与钻进深度情况如图 5 - 17 所示。完成 3 次扩孔，并成功安装导向管 100 m。

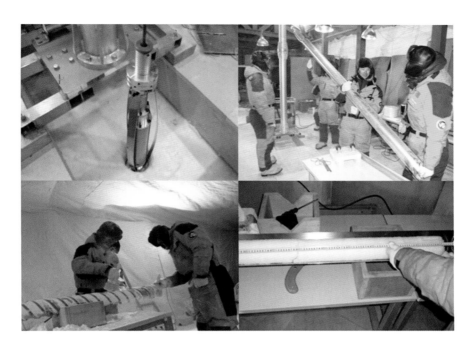

图 5 – 15　第一工作季野外工作过程

图 5 – 16　取自 120 m 深度的冰芯

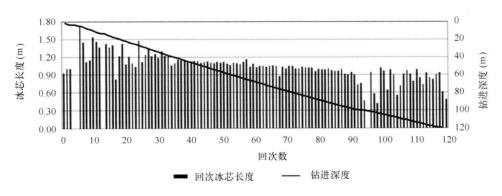

图 5 – 17　第一工作季取芯长度及钻进深度随回次的变化

2012—2013 年工作季完成深冰芯钻机系统的安装、设备联机调试、孔内参数测试，并进行深冰芯钻探工作，工作过程如图 5 - 18 所示。完成深冰芯钻探 3 回次，总进尺 10.54 m，取出冰芯 10.99 m（含上年度残余冰芯）。图 5 - 19 为 3 回次取出的冰芯样品。每回次冰芯长度如表 5 - 6 所示。

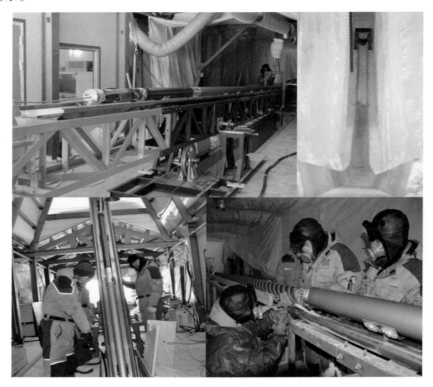

图 5 - 18　第二工作季野外工作过程

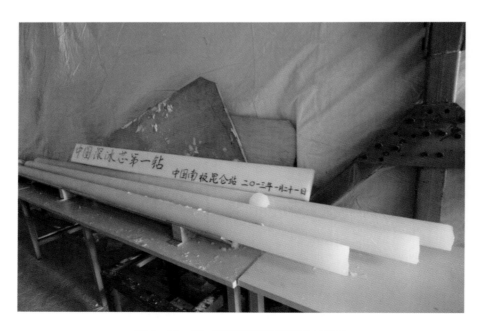

图 5 - 19　第二工作季获得的深冰芯样品

表 5-6 第二季冰芯长度

回次序号	冰芯长度（m）	冰芯段数
1	3.83	1
2	3.57	1
3	3.59	1

2014—2015 年工作季完成深冰芯钻探进尺 172.7 m，获取冰芯 172 m，灌注钻孔液 2.9 m³。钻探数据作为数据成果单独提交。图 5-20、图 5-21 为第三工作季现场照片。

图 5-20 钻进过程

图 5-21 清理钻具及冰芯处理

上述 3 个南极工作季的现场工作是中国深冰芯钻探开始的标志，所获得的原始数据和初始钻进参数将为该项目的继续进行提供了有力的依据。所获得的钻进参数为深度从 0～303 m 参考钻进参数，具体施工中参数还需适当调整，随着钻进深度加大，钻进参数会有较大变化，后续钻进工作中还需进一步总结完善。

施工中对设备的了解和熟练使用也是该项目顺利进行的坚实保障，上述 3 个工作季的工作所积累的经验也将为后续人员提供一个参考，便于更快掌握设备操作技巧，他们也将更多地获取新的信息，总结新的经验，带来新的观点。

5.1.3 钻探数据分析

在深冰芯钻探过程中，通过随钻测控传感器获取了包括钻进深度、接地压、钻进电机电流电压、转速、钻孔倾斜度、电缆张力、钻孔液压强、孔温、钻进速度等参数。钻探参数界面如图 5-22 所示。

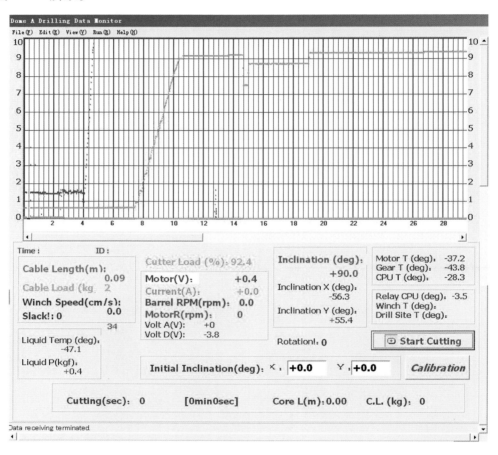

图 5-22　冰穹 A 深冰芯钻机钻探监控界面

在深冰芯钻进过程中通过 Dadmonitor 每间隔 1 s 读取一次钻探参数。详细的参数情况如表 5-7 所示。

表 5-7　冰穹 A 深层冰芯钻探过程中参数记录

参数名称	对应参数									
年份	2013	2013	2013	2013	2013	2013	2013	2013	2013	2013
月份	1	1	1	1	1	1	1	1	1	1
日	21	21	21	21	21	21	21	21	21	21
时	13	13	13	13	13	13	13	13	13	13
分	13	13	13	13	13	13	13	13	13	13
秒	21	22	23	24	25	26	27	28	29	29
时移（s）	829	830	831	832	833	834	835	836	837	837

参数名称	对应参数									
年份	2013	2013	2013	2013	2013	2013	2013	2013	2013	2013
数据 ID	60	61	62	63	64	65	66	67	68	69
接地压（%）	95.3	95.3	95.3	95.4	95.3	95.4	95.3	95.3	95.3	95.4
电缆长度（m）	112.03	112.05	112.08	112.1	112.12	112.16	112.18	112.21	112.23	112.26
绞车速度（cm/s）	2.8	2.8	2.8	2.8	2.7	2.7	2.7	2.7	2.8	2.8
电缆拉力（kg）	3	0	0	0	3	1	0	3	3	0
电机电压（V）	0.4	0.4	0.4	0.4	0.4	0.4	0.4	0.4	0.4	0.4
电机电流（x0.01 A）	0	0	0	0	0	0	0	0	0	0
电机转速（x100 r/min）	0	0	0	0	0	0	0	0	0	0
钻头转速（r/min）	0	0	0	0	0	0	0	0	0	0
交流电压（V）	8	8	8	8	8	8	8	8	8	8
直流电压（V）	-1.7	-2.5	-2	-3.1	4.4	-4	5.5	-3.4	-3.1	-1.8
倾角 X 轴（°）	-1.9	-1.9	-1.9	-1.9	-1.9	-1.9	-1.9	-1.9	-1.9	-1.9
倾角 Y 轴（°）	-0.7	-0.7	-0.7	-0.7	-0.7	-0.7	-0.7	-0.7	-0.7	-0.7
倾角（°）	2	2	2	2	2	2	2	2	2	2
电缆松弛	1	1	1	1	1	1	1	1	1	1
钻井液温度（℃）	-48.8	-49	-49	-48.8	-49.6	-49.1	-49.2	-49.2	-49.2	-49.3
钻井液压力（kgf）	1	1.3	1.3	1.2	0.8	0.7	0.4	0.1	0.1	0.1
电机温度（℃）	-36	-36	-36	-35.9	-36	-36	-36	-36	-36	-36
变速齿轮温度（℃）	-37.6	-37.7	-37.7	-37.8	-37.8	-37.8	-37.9	-37.9	-37.9	-37.9
信号传送单元温度（℃）	-25	-25	-25	-25	-25	-25	-25	-25	-25	-25
中继单元温度（℃）	16.2	16.2	16.2	16.2	16.2	16.2	16.2	16.1	16.2	16.2
绞车温度（℃）	0	0	0	0	0	0	0	0	0	0
钻孔温度（℃）	0	0	0	0	0	0	0	0	0	0
漏液报警信号	0	0	0	0	0	0	0	0	0	0

2012—2013 年度冰穹 A 深冰芯共进行了 3 回次钻探，首回次从深度 112.30 m 钻至 115.75 m，取芯 3.83 m，为完整的一根冰芯；第二回次进尺 3.50 m，取芯 3.57 m；第三回次进尺 3.50 m，取芯 3.59 m（进尺深度测量存在误差），后两回次均为完整冰芯。3 次总进尺深度 10.54 m，共取芯 10.99 m。3 回次钻探的参数总结如表 5-8 所示。

表 5-8 2012—2013 年度深冰芯钻探参数总结（共 3 回次）

参数名称		对应参数		
回次		1	2	3
切削开始/结束时间	Time/min/s	13°19′11″ 13°23′41″	18°55′25″ 19°39′07″	22°07′08″ 22°51′25″
钻进时长（切削）	min	4′30″	43′42″	44′17″
电缆长度	m	111.71→111.85	115.56→119.20	119.08→122.75

参数名称		对应参数		
回次		1	2	3
钻进长度	cm	14	364	367
冰芯长度	cm	383	357	359
钻进速度（以冰芯长度计算）	cm/min	85.1	8.2	8.2
接地压	%	12~90（浮动区间）	45→60→50	45→60→40
回转切削电机电压	V（DC）	60~105（浮动区间）	100→70→40→70	100→30→70
回转切削电机电流	A（DC）	0.7~1.6（浮动区间）	0.7→1.5→2.0→2.7	0.7→2.0→1.7→2.5
钻头转速	rpm	37~62	35→45→25	60→25→50→40
钻井液温度	℃	−53.9	−53.9	−54.4
电机温度	℃	−35→ −38	−34→ −27	−38→ −24
谐波驱动器温度	℃	−34→ −46	−34→ −44	−37→ −42
信号发送单元温度	℃	−31→ −25	−30→ −28	−25→ −26
刀头倾角	mm			
电机减速器	1/80			

以 2012—2013 年季第一钻探回次为例，各参数随钻进过程的变化如图 5-23 所示。钻进最深处 118.95 m（以钻探场地约 3.0 m 深处为基准）。在钻机下放和提升过程中速度基本在 10~20 cm/s，钻进速度 0.5~1.0 cm/s；下放过程中钻机接地压保持 6% 左右，触底接地压 25%；进入钻孔液后钻机接地压保持在 15% 左右；孔底温度 −50℃ 左右；钻具静止时倾斜角 x：−1.4°~−1.0°，y：−0.9°~−0.5°。钻进过程中，绞车控制采用"slow"档，拨盘控制在 100~130 之间，保持接地压在 30%~60% 之间，控制驱动电机电流在 1~2A 之间，转速为 40~50 r/min；卡断冰芯时起拔力约 16 kN，提升钻具时称重约为 11 kN。需要说明的是在钻机触底瞬间电缆会出现松弛，在下放、触底、提钻等过程中会出现钻机的倾斜（记录在钻孔倾斜度中）。

5.1.4 冰穹 A 冰川学综合调查及深冰芯计划分析

通过与海底沉积物氧同位素数据的比较，发现以 4 万年周期气候旋回的最近记录出现在至今 130 万~120 万年之间。根据 2008 年的国际冰芯伙伴计划报告（参见：International Partnerships in Ice Core Sciences（IPICS）2008 Steering Committee meeting，2008，http：//pages - 142. unibe. ch/ipics/data/），尽管气候模式基于边界条件等输入（如温室气体密集度和冰盖范围）能模拟出当今气候的许多特征，但是模式并不能仅基于额外添加行星轨道迫动作为输入获得气候的耦合特征，或者说，人类仍不能有效地模拟气候的演化，也不能切实理解仅基于外迫动的当今气候。具体来说：仍不清楚什么原因导致了最近 80 万年以来气候变化旋回周期变成了 10 万年，以及为什么现在地球处在全新世的间冰期？为了更好地理解当前的气候及其演化细节，下一阶段的目标需要寻找一支超过 150 万年的冰芯记录。根据现在对冰穹 A（冰穹 Argus）地区的调查与研究，特别是中国历次在冰穹 A 的内陆考察及其在昆仑站的定期观测，表明最古老冰芯记录的钻取地点可能位于以冰穹 A 为中心的东南极内陆地区（图 5-25）

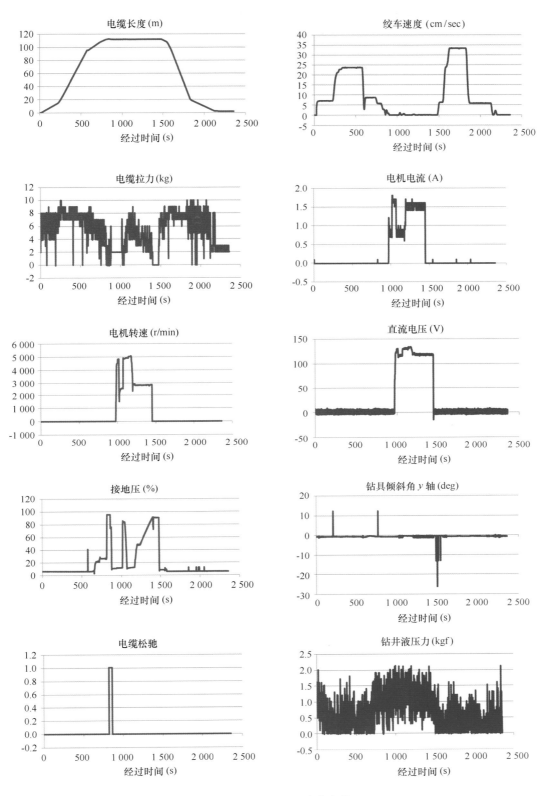

图 5 - 23 钻探过程参数变化

图 5 - 24　冰穹 A 深冰芯记录的一次较大规模火山喷发事件

（任贾文等，2009；唐学远等，2009）。由于反演极地冰雪包含的环境历史信息不仅受到温度的影响，还要受到降水过程、水汽输送过程、沉积环境以及冰流等复杂因素的影响，使得在冰芯钻取前讨论钻探位置附近区域的环境条件尤为必要。

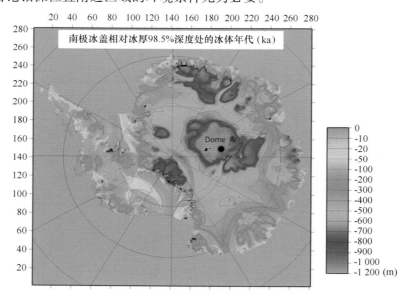

图 5 - 25　冰穹 A 的位置，及其南极冰盖距离冰盖表面 98.5% 深度处
冰体的年代［基于 Huybrechts P（2006）的模拟结果改绘］

冰穹 A 位于东南极冰盖分冰岭的中部，Gamburtsev 山脉的上方，是东南极冰盖海拔最高，

距离南极海岸线较远的一个冰穹（孙波等，2008）。在冰川学上，它是一个可以用来寻找冰盖起源与早期演化证据、冰盖流动历史、检验冰盖模拟结果的理想地点。自 2004—2005 年第 21 次中国南极考察队首次从地面到达冰穹 A 进行考察后，我国先后对该地区进行了 7 次系统的科学考察，并获得丰富的考察成果。通过对在冰穹 A 获得数据的研究，发现冰穹 A 有着许多独特的环境特征，是深冰芯钻探的一个理想地点。

卫星资料显示，冰穹 A 最高区域为一个东西宽 10～15 km，长约 60 km，沿东北—西南方向总计面积约为 800 km^2 平台地形。2005 年中国第 21 次南极考察队（Chinare 21）通过测量，冰穹 A 顶点精确位置为（80°22′01.63″S、77°22′22.90″E），海拔 4 092.46 m，距离中山站 1 228 km（Cui Xiangbing et al.，2010；Zhang S et al.，2006；效存德等，2007）。自动气象站连续记录的 2005—2006 年 10 m 深雪温数据显示该地区多年平均气温约为 -58.3℃，较东南极冰盖分冰岭的冰穹 C、冰穹 F、冰穹 B 都低，也低于 Vostok，是地球上实测到的最低年平均温度（效存德等，2007）。在降水方面，侯书贵等（2007）根据总 β 活化度标志层确定南极冰穹 A 地区近 40 年来的平均积累率为 0.023 mH$_2$O/a，该值与南极内陆冰穹 C 的 0.03 mH$_2$O/a、Vostok 的 0.023 mH$_2$O/a、冰穹 B：0.038 mH$_2$O/a、冰穹 F：0.032 mH$_2$O/a 的积累率相当，并确认晴天降水是冰穹 A 地区的一种主要降水方式。另外，效存德等（2007）根据自动气象站记录的雪面高度变化，发现 2005—2006 年间冰穹 A 年积累率为 0.01～0.02 m 水当量。说明冰穹 A 是东南极高原上极端干旱、积累率很小的地区。在冰盖近表层的能量传输特征方面，冰穹 A 表面能量平衡全年主要表现为负的净辐射与正的感热通量之间的平衡，且季节差异显著（陈百炼等，2010）。利用浅部冰芯测量的信息，可以极大地提高选择最古老冰芯位置的准确性。侯书贵等（2008）通过 2004—2005 年在冰穹 A 钻取的一支 109.91 m 长的冰芯的研究结果发现冰芯在约 102.0 m 处气泡被完全封闭，气泡被完全封闭处冰的年龄约为 4 200 年。冰穹 A 是南极雪冰中过量氘的高值中心，反映了晚全新世以来水汽源区位置向赤道方向的总体迁移效应。结合东南极冰盖其他内陆冰芯稳定同位素资料，表明东南极内陆地区晚全新世以来气候状况较为稳定。

通过 GPS 观测到在距冰穹 A 冰穹 150 km 的地方最近的流速为 1.3 m/a，在距冰穹 A 冰穹 230 km 的位置的流速约为 3 m/a，在冰穹位置的速度则接近 0（Zhang S et al.，2008）。环绕冰穹的 300 km 以内，流速低于 10 m/a。Huybrechts（2006）通过一个三维的冰盖动力学模式，初步模拟结果也表明，冰穹 A 地区的平均流速接近 0，相应的，其底部温度是东南极冰盖中心最低的区域。另外，Xin Li 等（2010）通过构造冰下地貌高程曲线的双参数粗糙度指数，发现冰穹 A 的底部粗糙度特征对应着低侵蚀和低沉积速率的冰下环境，说明底部有着较冷的低速冰体流动。此结论强化了冰穹 A 底部的冰体流速较小的判断。通过分析冰穹 A 地区的雷达波特征与其冰晶组构 COF 之间的关系，发现冰穹 A 的 COF 类型是被拉长的单极 COF，且在不同周期上，其主轴方向存在的偏差可能与冰流方向在不同深度的变化有关（Wang Bangbing et al.，2008））。三维电磁波时域有限差分模型模拟结果显示冰穹 A 不同深度的冰层反射在不同方向上的功率都存在差异，在小于 800 m 深度，相位也存在差异，这与冰盖浅部由于密度变化导致的介电常数差异相关；在大于 800 m 深度，反射相位则基本一致（王帮兵等，2009）。蒋芸芸等（2009）基于南极中山站 - 冰穹 A 断面的双频雷达（60 MHz 和 179 MHz）回波探测数据分析，发现该段冰盖浅层电磁波散射特征 100～700 m 深度上的 60 MHz 的雷达回波能量比 179 MHz 衰减得更快，雷达反射层形成的主导原因是冰密度变化。

目前，在冰穹 A 已经由雷达探测发现了超过 3 000 m 的冰厚（图 5 – 26）。

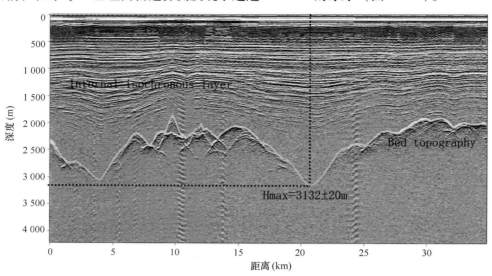

图 5 – 26　冰穹 A 区域的冰雷达剖面显示的冰盖内部层结构和冰岩界面

　　冰雷达调查获得的冰穹 A 核心区域冰下地形，显示冰穹 A 下方 Gamburtsev 冰下山脉的部分地貌是一个谷底与谷肩垂直落差达 432 m 的面积为 562 km² 的 U 形谷。研究表明，这种地貌是经早期河流的冲刷、山地冰川作用叠加出现的。这种地貌在世界许多经过冰川作用和冰盖覆盖的地区也曾出现，如经古斯堪的纳维亚冰盖作用过的 Wales 山区可作为一个例子。冰穹 A 核心区域 U 形谷的形成可能经历过 3 个阶段的冰川作用：首先是小型山地冰川占据山脉顶部的冰斗，形成离散的小盆地；然后是小型的冰川扩张并连接成大型山地冰川，向南流动，不断侵蚀冰下主槽谷的谷底和两侧的谷壁，形成带有冰盆的谷底和两侧的支谷；在约 1 400 万年前冰穹 A 区域南极大陆性冰盖整体形成，覆盖该地貌，较好地保存了冰盖形成前的冰下地貌特征（Sun Bo et al.，2009）。对冰穹 A 冰下地貌的研究还表明，该冰川地貌与较温暖的气候条件相联系，其树枝状的谷流网状结构形成期可能要追溯到始新世（Eocene），不可能发生在过去 1 400 万年前南极大陆冰盖整体形成之后。冰川地貌的形成年代至少要提至 3 400 万年前，那时东南极冰盖中央海拔 1 500～2 000 m 的地方，在冰盖早期的山地冰川期，夏季温度应不低于 3℃。从而说明冰穹 A 所在的 Gamburtsev 山脉是南极冰盖起源与增长的关键区域。最近，AGAP（Antarctica's Gamburstev Province project）计划的机载雷达测线覆盖了包括冰穹 A 地区的整个 Gamburtsev 山脉，显示冰穹 A 冰下可能存在复杂的冰盖结构：冰盖底部有很大部分冰体是底部的水体重新冻结产生的。因此，南极冰盖底部的一大部分冰累积是通过冰盖底部水重新冻结所造成的，并不是传统认为的，降落在表面的雪形成了冰盖的整个厚度。这一现象是聚集于冰盖底部的水通过对流被冷却后，或是当水从陡峭的谷壁被挤压而上遭遇温度较低的冰体冷冻时发生的；在冰穹 A 地区底部重新冻结的水体大约为总冰厚的 24%，而在东南极的另一些地方这一比例会上升到 50%（Robin，2011）。这改变了冰盖热力学性质和晶体结构，从而也将影响冰盖底部和表面的地貌。

　　冰盖断面雷达图像显示的层状结构被称为冰盖"内部等时层"（Eisen et al.，2004）。这一现象主要由冰盖内部冰的介电性质差异决定，如浅层的冰密度变化，较深层（＞500 m）

的酸性物质和冰晶组构（Fujita et al.，1999）。通过内部等时层可将已有深冰芯钻孔与潜在的深冰芯位置连接起来，获取其深度－年代关系，以便使用数值模式对深冰芯候选点进行断代和估计古平均积累率（Siegert et al.，1998，2004；Steinhage，2001）。内部等时层还可用来评估冰盖内部形变、估计速度场的空间分布（崔祥斌等，2009）；讨论冰盖的稳定性（Neumann et al.，2008）。将内部等时层的形态与冰下地形结合起来对于理解冰盖内部的冰体运动历史尤为重要（Hindmarsh et al.，2006）。也可利用内部等时层探讨冰盖内部冰晶组构与反射信号盲区（echo－free zone，EFZ）的关系及其在冰芯研究上的应用（Drews et al.，2009）。因此分析内部等时层结构是深冰芯钻探选址的一个必要步骤。一般来说，为保证冰芯记录的深度－年代序列连续完整，深冰芯钻探位置通常选在具有平坦、光滑内部等时层的冰穹附近（Frezzotti et al.，2004；Jacobel et al.，2005）。Tang Xueyuan 等（2010）依据 CHINARE 21 获得的冰雷达数据，得到冰穹 A 中心区域及其外围 200 km 冰盖断面的内部等时层的水平分布（图 5－27），并分析其形变和结构，给出了蕴含相对等时层扰动较小的冰芯钻探可能位置。分析发现冰穹 A 的浅层内部等时层具有较平坦的特征，局部存在向斜层或背斜层；冰盖中部，内部等时层为连续的亮层，层间距相较浅层增大，内部等时线近似平行冰下地形；在近冰岩界面出现不连续间断和局部剧烈形变的层；昆仑站附近等时线扰动形变较小存在相对冰厚较大的深冰芯钻探可能地点。

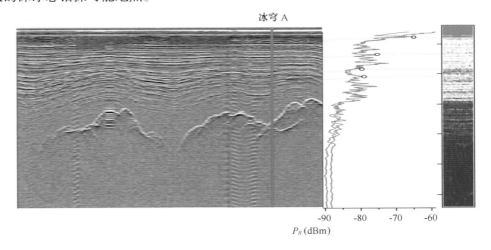

图 5－27　冰穹 A 附近冰盖内部 Z－scope 图像和单道雷达功率值垂直分布特征实例

左边：冰穹 A 附近 Z－scope 图像和内部等时层；右边：冰穹 A 的单道雷达功率值实例（60 Hz）

　　有关冰穹 A 深冰芯钻探的讨论：通过对冰穹 A 冰川学环境要素的总结，可以初步确定冰穹 A 是深冰芯钻探的理想地点。考虑到钻探之前准备工作的复杂性，需要对目前正在进行的钻探研究工作做进一步分析。

　　该深冰芯钻探计划将试图获得一支覆盖多个 4 万年气候旋回的连续可靠冰芯。努力争取获得一条至少覆盖过去 130 万年的冰芯记录。由于昆仑站钻探的位置处于积累率较低的冰盖顶部，而积累率较低的区域容易产生沉积裂隙，有增加冰层扭曲的风险，这将导致监测冰芯记录究竟产生什么形式的冰流扰动的已有方式可能失效（如气体靶分析）。研究深冰芯记录完整性最有效的方式是获取它的复制品，即获取至少 2 支不同地点的深冰芯记录（如 GRIP 和 GISP2 冰芯底部存在的冰流扰动已经得到清晰地展现；冰穹 C 大部分长度的完整冰芯记录也被充分确认）。因此，建议冰穹 A 冰芯钻探计划的远期目标至少要恢复 2 个不同位置的冰芯记录。考虑到昆仑站钻探地点满足大冰厚、低的雪积累率、低流速、平坦光滑的内部等时层，从冰川学理论上看，可能存在一条连续的年代序列，其没有经历大的冰流扰动，并很好地保持同位素、化学和气体记录的冰芯。但是对于冰穹 A 地区的底部冰的动力学特征，目前只有一些模拟的初步结果，仍缺乏足够的定量信息，因此获知冰盖底部基岩界面和内部冰流信息需要进一步发展更详细描述该地区的冰盖数值模型。虽然目前描述冰穹 A 冰穹地区的现实冰流模型还不成熟。然而对于模式发展而言，现在已有了很好的研究基础。首先根据最近几年的持续观测，冰穹 A 的冰厚、高程、冰下地形，近期的表面流速、表面积累率，已经有观测数据（当然有些仍然不充分，主要是观测数据覆盖的只是几个点，显得稀疏，不能有效刻画冰穹 A 地区的实际情况）。这些信息能够给出模拟工作所需的初始和边界条件，从而通过模拟能了解该地区底部的如下细节：①底部温度以及冰盖断面的温度分布；②钻探地点的深度－年代关系估计；③冰流影响。

由于在冰穹 A 进行冰芯钻探花费将非常高昂，因此有必要更细致地对钻探地点进行进一步研究。首先，下一阶段在冰穹 A 应该完成一个更高分辨率的冰雷达探测，以保证当地冰下基岩没有其他不利的因素出现。其次，通过气象学和大气化学的介入，提升对冰芯解析工作的质量。再次，钻探的冰芯记录必须要追溯末次盛冰期（LGM），一个估计是 LGM 时期的冰体可能在冰下 $300 \sim 400$ m 深度上，这个条件如果满足，将能确保年代－深度断面至少与末次盛冰期的冰厚深度相适应。最后，如果条件允许，一个快速的深钻可备用来探测底部的温度，或者通过它去评估也已模拟的深冰芯时间尺度是否正确。

冰穹 A 深冰芯计划探讨：根据 IPICS 最近的报告，钻探可能遇到的情况非常复杂，需要逐步厘清如下一些问题：①清晰的科学需求：包括冰芯的记录长度、时间分辨率、冰芯完整性、环境参数、钻探制约因素；②明确定位钻探的具体位置；召集为获取冰芯能提供后勤专家、钻探专家、学术知识的国际团队以及收集来自他们的科研成果；③分解执行整个冰芯分析工作；④提供和归档冰芯的数据文件，撰写源于这些数据而获知的有关地球系统新知识的论文。

目前钻取已经开始，完整的冰芯钻探系统和支撑营地也搭建完成。然而，维持系统所在的营地，后勤方面的巨大挑战可能立即显现出来。获取冰芯的现实技术困难可能会滋生出新的难题。新的冰芯长度未必绝对地就比已有的其他冰芯钻探计划，如 EPICA 的冰穹 C 和 DML、Vostok、冰穹 F，获取的冰芯记录更长。冰芯在其底部出现融化也已经在一系列的冰芯钻探过程中被遇到，冰穹 A 底部某些冰体的重新冻结现象是否存在需要被额外关注。对于冰芯这种有价值的研究资源，一旦打出冰芯样品，应该采用一切可能的研究手段，确定一组最优的研究方案，尽可能多地分析其气候记录要素。基本的分析要素包括：一般的气候记录如水中的同位素（^{18}O，D，^{17}O），气候参数 CO_2 浓度，反映 Dansgaard－Oeschger（DO 事件）的 CH_4，晶体尺度、晶体结构（COF）和电导率（ECM）及其冰的力学性质。一些便于样品定年的化学气体如 O_2 和 N_2 含量以及同位素 ^{10}Be 也需要考虑。有关对气候学、生物地球化学和年代学都很重要的空气中的 ^{18}O、^{15}N 同位素和无机化学离子，以及其他有机物、稀有气体、放射性同位素。

在冰穹 A 地区的新深冰芯计划，中国应力图扮演决定性的角色。在国际分工中，中国必须作出自己的努力，将整个计划关键的项目承担下来。原因在于，没有一个国家能够独立完成该深冰芯计划，必须要进行广泛深入的国际合作，但是科学制高点的发言权却是通过竞争实现的。

5.2 南极冰盖厚度、内部结构和冰下地形探测分析与冰盖演化分析

基于冰雷达探测结果开展冰盖内部结构和冰底地形探测分析，揭示冰盖底部环境，分析冰盖变化特征及其对冰盖稳定性的影响。

5.2.1 东南极中山站至冰穹 A 内陆断面冰厚、内部结构和冰下地形分析

5.2.1.1 东南极中山站至冰穹 A 断面冰厚和冰下地形特征分析

基于中山站至昆仑站断面多次深冰雷达探测结果的分析，通过后期数据处理，生成沿断面方向水平分辨率 100 m 的冰厚和冰下地形变化曲线，获得东南极中山站至冰穹 A 断面完整的冰厚和冰下地形特征。初步表明，断面上平均冰厚 2 082 m，730 km 处冰盖最厚，达到 3 483 m，而冰盖边缘冰厚最小，为 891 m；冰下地形起伏介于 −659 ~ 2 650 m.a.s.l 之间，平均海拔 682 m。断面冰厚和冰下地形在小尺度上存在频繁的剧烈波动，幅度达到数百米，甚至超过 1 000 m。根据曲线拟合后的大尺度变化特征，断面上的冰厚变化可以分为 4 个部分，即 0 ~ 270 km、270 ~ 650 km、650 ~ 900 km、900 ~ 1 170 km；冰下地形起伏则分为两个部分，即 0 ~ 650 km、650 ~ 1 170 km。断面 900 km 处冰厚和冰下地形的剧烈变化认为与 Gamburtsev 冰下山脉有关，而 696 ~ 910 km 范围内冰雷达未能探测到基岩面的原因是该处冰盖较厚且冰体对雷达信号的吸收和衰减较强，冰下可能是近似垂直断面走向的大型古冰流侵蚀槽谷（图 5 – 28）。

5.2.1.2 东南极中山站—冰穹 A 断面冰盖内部结构特征分析

南极冰盖内部等时层记录了不同时期冰盖表面的特征及其演变，蕴含了丰富的冰下环境信息。目前，已成为研究大空间尺度与长时间尺度上南极冰盖演化及其底部环境的重要媒介。地球物理观测和数值模拟技术的综合使用，实现了南极冰盖内部等时层在大陆尺度上的可视化。通过这些内部等时层，冰川学研究将南极冰盖内部的古冰流与千年至百万年时间尺度的地貌及冰下环境的变化细节联系起来，得到了一系列数量化的结果。针对南极冰盖，综述产生内部等时层的冰盖动力学物理机理及其在冰川学上的应用，评估在 5 个方面的运用：①深冰芯断代与选址；②冰盖动力学过程；③冰盖物质平衡；④冰盖稳定性；⑤冰下环境。另外，基于对内部等时层的已有认识，对未来在内部等时层研究中可能需要强化的领域进行了归纳：①发展更精细描述并测试内部等时层结构时空变化的数值模拟技术框架面临的挑战；②如何从内部等时层蕴含的信息推断鉴别以目前南极冰盖作为初始条件的冰盖质量变化。

冰盖内部等时层产生的原因。南极冰盖雪的密实化过程和成冰深度在不同位置是不同的。

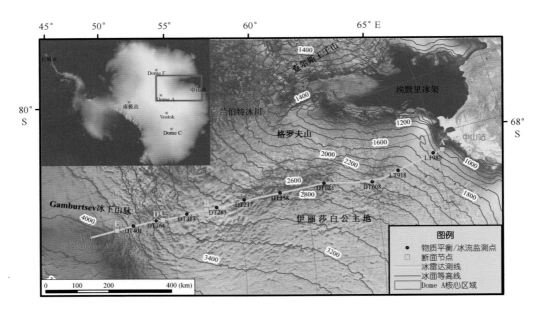

图 5-28　东南极冰盖中山站至冰穹 A 断面冰雷达测线

（图中卫星影像采用 Radarsat 影像）

然而，在雪转成冰的过程中，自冰盖表面以下，密度变化有两个明显的深度临界点：从表面向下，随深度增加密度迅速增加，密实化过程由机械压密阶段向塑性变形和再结晶阶段逐渐转变，其临界密度为 550 kg/m；到达此临界密度后，密度增加幅度减缓，830 kg/m 成为雪层内空隙封闭为气泡的临界密度。冰芯研究表明，冰密度变化的下限在 700～900 m 之间，随着深度增加，冰内气泡被孤立和压缩，最后相变进入晶格内部形成笼形水合物形式，冰密度也趋于 917 kg/m 稳定下来，再往下密度趋于均匀。在冰盖浅部介电常数变化引起的反射波主要是由密度变化引起，相反，在深部出现与介电常数有关的反射主要是由晶体组构（Crystal Orientation Fabrics，COF）变化产生。根据介电常数和电导率来区分优势反射原因是基于冰晶体六方晶系复杂的介电特性，据此可找出引起反射的优势原因是介电常数还是电导率。研究表明，浅层的冰密度变化（深度 <700 m），较深层的酸性物质和冰晶组构变化（深度 >900 m）决定了不同深度的内部层结构。密度和导电性变化具有等时性特征。在判别内部等时层的形成来源究竟是冰密度变化、冰体酸度变化还是冰晶组构变化时，有效途径为采用双频或多频冰雷达系统进行探测试验对比，分析雷达回波信号在冰盖不同深度和局部的变化特征。密度变化引起介电常数的变化（记为 PD），主要在冰盖最上层 700 m 内显现；在深度大于 900 m 时，密度变化很小，不会显著影响介电常数。酸度变化主要引起冰体电导率的变化（记为 CA）。酸度变化的主要来源是火山喷发悬浮物沉淀在雪冰中所形成的酸层。冰晶结构变化主要是指冰盖内部冰晶 C 轴的指向变化，其能引起介电常数的变化。冰晶结构的细微变化可能引起介电常数的剧烈变化，形成内部反射层。

冰晶组构与内部等时层的关系是当前的一个研究热点。研究表明，冰晶组构可能也具有等时特征，然而它易受冰体流动的影响。冰芯记录表明，在冰盖深部晶体结构主轴方向在冰川上游和下游有着结构性的差异：上游以单极结构的单晶冰为主，水平方向为各向同性特征，双折射使得接收功率在水平面上具有 90° 的变化周期；而在下游地区则以垂直带状冰为主，水平方向具有各向异性，水平面内接收功率的变化周期为 180°。说明使用雷达极化测量可识

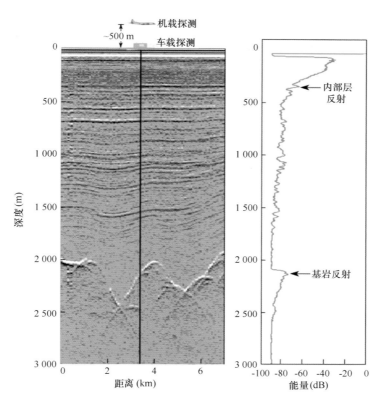

图 5 - 29　雷达生成的冰盖内部反射信号

纵坐标表示冰盖下方相对于表面的深度；A　scope（右）：横坐标表示雷达反射功率谱值 A；

Z　scope（左）：横坐标表示距离雷达观测测线的起始点的水平距离

别冰晶组构在冰盖不同区域的变化规律。例如，中国第 21 次南极考察队在冰穹 A 开展的旋转极化面观测，共测量了覆盖 360°范围内的 16 个方向反射功率系数。研究表明：冰穹 A 多极化面雷达记录中出现双折射特有 90°化周期，冰晶组构类型是被拉长的单极 COF，而且在不同周期上，其主轴方向存在的偏差可能与冰流方向在不同深度的变化有关（图 5 - 30）。

数据表明，在断面距离中山站 540 km 至距离中山站 830 km 的区间内，内部冰层连续性差异显著，沉积环境不稳定，存在异常，通过冰雷达数据获取的冰盖内部结构数据，确认该段冰盖内部存在显著的双折射现象，表明在历史时期，因快速冰流引起强烈的冰晶主轴各向异性，即冰盖内部存在动力反射层，这是东南极兰伯特冰盖流域古冰流存在的证据，即东南极冰盖运动存在间歇性机制，这对研究冰盖过程与气候变化有重要科学价值。

此外，通过对数据的初步处理表明，中山站至昆仑站断面上的冰盖内部结构及冰岩界面特性存在明显的区域性差异。

5.2.1.3　东南极冰盖中山站—昆仑站考察断面复冻结冰结构研究

冰雷达探测获得的复冻结冰结构（Freeze - on ice）是由于汇集于冰盖底部的水热传导冷却，或当水从冰下山谷谷壁被挤迫而上遭遇超级冷冻时而重新冻结的冰体与周围其他冰体的热力学和晶体结构产生差异的结果。复冻结冰在揭示冰盖底部过程，估算吸积冰分布，寻找冰下湖、底部融化区以及年代较古老的冰样等方面有着重要的应用。

研究区域中国中山站—昆仑站冰盖考察断面所在的伊丽莎白公主地兰伯特冰川流域的冰

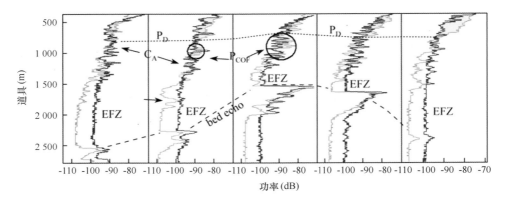

图 5 - 30　中山站冰穹 A 断面 5 个测点的详细单道 A scope 的冰盖内部回波信号的比较

坐标分别为（79.608°E、78.798°S），（79.560°E、78.482°S），（79.068°E、76.990°S），（78.788°E、77.032°S），（78.346°E、77.004°S）。数据由 2004—2005 年中国第 21 次南极考察队在南极内陆冰盖断面使用 f1＝60 MHz 和 f2＝179 MHz 双频极化雷达获得，红线和蓝线分别表示 PR（179）和 PR（60）。ΔPR＝PR（179）－ PR（60）＞0 的部分用黄色显示，不同深度范围的主要反射机制用 PD、PCOF、EFZ 和 CA 标示

川学环境仍是人类所知其少的区域。2012—2013 年中国第 29 次南极考察队使用 150 MHz 冰雷达系统获得了中山站—昆仑站冰盖考察断面上 1 300 km 的雷达数据，以及该断面的复冻结冰分布。该雷达系统带宽为 100 MHz，天线发射功率为 500 W。最大探测深度为 3 500 m，垂向分辨率为 1 m。位置信息由全球定位系统（GPS）实时采集。使用 ReflexW 软件处理雷达数据。通过雷达波从发射至返回的双程走时及波在冰体中的平均传播速度计算出冰厚。一个典型的复冻结冰结构被发现。分析表明，复冻结区所在的冰盖区域的表面高程为 3 610 ~ 3 750 m，冰厚为 910 ~ 2 250 m，其冰厚显著小于最早发现复冻结冰的冰穹 A 区域的冰厚。有下列几个要素表明图 5 - 31 显示的冰盖内部结构是复冻结冰结构而不是冰岩界面或者大倾角反射地形：①相互交叉的雷达测线下方的连续底部反射；②比较基于数值实验计算出的底部温度与融点曲线证明该区域底部处于融点之上；③该区域较深的山谷地形及临近甘布尔采夫一个冰下水系统；④该区域的冰盖表面梯度与冰下地貌特征。

5.2.2　冰穹 A 和昆仑站地区冰雷达探测综合分析

5.2.2.1　冰穹 A 及昆仑站地区冰盖内部结构特征分析

通过对冰穹 A 中心区域的冰雷达回波信号的分析［图 5 - 32（c），（d），（e）］发现，在垂直方向的大部分雷达断面上，容易识别的层都是处于距表面 2 000 m 以上的亮层。2 000 m 以下等时层的反射信号逐渐消失，但在冰岩界面会再次出现一个强烈的回波信号。因此，如果冰厚超过 2 000 m，那么在 2 000 m 以下至冰床之间，内部等时层通常不容易通过雷达图像识别示踪。在水平方向上，2 000 m 以上的某些亮层会在某些位置断裂缺失，但是在几千米远的地方又重新出现，一般认为这是由冰盖内部在这些位置出现的不连续冰沉积所形成。水平方向上雷达反射信号具有的良好连续性，保证了雷达信号即使在距冰床 300 ~ 500 m 以上也能有效地标示出冰盖内部等时层［图 5 - 32（a），（c）］。在距冰盖底部 200 m 的冰盖内，等时层的断裂或扰动变得显著，因此尽管在某些区域能清晰地分辨出很多等时层的断片，但是这

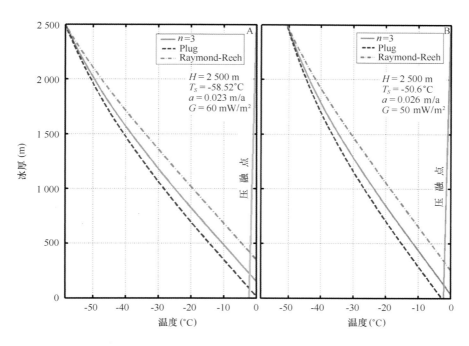

图 5 – 31 基于两个数值实验计算出的该区域冰厚最厚处垂向温度与融点曲线

些层已经不能被严格示踪。产生这一现象的原因可能是：该区域内部等时层上的雷达反射信号强度已经和噪声强度处在同一个数量级，因而被噪声覆盖［图 3 – 22（b）］。

图 5 – 32 ［（b）、（e）］显示，在冰穹 A 中心区域深部的雷达等时层相比较 120 km 外围的区域（N 点）存在可识别的多条内部等时线。但是这些等时线大多不连续，同时由于接近冰岩界面，受冰下地形和可能的滑动的影响，导致不能"覆盖"地形变化所产生的隆起，因而形成曲率较大的褶层。由于在水平方向上，处于长波波段冰下地形的波长显著大于该区域的冰厚（3 km 左右），因此在水平距离为 1 km 左右的尺度内将抑制内部等时层的剧烈形变。这种现象在昆仑站（D 点）和 F 点这些冰层较厚而冰下地形变化不是非常剧烈的区域显得尤为突出。可能的原因是冰盖在这里的流速的水平分量很小而垂向分量起决定作用，并且冰盖底部可能存在滑动现象（即冰盖底部可能不冻结），从而导致冰盖内部冰流出现显著的垂向流动。假设底部没有冻结，冰穹地区近似径向的冰流将物质从冰盖上表面输送到下表面使得流线轨迹在冰盖底部与等时线渐近重合，即冰粒流线将"追踪"等时线（Hindmarsh et al.，2006）。由于对冰穹 A 底部的冰流线缺乏了解，因此并不能直接从内部等时线结构的空间变化获取决定冰盖底部是否滑动的信息。

冰盖内部等时层的形变：

图 5 – 32（a）由雷达图像示踪出的冰穹 A 冰盖内部等时层和冰下基岩。

图 5 – 32（b）冰穹 A 区域冰盖内部等时层；冰下基岩雷达图像；A、B、C 为不同冰下基岩波长产生的 3 种内部等时层形变特征区：A 对应于冰下地形波长大于冰厚，B 对应于波长与冰厚相当，C 对应于单个山峰；D 为昆仑站，E 为冰穹 A，F、N 为雷达断面上两个冰厚相对较大的地点。

图 5 – 32 ［（c）、（d）、（e）］分别为冰穹 A 中心区域三角形网格测线 0 ~ 500 m（对应高程近似 3 600 ~ 4 100 m），500 ~ 1 000 m（对应高程近似 3 100 ~ 3 600 m），1 000 ~ 2 000 m

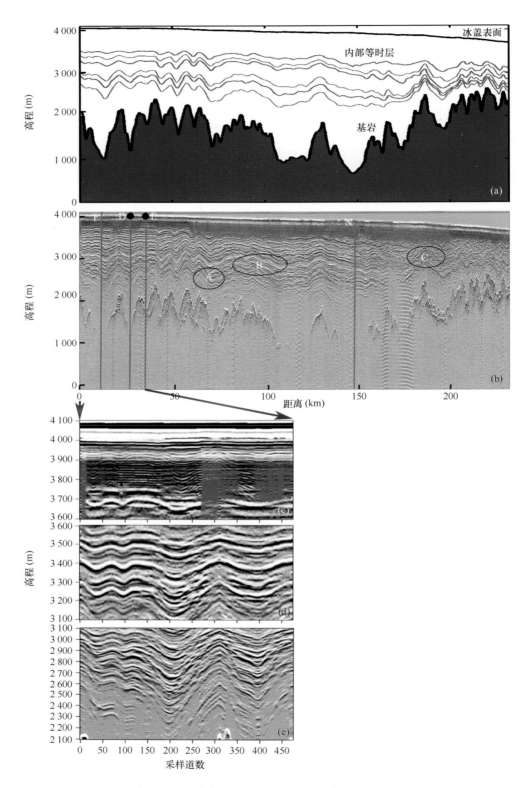

图 5 – 32   冰穹 A 及昆仑站地区冰盖内部结构分析

（对应高程近似为 2 100~3 000 m）的内部等时层分布特征。

冰雷达接收的冰盖内部反射信号用其接收和记录的反射信号的电压值（记为 W）的一个对数表达式计算得出，称为反射功率（记为 A）。这个信号通常被测量装置和环境产生的各种噪声所污染，使得某些内部等时层会产生剧烈的扰动，而很难被示踪（Leysinger Vieli et al.，2004）。同时，冰盖冰岩界面信号在返回时在冰盖表面产生的平移依赖于冰下地形的波长，也会产生等时线的形变；另外，由于内部等时层会追踪冰下地形，覆盖长波波段上的起伏，而在短波波段则趋向于平行于冰岩界面，从而会产生褶皱，因此局部的单个冰下山峰（不论其空间尺度多大）将使内部等时线产生强烈的形变（Hindmarsh et al.，2006），这一现象在冰穹 A 地区及其外围地区表现的非常明显（图 5-32（b）、（c）与（d））。在冰盖 500 m 以上的近表面和浅层，由于积累率在空间分布上的变化，内部等时线会局部出现背斜和向斜现象。在积累率增加的局部，等时线会出现向上突出的背斜层；而在积累率相对减少的局部，内部等时线出现向下弯曲的向斜层。总的来说，剔除噪声影响后的内部等时层形变是冰盖内部冰流运动的结果，因此冰芯钻探的位置通常避开这些等时线形变很大的区域。原因是这些区域的冰流可能非常复杂。在昆仑站 D 点和距冰穹 A 120 km 的 N 点（图 5-32），背斜和向斜现象并不显著，而且其冰厚为局部最大，因此可能是潜在存在冰龄较大的冰芯样品的地点。对内部等时线细结构形态的分析表明，在厘米尺度上可识别的等时线形变通常被认为是由于冰盖内部局部的物理和化学性质存在差异所造成，这些差异在冰盖底部等时层可能发生翻转和扭曲。研究表明，厘米级翻转层的结构在分离等时层时产生的影响和雷达波在冰盖内部产生的结构性干涉信号在强度上是同一个数量级，因而加强了等时层的不连续性。冰穹 A 地区的内部等时层在水平方向上的取样为米级尺度（依赖于雷达车前进的速度和取样频率），因此对于冰穹 A 地区近底部内部等时线形变断裂的情形，不能有效识别厘米级的翻转层，其与量化结构性干涉信号的量化关系也不能被很好地描述。由于冰层剧烈形变的区域并不是理想的深冰芯钻探地点，而连续等时层的空间和冰下地形都是比较容易区分的"亮层"。这对于筛选冰盖内部冰厚较大，冰下地形相对平坦，冰流扰动较小以及冰层形变不大的深冰芯钻探候选地点提供了有益参考。图 5-32（b）显示了冰穹 A 地区满足这些必要条件的可能地点（如 D、F 和 N 点）。

通过对冰穹 A 中心区域及其外围 200 km 冰盖断面雷达数据的综合分析，示踪了 232 km 的内部等时线，得到 6 条连续的内部等时层；利用雷达回波单道波形图，分析了内部等时层与冰盖不同深度上雷达反射回波的关系。在对冰下地形的波长进行分类后，描述了冰下地形与内部等时层结构的关系。同时就影响冰穹 A 内部等时层形变的可能因素进行了探讨。这些讨论揭示冰穹 A 的内部等时层结构具有如下特征。

①冰穹 A 的浅层内部等时层（冰下 500 m 以内）呈现致密平坦的特征，层间距小于 50 m，发现冰穹 A 区域冰盖浅层局部存在向斜和背斜层。

②在冰下深度 500~1 000 m 的冰盖中部，内部等时层为较为连续的亮层，层间距扩大为 50~100 m，同时亮层之间的其余内部等时层由于其反射信号峰值差异很小，导致很难区分。

③1 000 m 以下的冰盖深部仍存在可被示踪的多条连续等时线，在近冰岩界面特别是深度超过 2 000 m 的内部等时线出现不连续间断和局部剧烈形变的现象。

④在冰盖中深部（500~2 000 m），在冰下地形波长小于冰厚（3 km 左右）或与冰厚可比较时，内部等时线追踪并趋向于平行冰下地形，局部呈现显著的褶皱现象；而当其冰下地

形波长（20 km 左右）严格大于冰厚时，内部等时层并不随着冰下地形的起伏而起伏，而是覆盖了冰下地形。

⑤冰穹 A 及其外围 200 km 以内存在地形相对开阔，等时线扰动形变较小的局部区域；这些局部区域里存在相对冰厚较大的深冰芯钻探可能地点（图 5 - 32（b）D、F、N 点）。

应该注意的是，上述关于内部等时线的分析结果仅仅是钻取最古老冰芯的部分充分条件。估计相应地点的地热通量、古冰流形态、冰下滑动状态以及深度－年代关系将是下一步工作的重点，而这些工作强烈依赖冰盖数值模式与观测数据的结合。

5.2.2.2 东南极冰穹 A 区域最新冰下地形三维结构特征分析

我们针对冰雷达探测数据进行了系统性再分析，获得冰穹 A 地区最新冰下地形三维结构特征。

在第 21 次和第 24 次中国南极考察期间，分别应用两套冰雷达系统对冰盖进行了调查（图 5 - 33 显示了两次观测的路线）。第 21 次队使用的雷达中心频率分别为 60 MHz 和 179 MHz。现场以冰穹 A 为中心，开展辐射状冰盖断面测量。相比于 60 MHz 的雷达获取的图像，179 MHz 能更精确地反映底部界面，特别是当界面位置较深时。因此使用了这套数据。第 24 次队的冰雷达中心频率为 179 MHz，包含 60 ns 和 500 ns 两个脉冲宽度（选用 500 ns 获取的数据），按 VV、VH、HH、HV 四种极化方式对冰盖进行探测。现场测量以中国昆仑站为中心，在 30 km×30 km 的范围内，按照网格间距 5 km 展开测量。

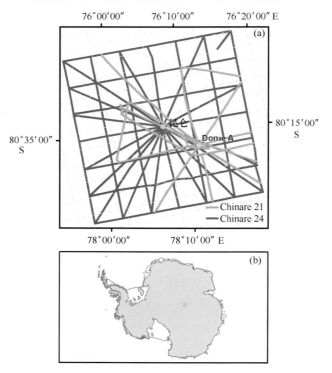

图 5 - 33　中国南极第 21 次和第 24 次内陆考察期间冰雷达断面（a）以及
冰穹 A 在南极的位置（b）

为了获取精确的表面 DEM，选用了 DiMarzio 等使用 ICESat 数据获取的表面高程，分辨率为 500 m。

第 24 次队的冰雷达数据使用了 VV、VH、HH、HV 四种极化方式，每种极化方式均能发射和接收长（500 ns）、短（60 ns）两种脉冲信号。在读取数据时可获取所接收信号的正交分量和同相分量信息，并可计算得到振幅信息（A）。之前采用的数据读取软件共能产生 24 个数据文件和一个头文件。由于多种极化方式的采用能够减弱目标体的去极化作用，从而探测到更丰富的信息，所以为了更充分地利用获得的数据，在获得这些文件的基础上，项目组对 4 种极化方式获取的振幅信息数据进行平均，以此提高数据的信噪比。最后对具有更深穿透能力的长脉冲信号获取的平均振幅信息进行处理，获取冰岩界面。

冰雷达天线发射的信号经冰内传输，遇到冰岩界面后反射回来被天线接收，其往返走时被记录下来。根据东南极冰盖调查，电磁波在冰内传播速度选择 1.68×10^8 m/s。将时间与速度相结合则可以计算出距离。由于冰岩界面的反射率大于周围值，因此项目组采用半自动化提取的方法，首先得到反射功率最大值的位置，然后根据自定义规则对冰岩界面进行人为修改。规则包括：①确保得到的整个基岩界面连续；②如果在基岩界面位置有明显的多反射层，如果最上层连续则以最上层为准进行提取。最后与表面测得的 GPS 点连接实现界面的提取。

图 5-34 为冰岩界面提取的最终结果。由于雷达的探测能力和信号在冰内衰减等原因，有些区域未能得到冰下地形的位置，加上 GPS 数据的丢失，造成部分断面不连续。相比较而言，第 21 次队的冰雷达数据提取后较为完整。但第 24 次队丢失数据较大，特别是在昆仑站中心位置垂直（V1V2）和水平（H₁H₂）的两条测线。由于在此位置第 21 次队获取了几条连续测线，所以为了更好地应用第 24 次队断面上密度较高的数据，项目组根据第 21 次队的数据对第 24 次队进行插值，重新获取这两条测线的冰厚。

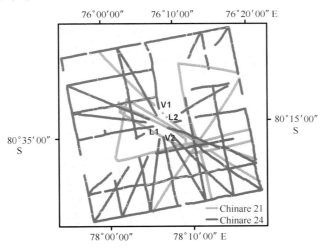

图 5-34 提取界面的结果

为了得到精度高的插值结果，首先比较了 3 种常用的插值方法，以 90% 的数据进行插值，剩余 10% 的数据对均方根误差进行验证。结果显示，V1V2 断面采用最接近原则插值的 RMSE 为 22.64 m，均值为 6.51 m；线性插值的 RMSE 为 7.42 m，均值为 -1.85 m；分段立方插值的 RMSE 为 5.85 m，均值为 -1.00 m。H₁H₂ 断面上采用最接近原则插值的 RMSE 为 31.56 m，均值为 17.22；线性插值的 RMSE 为 12.06，均值为 1.06；分段立方插值的 RMSE 为 10.73 m，均值为 -0.40 m。可见分段立方插值具有很好的插值精度。因此选用分段立方插值重建了两条断面上的冰厚。

选用 4 种插值方法，对冰雷达断面和南极冰盖 DEM 分别进行插值，获取空间分辨率为 150 m 的冰下地形和冰盖表面 DEM：反距离插值法，自然临近法，径向基函数和 ANUDEM。为了对比精度，项目组使用 95% 的数据作为训练数据，剩余 5% 的数据作为测试数据对 RMSE 进行评估。最终选择精度最好的模型作为冰厚模型和表面 DEM。

根据得到的冰厚模型和冰盖表面的 DEM，最终获取冰下 DEM。

采用半自动方法提取冰下基岩界面，相对之前的提取方法人为干预少，提取的结果一致性得到提高。图 5-35 是两次结果的交叉点比较图。在之前的数据中，交叉点差别在 50 m 之内的点占 61%，在 100 m 之内的点占 89%。最新的数据分别为 76% 和 92%（图 5-35）。最新方法共获得交叉点 132 个，其差异结果如图 5-36 所示。其中差别在 50 m 之内的点占 75%，在 100 m 之内的点达到 92%。

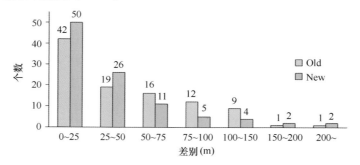

图 5-35　两个数据集间的差别

Old 指过去方法分析的结果精度；New 为最新提取的结果精度

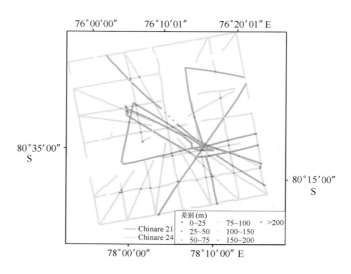

图 5-36　交叉点一致性分析

现场实测的冰穹 A 区域的最深冰厚为 3 133 m，位于昆仑站东南方向 10 km 左右。昆仑站位置的最深冰厚为 3 132 m。

为了选择最佳的冰厚和冰盖表面高程模型，对 4 种插值方法得到结果的精度进行了比较（表 5-9）。其中 ANUDEM 的精度最好，RMSE 分别为 52.23 m 和 0.21 m。应用 ANUDEM 获取的冰厚模型见图 5 - 37，冰盖 DEM 见图 5 - 38。插值得到的冰厚模型最大厚度为 3 133.08 m，最小厚度为 1 584.10 m。冰盖高程位于 4 059.39 m 到 4 092.56 m 之间。

表 5 - 9 多种插值结果的 RMSE

	IDW	Natural Neighbor	RBF	ANUDEM
冰厚（m）	54.34	61.89	60.33	52.23
表面 DEM（m）	0.22	0.31	0.46	0.21

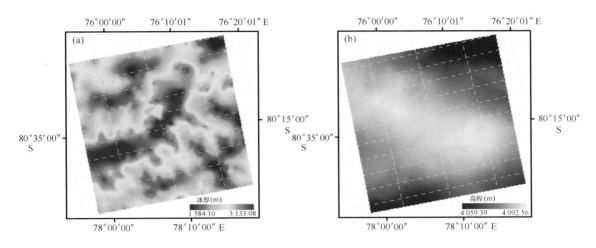

图 5 - 37 冰穹 A 区域的冰厚和表面高程（a）冰厚，（b）表面 DEM

根据得到的冰盖表面的 DEM 和冰厚模型，相减获取了冰下 DEM。冰下地形的高程范围在 953.28 m 到 2 496.23 m 之间。结果如图 5 - 39 所示。

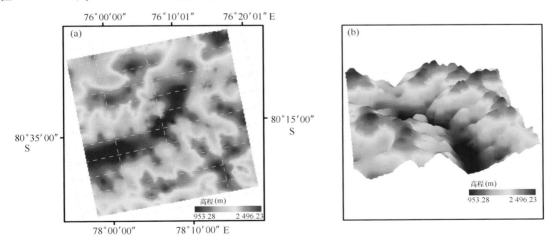

图 5 - 38 冰穹 A 的底部高程

在冰穹 A 区域，冰下基岩海拔最高值为 2 496.23 m，位于 77.68°E，80.34°S。最低值为 953.28 m，位于 77.30°E，80.50°S。昆仑站附近区域的海拔最低值为 961.57 m。

通过精度的比较，发现半自动提取的基岩界面使数据自身的一致性得到很好的改善。而 ANUDEM 的使用，对获取精度高且平滑的冰下 DEM 具有很大的优势。冰穹 A 最新冰下地形

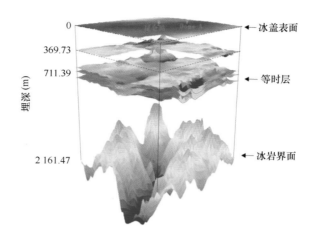

图 5 - 39　冰穹 A 冰下地形三维结构图

的获取为理解冰穹 A 区域的冰下环境提供了重要的、甚至不可替代的"数学工具",将极大地推动冰穹 A 区域冰盖模式的发展。

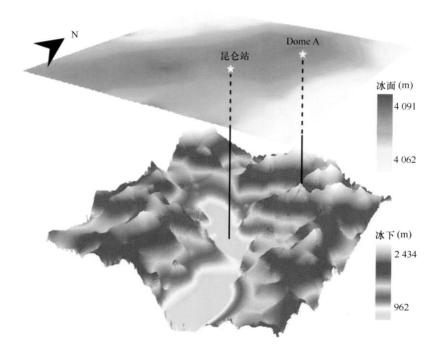

图 5 - 40　冰穹 A 地区冰盖表面与冰下地形特征

5.2.2.3　跨分冰岭的冰穹 A 区域冰盖冰下地形和冰厚观测

中国第 24 次南极科学考察期间,运用车载冰雷达系统完成的东南极冰盖昆仑站区域沿"中国墙"的冰厚和冰下地形探测。预先设计的在以昆仑站为中心,横跨冰穹 A 区域分冰岭的南北长 200 km、东西宽 30 km 的矩形"中国墙"上开展的冰雷达探测测线位置见图 5 - 41。

经过数据处理,生成的沿"中国墙"各条测线的冰面高程、冰厚和冰下地形高程分布见图 5 - 42。沿"中国墙"的实测冰雷达测线围绕中心位置——昆仑站,横跨了冰穹 A 区域的

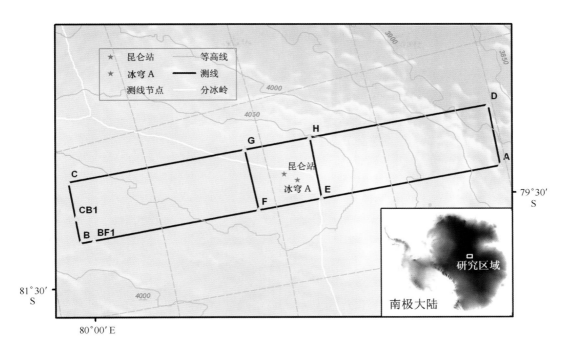

图 5 - 41　沿以昆仑站位置为中心的矩形 ABCD "中国墙" 的计划冰雷达测线

背景图为冰面特征卫星影像，来自 Radarsat Antarctica Mapping Project，冰面高程等值线来自 BEDMAP2，EFGH 为以昆仑站为中心的 30 km×30 km 的核心区域，曾开展了精细的网格化冰雷达测量，研究区域所处的南极冰盖位置见右下角小图

冰盖分冰岭，而冰盖下方为南极最大的冰下山脉——Gamburtsev 冰下山脉。实际完成的冰雷达测线，除 CB1 - B 和 B - BF1 两段由于车辆故障未能获得数据外，其余位置均探测到了冰岩界面，并且有对应的 GPS 位置信息。数字化产生的沿测线的冰雷达测点共有 8 663 个，相邻测点的间距约为 50 m，这代表了冰面高程、冰厚和冰下地形高程实测数据沿测线的分辨率。

结果显示：沿 "中国墙" 的冰厚总体平均值为 2 304 m，冰下地形高程总体平均值为 1 722 m，其中，CCB1 段中间位置冰厚最大，达到 3 444 m，冰下地形最低，为 604 m，CD 段 120 km 位置冰厚最小，为 1 255 m，对应的冰下地形最高，为 2 805 m。

结合了 GPS 位置信息的沿 "中国墙" 冰下地形起伏见图 5 - 43，由于冰面地形非常平坦，因此，冰厚较大的位置冰下地形较低，而冰厚较小的位置冰下地形相应较高。分冰岭南侧的冰厚相对略大，冰下地形略低，并且冰雷达测线穿过了 4 个明显的冰下深谷。

对生成冰厚和冰下地形高程数据的所有冰雷达影像剖面的分析发现，沿 "中国墙"，没有冰下水或冰下湖的存在，也没有发现冰盖底部再冻结和底部生长的现象。此外，"中国墙" 处于冰盖顶部冰穹区域，冰流运动微弱，冰雪沉积过程相对稳定，因此，冰下地形对冰面地形的影响并不明显。

5.2.2.4　东南极冰穹 A 地区冰盖冰晶组构分布特征研究

针对冰雷达调频脉冲探测工作原理，研究雷达数据脉冲压缩、非线性 CS 成像算法和 curvelet 图像处理算法，显著提高了冰雷达探测影像图的质量、信息的可视性和准确性，建立了冰岩界面和等时冰层的自动化提取方法研究，提取出冰穹 A 地区冰雷达探测数据中的冰岩界

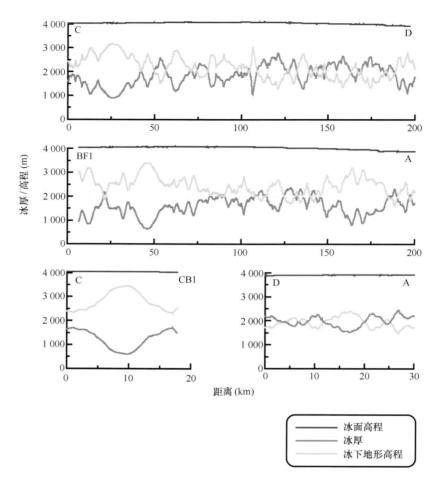

图 5 – 42　沿"中国墙"各分段测线的冰面高程、冰厚和冰下地形高程曲线

面、内陆等时冰层信息，结合冰盖表面测高数据，绘制出冰穹 A 地区冰盖三维立体结构图。图 5 – 42 中显示，整体上，冰下地形与内部冰层呈现良好的空间形态一致性，但若干局地却存在显著异常，提出需要关注研究亚公里小尺度地形对冰盖动力过程的影响。

　　研究发现，冰穹 A 地区冰雷达极化回波出现椭圆极化现象，表明该地区冰盖内部存在双折射过程，冰盖从冰雷达探测理论方法出发，提出雷达回波极化数据提取冰晶组构分布信息的电磁分裂分析方法，并进而获得冰穹 A 地区冰盖随深度而变化的冰晶组构分布异常。冰晶组构直接指代出冰盖运动的状况，记录冰盖内部动力过程的历史，同时，冰晶组构取向异常直接影响到冰流的强度，是冰流模式包含的基本内容，因此，该工作为研究冰盖冰晶 C 轴方位的空间分布，完善冰盖模式、优化参数化方案，进而预测冰盖未来变化对海平面的影响具有重要意义。相关研究成果已投稿给 Nature Communication，评审已进入最后审议阶段。

5.2.2.5　冰盖冰穹 A 深度 – 年代模拟研究进展

　　冰盖动力学遵循全阶 Stokes 方程。传统的大尺度冰川动力学数值模式均忽略方程中的部分分量，即采用近似的低阶 Stokes 模式；但对于涉及冰盖不稳定的局部区域，近似不能成立，必须使用严格完全的 Stokes 方程，即 full – Stokes 的模式。为此，运用 Elmer – ice 有限元数值工具包软件，采用 full – Stokes 方程的三维热力 – 动力耦合冰流模式，对冰盖冰穹 A 地区进行

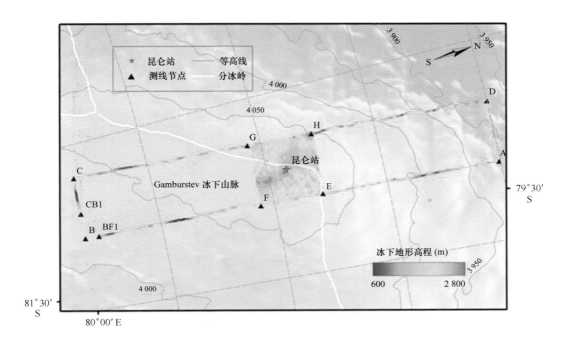

图 5-43　沿"中国墙"的实测冰雷达测线及冰下地形起伏特征

背景图为冰面灰度卫星影像，冰面高程等值线来自于 BEDMAP2，EFGH 内为三维冰下地形图

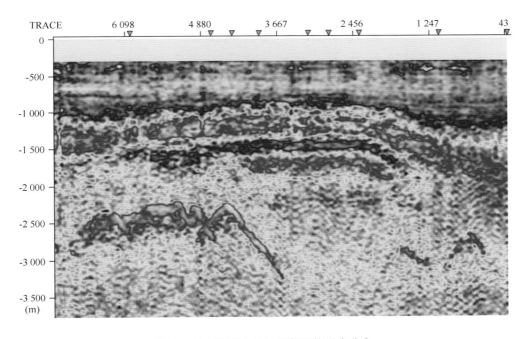

图 5-44　冰穹 A 地区深部组构异常分布

了数值模拟研究。考虑冰晶组构影响，建立了先进的三维热力-动力耦合冰流模式，其中，应变-应力关系式：

$$D = \frac{1}{\eta_0} [\beta S + \lambda_1 a^{(4)} : S + \lambda_2 (Sa^{(2)} + a^{(2)} S) + \lambda_3 (a^{(2)} : S) I] \qquad (5-1)$$

冰底剪切黏度：

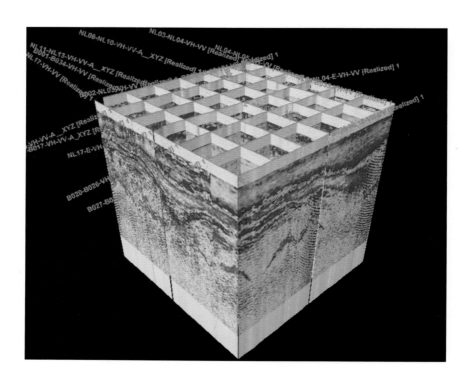

图 5 - 45　冰穹 A 地区冰晶组构分布呈现带状分布特征

注：冰晶组构分布异常特征明显，表明该地区冰盖在演化过程中曾经历复杂的动力过程，不遵循经典的冰穹流动理论

$$\eta_0 = \frac{1}{2}A(T)^{-\frac{1}{n}}\left(\frac{1}{2}tr(D^2)\right)^{-\frac{1-n}{2n}} \tag{5-2}$$

动量方程及热传导方程：

$$-\nabla p + \nabla \cdot S = \rho g,$$

$$\mathrm{div}u = 0,$$

$$\rho c\left(\frac{\partial T}{\partial t} + (u \cdot \nabla)T\right) = div(\kappa \nabla T) + \sigma \tag{5-3}$$

利用冰穹 A 地区冰雷达强化观测数据，建立起模式边界条件和参数化方案。

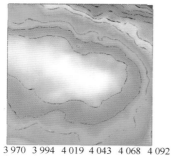
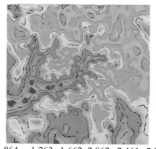
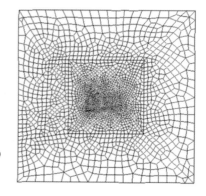

3 970　3 994　4 019　4 043　4 068　4 092

nodes_z

864　1 263　1 662　2 062　2 461　2 860

nodes_z

图 5 - 46　模式边界条件和参数化方案

注：左图为间距 10 m 的冰表高程；中图为间距 200 m 的冰下地形；

右图是采用网格嵌套技术实现的有限元网格 500 m 和 3 km

　　模拟结果表明，昆仑深冰芯底部年代约 70 万年。昆仑深冰芯钻探除了冰芯记录研究意义外，通过钻探研究底部深谷水文过程以及附加冰形成过程都有重要意义。此外，因昆仑站下方为深谷地形，不排除更久远的冰被封存在这里的可能。

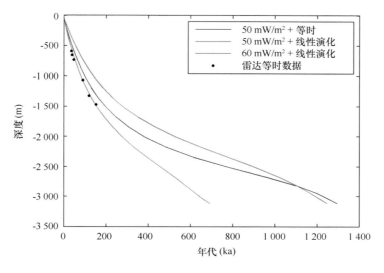

图 5-47　冰穹 A 冰层深度—年代关系

5.2.2.6　利用冰雷达等时层重建冰穹 A 地区古积累率及其时空分布特征

　　冰盖积累率的时空变化不仅反映气候记录、冰盖演化，还是研究冰盖物质平衡和预测全球海平面变化及其对气候变化响应的重要内容。冰穹 A 是东南极冰盖海拔最高的一个冰穹，是有望钻取最古老深冰芯的一个重要位置点。中国 2004/2005 年度第 21 次南极考察队在人类历史上首次到达冰穹 A，成功获取了冰穹 A 区域的冰雷达数据并钻取了一支 109.91 m 的浅冰芯。随后，侯书贵、效存德、丁明虎等结合自动气象站、雪坑测量等数据，分析得到了冰穹 A 地区的近期积累率时空分布特征（侯书贵等，2007；效存德等，2007，丁明虎，2013）。冰盖古积累率则主要通过深冰芯分析获取，然而深冰芯钻探周期长、耗费大且空间代表性有限，因此将冰雷达等时层与深冰芯数据结合是获取冰盖古积累率空间分布的一个有优势的研究思路。

　　目前国际上对南极冰盖已成功钻取并获得多支深冰芯数据资料，我国在 2011—2013 年度的第 28 次和第 29 次南极考察中也为中国首支深冰芯钻探打下了基础工作。孙波等利用三维 full-stokes 模型模拟了东南极昆仑站冰盖底部温度和冰年代，并依据 Vostok 冰芯年代确定了冰穹 A 区域 6 个等时层的埋深-年代数据。在此基础上，我们利用 2004—2005 年度中国第 21 次南极考察获取的东南极冰穹 A 冰盖冰雷达数据（如图 5-48 红线和黑线标示），结合 2009 年德国 AWI 极地海洋研究所在 DoCo 计划中利用机载雷达获取的连接冰穹 A 与 Vostok 的冰雷达断面数据，得到了冰穹 A 冰盖 6 个不同年代（年代区间大约 3 万~16 万年）的等时层埋深-年代数据，见图 5-49，应用 D-J 模型，反演出了冰穹 A 冰盖晚更新世以来 6 个不同时期的平均古积累率及其时空分布特征。

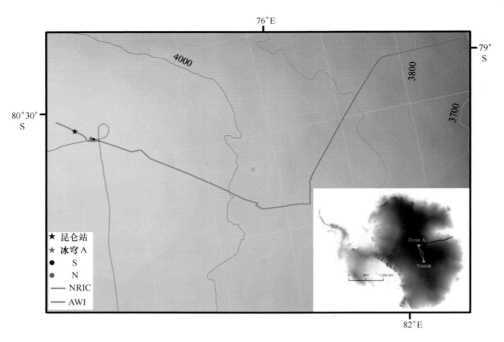

图 5 - 48　研究区域中各站点与测线位置示意图

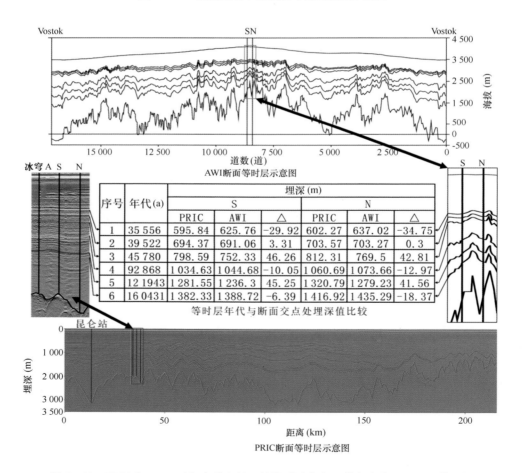

序号	年代(a)	埋深(m)					
		S			N		
		PRIC	AWI	△	PRIC	AWI	△
1	35 556	595.84	625.76	-29.92	602.27	637.02	-34.75
2	39 522	694.37	691.06	3.31	703.57	703.27	0.3
3	45 780	798.59	752.33	46.26	812.31	769.5	42.81
4	92 868	1 034.63	1 044.68	-10.05	1 060.69	1 073.66	-12.97
5	12 1943	1 281.55	1 236.3	45.25	1 320.79	1 279.23	41.56
6	16 0431	1 382.33	1 388.72	-6.39	1 416.92	1 435.29	-18.37

等时层年代与断面交点处埋深值比较

PRIC断面等时层示意图

图 5 - 49　PRIC 与 AWI 两条冰雷达断面的等时层信息及其在交点处的埋深值比较
（AWI 断面等时层引用于德国 Danniel 团队成果）

冰穹 A 冰盖古积累率的空间分布特征（图 5 - 50）：冰盖断面的古积累率值由冰穹至下游整体呈现增加趋势，在距离冰穹下游 100 ~ 200 km 处其冰盖积累率较冰穹处增加 0.1 ~ 0.5 cm/a。若以 40 km 为节点，沿断面由冰穹至下游统计各个年代不同区域的冰盖古积累率值，则在距离冰穹 40 ~ 80 km 区域内积累率值呈现较高水平，在过去 0 ~ 35.6 ka、0 ~ 39.5 ka、0 ~ 45.8 ka、0 ~ 92.9 ka、0 ~ 121.94 ka、0 ~ 160.43 ka 6 个不同时期的平均古积累率分别达到 2.38 cm/a、2.61 cm/a、2.81 cm/a、2.22 cm/a、2.86 cm/a、2.66 cm/a，较其他区域高出 0.26 ~ 0.64 cm/a。

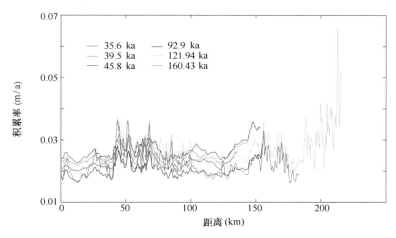

图 5 - 50　冰穹 A 冰盖断面 6 个年代的平均古积累率反演结果

冰穹 A 冰盖积累率在时间尺度上的变化特征（图 5 - 51）：在过去 35.6 ~ 39.5 ka、39.5 ~ 45.8 ka、45.8 ~ 92.9 ka 不同年间冰穹 A 冰盖的平均古积累率分别为 4.35 cm/a、3.57 cm/a、1.40 cm/a。将过去 0 ~ 39.5 ka、0 ~ 45.8 ka 与 35.6 ~ 39.5 ka、39.5 ~ 45.8 ka 时间内的平均古积累率进行对比，可以看出 35.6 ~ 39.5 ka、39.5 ~ 45.8 ka 年间的古积累率明显高于 0 ~ 39.5 ka、0 ~ 45.8 ka 的平均古积累率，说明冰穹 A 冰盖在 35 ~ 45 ka 间经历了相对高积累率时期。

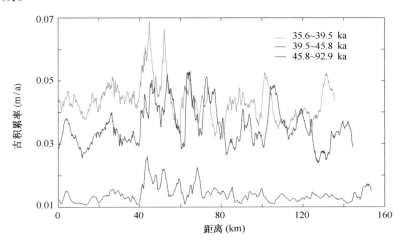

图 5 - 51　冰穹 A 冰盖 3 个不同时间段的平均古积累率结果

5.2.3　昆仑站区域 1:50 000 冰下地形图制作

在中国第 29 次南极内陆科学考察期间，完成了以昆仑站为中心的冰深测量规划（图 5 - 52），按照雪地车每天可工作的路线长度，设计了 4 条路线，每条路线长度尽量小于 100 km。利用深冰雷达经过 4 天的测量，共采集冰深点 3 万余个，覆盖了基本以昆仑站为中心的附近 20 km×20 km 的范围，实际冰深采集路线与设计路线略有不同（图 5 - 53）。

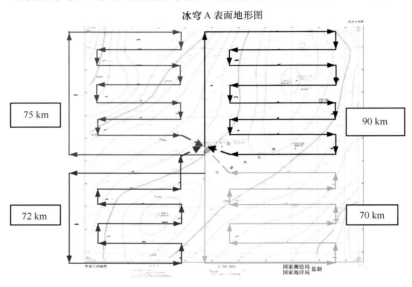

图 5 - 52　设计的冰深数据采集路线

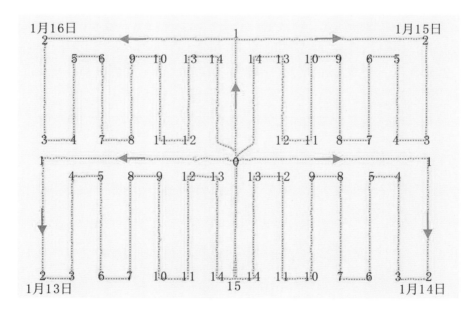

图 5 - 53　实际冰深数据采集路线

5.2.4　南极冰盖冰下地形特征分析

南极冰盖是全球气候系统中的重要组成部分，对地球表面能量、物质交换和海平面变化都有着重要影响。冰厚和冰下地形作为冰盖模型基本的输入参数与边界条件，对于预测冰盖演化和冰流变化意义重大，只有获取到准确的冰盖厚度与冰下地形，才能使冰盖研究更加定量化、全面化。然而获取整个南极大陆的冰盖信息并不容易，而且各种探测项目获得的数据之间也存在着不一致性。因此，获得准确的冰盖数据并对这些数据加以合适地处理。

随着对南极冰盖的继续探测以及探测技术的不断进步，鉴于 2001 年发布的 BEDMAP 1 在数据精度、数据覆盖等方面已显得落后，数据之间也存在一些无法解决的矛盾，因此英国南极局在 BEDMAP 1 的基础之上于 2013 年推出了 BEDMAP 2 计划。由于专题一直致力于冰雷达南极冰盖探测研究，取得良好的进展和成果。BEDMAP 2 专门邀请专题组作为中方代表参与该计划中。来自 14 个国家的 33 个研究机构的近 60 名研究人员，集过去 50 年的积累而成。与 10 年前的 BEDMAP 1 相比，提高了南极冰盖底部和表面高程以及冰厚的数据质量。BEDMAP2 的准确度更高、分辨率更清晰、覆盖面更广，对冰盖建模意义重大。我们将中山站至冰穹 A 断面和冰穹 A 中心区域冰雷达测厚数据提交给 BEDMAP 2 计划，并通过严格的质量控制分析，成功汇入 BEDMAP 2 数据库中，标示为数据来源贡献者为中国南极考察队。

BEDMAP 1 是首个完整展示南极冰厚与冰下地形的数据库，促进了地质学、冰川模型、地球物理等一些科学领域的研究，而 BEDMAP 2 在它的基础上又有了巨大的提升（图 5-54）。作为覆盖了整个南极大陆的数据集，BEDMAP 2 使得我们对整个南极冰盖及冰下地形的理解有了很大提升，甚至揭示了一些未被发现的冰川与岩床资料（图 5-55）。这对此后进行的南极冰盖探测具有重要的指导意义，后续开展的南极探测也必将更多地围绕一些 BEDMAP 2 中调查资料稀少的地区展开。

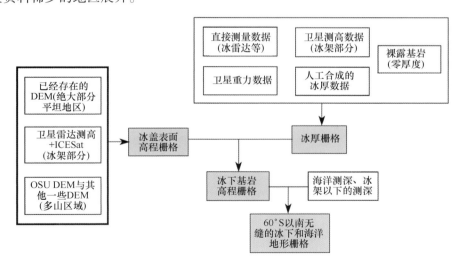

图 5-54　BEDMAP 2 数据结构（灰色部分为成果）

值得注意的是，尽管 BEDMAP 2 冰厚与冰下地形数据覆盖了南极大陆的大部分地区，但同时也表现出了一些大的数据盲区，特别是毗邻 Lambert 冰川的 Princess Elizabeth Land，缺少的数据使得该地区对于 Lambert 冰川甚至整个南极大陆物质平衡的作用尚不明确（图 5-

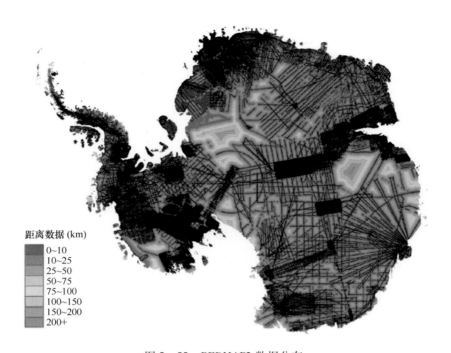

图 5 – 55　BEDMAP2 数据分布

图中显示，5 km×5 km 测线覆盖面积仅占到33%，表明仍然需要大量探测工作

56）。在以后的中国南极科学考察中，很有可能针对此区域进行机载冰雷达探测。由于 BED-MAP 2 冰下地形分辨率的限制，对于凹槽与凸起等地形变化复杂的区域仍然无法很好地表现。随着冰盖研究的推进，百米级甚至十米级的高分辨率数据是迫切需要的，因此对于 Lambert 冰川流域进行更多小尺度区域的观测也是中国南极内陆科学考察未来发展重点之一。

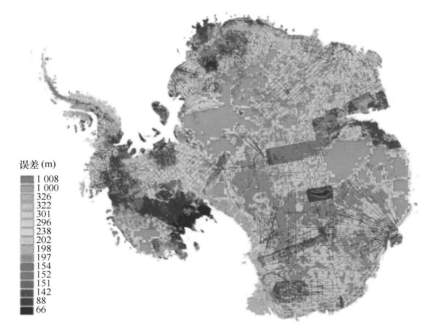

图 5 – 56　不同地区冰下地形误差分布

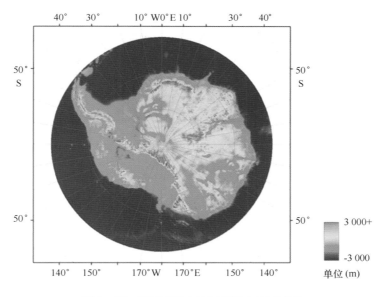

图 5 - 57　BEDMAP 2 冰下基岩与海床高程

5.3　冰盖表面物质平衡与冰流运动综合分析

5.3.1　冰盖表面冰流运动和表面地形特征分析

5.3.1.1　冰穹 A 地区的冰流速及冰面地形特征

1）冰穹 A 地区冰流速特征分析

一般来说，南极穹顶区域由于坡度较小，所以冰流速较低（Vittuari，2004；Wesche，2007）。这就要求有更为精度的观测手段去探测冰穹 A 地区的冰流速。虽然 InSAR 技术能够获取全南极的冰流速（Rignot，2011），但 InSAR 技术的时空精度较低。差分 GPS 技术能够提高精度的测量点坐标，是研究冰穹 A 地区的冰流速的有效手段（Zhang，2007；Cheng，2009）。根据第 24 次队和第 29 次队在冰穹 A 地区开展的冰雪表面流速监测点观测成果（Yang，2014），绘制了冰穹 A 地区的冰流速图（图 5 - 58、图 5 - 59、图 5 - 60）。包括①冰穹 A 地区水平运动流速图；②冰穹 A 地区 GPS 水平运动流速与 InSAR 结果比较图；③冰穹 A 地区垂直运动流速图。

地面测量手段包括传统大地测量和现代大地测量手段，其中 GPS 卫星定位系统是目前大地测量中应用最广、最有效的地面测量方法。冰盖运动监测点的测量采用静态 GPS 定位方法获取监测点的坐标数据，经过连续对同点位测量，将获得同名点的多次坐标值，经过比较，就可算得此点位的运动矢量。

从计算得知：冰穹 A 中心区域年运动速率为 2 cm，边缘区域运动量大于 10 cm。

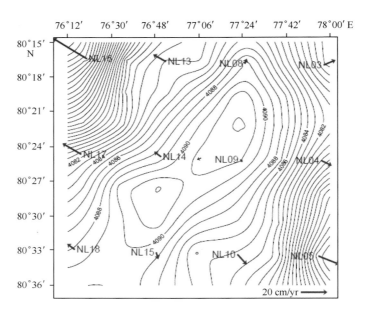

图5-58　冰穹A地区水平运动流速

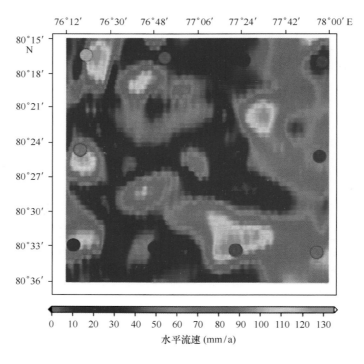

图5-59　冰穹A地区GPS水平运动流速与InSAR结果比较

2）冰穹A冰盖表面地形特征分析

根据29次队在冰穹A地区开展的冰雪表面观测数据绘制了该地区的冰雪表面地形图，如图5-62所示。

由2名专业技术人员历时30天收集站区卫星影像，1名专业技术人员现场数据采集，使

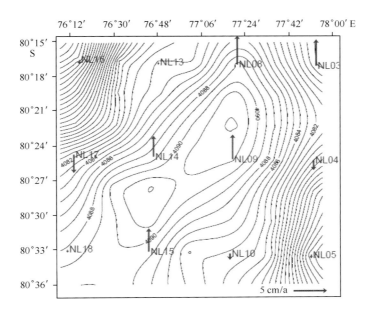

图 5-60　冰穹 A 地区垂直运动流速

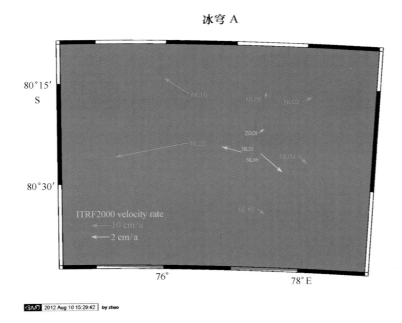

图 5-61　冰穹 A 区域冰流速矢量

用专业软件生产套合昆仑站地形图 1 幅，此项目不在考核指标内，见图 5-63。

5.3.1.2　泰山站区域地形与冰流速特征

1）泰山站区域地形特征分析

综合利用第 29 次队和第 30 次队在泰山站测绘的 GPS-RTK 数据，计算并绘制了泰山站区域地形图，如图 5-64 所示。具体过程如下。

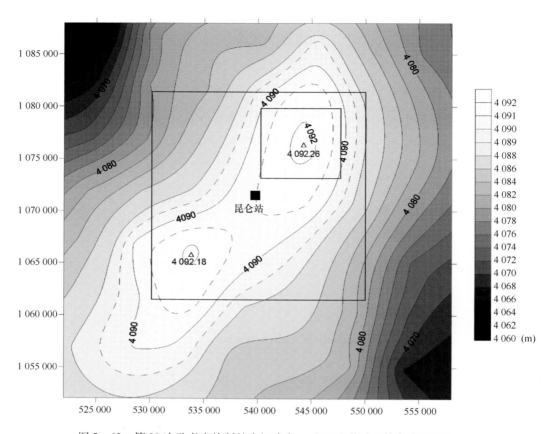

图 5-62 第 29 次队考察绘制的南极冰穹 A 地区地形图（等高线间距 2 m）

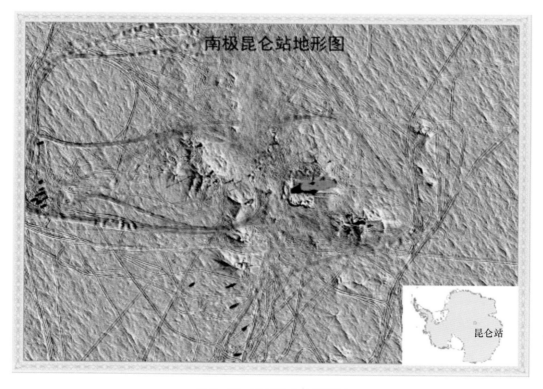

图 5-63 南极昆仑站地形图

①采用 cas1，dav1，maw1，mcm4 这几个 IGS 站对参考站原始观测文件进行 gamit 基线解算，基线向量满足精度要求。

②用 cosagps 平差软件进行平差处理，解算参考点坐标，计算结果同 PPP 的计算结果进行了比较验证，两者相差在均 1 cm 以内。

③根据计算参考点的结果，对所有 RTK 测量数据点进行平移变换，得到相对准确的空间大地直角坐标。

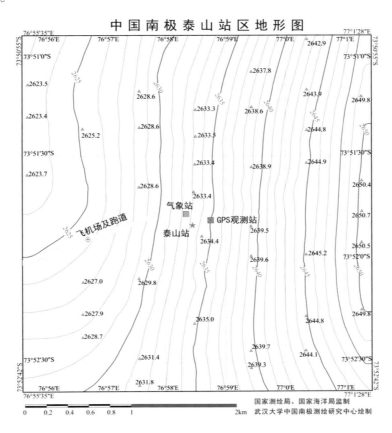

图 5 - 64　泰山站地形图

2）泰山站冰流速特征分析

第 30 次队期间，由于时间紧任务重，没有能够在原先考察队的营地宿营，或白天停留一段时间，因此很多 GPS 监测点未能复测。考虑到后期冰流速的监测，在泰山站布设并测量了 9 个新的冰流速监测点，处理后的监测点坐标见表 5 - 10。

表 5 - 10　第 30 次队泰山站区域冰流点坐标

点号	时间	纬度（S）	经度（E）	高程（m）
FC01	2014 - 1 - 21	73°51′55.0368″	76°58′28.6788″	2633.5370
BG01	2014 - 1 - 21	73°51′20.7576″	76°56′37.1436″	2625.2566
BG02	2014 - 1 - 21	73°52′20.1324″	76°56′37.8420″	2628.2338
BG03	2014 - 1 - 21	73°52′16.6728″	76°58′25.4496″	2633.8644
BG04	2014 - 1 - 21	73°52′15.0384″	77°00′29.3292″	2645.0265

续表

点号	时间	纬度（S）	经度（E）	高程（m）
BG05	2014 - 1 - 21	73°51′50.7960″	77°00′29.4840″	2645.3620
BG06	2014 - 1 - 21	73°51′20.6784″	77°00′29.3904″	2644.6446
BG07	2014 - 1 - 21	73°51′21.8880″	76°58′28.5384″	2632.7904
BG08	2014 - 1 - 21	73°51′49.8636″	76°59′00.5676″	2635.9691

　　尽管没有能够复测以往的冰流点，但利用 30 次队在泰山站地区建立的 GPS 跟踪站，获得了 2014 年 1 月 5 日到 3 月 17 日共计 72 天的观测结果，计算了泰山站跟踪站的位置，水平方向精度是 0.005 m，高程方向的精度是 0.017 m。根据这 72 天的坐标成果，进行线性拟合，计算并绘制了泰山站跟踪站冰流速图，如图 5 - 65 所示，其中北方向的运动速度为 2.388 m/a，东方向的运动速度为 - 16.949 m/a，高程方向的运动速度为 0.158 m/a，最后得出该地区水平运动速度为 17.1 m/a，水平运动方位角为 278°。

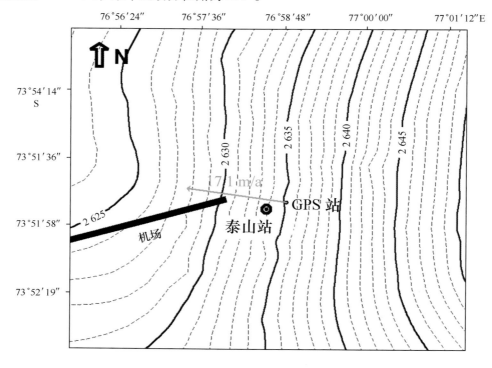

图 5 - 65　泰山站跟踪站冰流速

　　将泰山站跟踪站冰流速与泰山站区域地形图相结合，如图 5 - 66 所示。其中泰山站区域地形图是综合利用第 29 次队和第 30 次队在泰山站测绘的 GPS - RTK 数据来计算并绘制的。

　　将 GPS 跟踪站计算的冰流速结果与 MEaSUREs（NASA Making Earth System Data Records for Use in Research Environments）基于 InSAR 发布的结果，以及用 InSAR 计算的结果，进行了比较，如表 5 - 11 所示。从结果可以看出，3 种手段得到的结果基本一致，泰山站区域冰盖运动朝向埃默里冰架区域，年运动速度在 20 m/a 以内。但是由于 InSAR 的结果为大范围的均值，而 GPS 的结果仅是 25 天内的结果，所以 3 种手段的结果仍有少许差异。

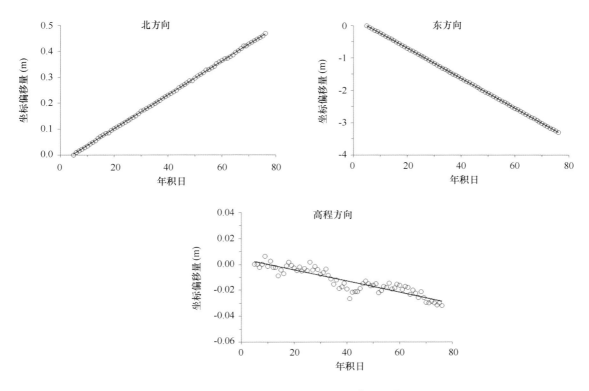

图 5 - 66 泰山站跟踪站北、东、高方向序列

表 5 - 11 泰山站区域冰流速结果

数据来源	水平运动速度（m/a）	水平运动方向（°）
实测 GPS（武汉大学）	17.1	278
MEaSUREs（NASA）	17.6	276
InSAR（武汉大学）	15.0	296

5.3.1.3 黄河站附近山地冰川特征分析

"十二五"期间，武汉大学中国南极测绘研究中心参加了历次中国北极黄河站科学考察，重点对黄河站附近的山地冰川展开研究。黄河站位于北极斯瓦尔巴群岛，该地区冰川主要是小型的山地冰川和小冰帽。Hagen（2003）用冰川的物质平衡曲线模拟了整个斯瓦尔巴群岛区域。Moholdt（2010）利用 ICESat 数据分析了斯瓦尔巴群岛上所有冰川 2003—2008 年的高程变化。Nuth（2010）指出，不同的估算方法针对斯瓦尔巴地区的冰川等效海平面贡献会有较大差异，因为估算没有实测数据的冰川区域时，使用了不同的外推方法。因此，山地冰川的深入研究需要实测数据的支撑。山地冰川的研究手段主要包括 GPS 和 GPR，其中 GPR 是探测冰川厚度的有效手段（Rolstad，2009）。在黄河站附近，Kronebreen 冰川、Kongsvegen 冰川等已经有其他国家的学者进行了深入研究（Kaab，2005；Kohler，2012），因此武汉大学的冰川项目集中在 Austre Lovenbreen 和 Pedersenbreen 两条典型山谷冰川，利用 GPS 和 GPR 等观测手段，对两条冰川进行了冰流速、冰下地形等相关的测绘工作（Ai，2014）。

两条冰川上的监测点距离黄河站 GPS 跟踪站均在 10 km 之内，通过冰川上的双频 GPS 观测数据与跟踪站观测数据联合解算基线，即得冰川运动监测点的高精度坐标，通过监测点坐标的时间序列分析，即得冰川监测点的年均运动速度，见表5－12。

表 5 - 12　北极冰川运动水平方向年均速度　　　　　　　　单位：m/a

点名	北方向	东方向	水平方向	点名	北方向	东方向	水平方向
P1	5.054	1.334	5.227	C1	3.297	0.380	3.319
P2	5.781	3.363	6.688	C2	3.840	0.314	3.853
P3	8.152	0.456	8.165	C3	3.259	0.239	3.267
P4	8.114	-1.525	8.256	D1	2.639	2.987	3.986
P5	5.797	1.007	5.884	D2	2.330	2.360	3.317
A1	0.359	-0.001	0.360	D3	2.944	-1.640	3.370
A2	1.508	0.416	1.564	D4	0.130	-0.607	0.621
A3	1.070	0.977	1.449	D5	-0.207	-0.703	0.733
B1	1.236	0.116	1.241	E1	2.020	2.603	3.295
B2	2.631	0.626	2.704	E2	2.805	-1.380	3.126
B3	2.388	0.808	2.521	F	1.704	-2.242	2.816

北极 Austre Lovenbreen 冰川和 Pedersenbreen 冰川流速见图 5－67。

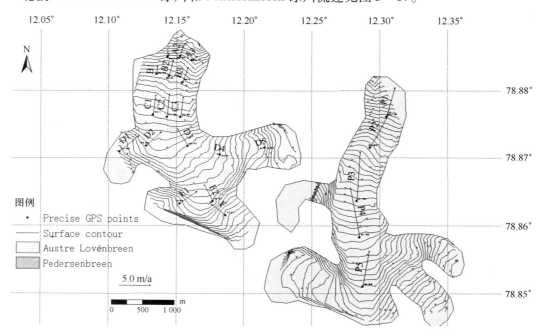

图 5 - 67　Austre Lovenbreen 冰川和 Pedersenbreen 冰川流速

利用采集的 GPS－RTK 数据和 GPR 数据，获取了 Austre Lovenbreen 冰川和 Pedersenbreen 冰川的冰面地形图、冰下地形图（图 5－68 和图 5－69）。冰层厚度较深的区域主要集中在冰川中部，越靠近冰川源头和冰川下游，冰层逐渐变薄。在冰下地形图中，垂直于主流线取横截面时，其形态均为向下凹的曲线，这是山谷冰川的典型特征。

结合挪威极地研究所出版的北极 Svalbard 地区地形图，其中包含了 1936 年和 1990 年的航测 1:100 000 冰面地形等高线，分析了 1936 年—1990 年—2009 年的冰川面积、体积、厚度等的变化。结果表明，P 冰川从 1936 年之后，其长度和面积都不断减少，尤其是冰舌消融

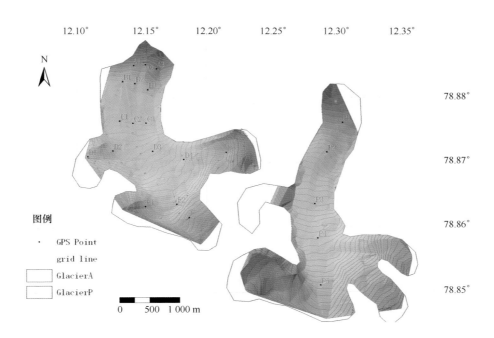

图 5 - 68　北极 Austre Lovenbreen 冰川和 Pedersenbreen 冰川冰面地形图

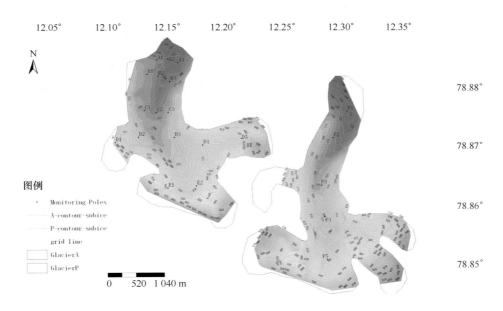

图 5 - 69　北极 Austre Lovenbreen 冰川和 Pedersenbreen 冰川冰下地形图

区，在 73 年中退缩了 0.6 km 以上，冰层平均厚度也不断变薄，73 年间变薄了 7.07 m，体积相比于 1936 年减少了近 13%。这些都说明了 P 冰川从小冰期结束之后，处于衰退期。P 冰川 73 年间的厚度变化如图 5 - 70 所示。

5.3.1.4　达尔克冰川影像图制作

由 5 名专业技术人员历时 2 个月的时间，将 868 张航空摄影影像数据使用专业软件编辑成 1 幅达尔克冰川影像图（图 5 - 72）。

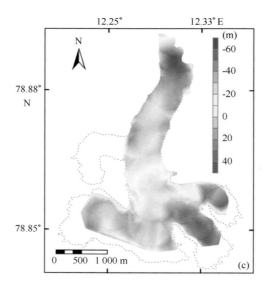

图 5 – 70   北极 Pedersenbreen 冰川 1936—2009 年的冰川厚度变化

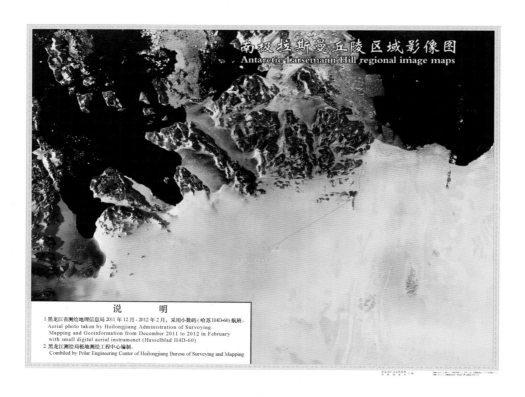

图 5 – 71   达尔克冰川影像图

5.3.1.5   埃默里冰架运动矢量解算

由两名专业技术人员对埃默里冰架数据进行收集整理，对同名点复测数据进行处理，解算出运动矢量，见表 5 – 13，位置见图 5 – 72。

表 5 – 13 埃默里冰架监测点运动矢量数据

点号	队次	坐标（m）	位移量（m）	总位移量（m）
A1	25	7 685 881.366		
		325 777.375		
	26		$d_{(25-26)}$	$d_{(25-27)}$
	27			
A2	25	7 712 954.041		
		321 115.064		
	26	7 712 407.365	$d_{(25-26)}=700.632$	$d_{(25-27)}$
		321 553.277	$d_{(26-27)}$	
	27			
A3	25	7 741 100.082		
		315 398.207		
	26	7 740 644.767	$d_{(25-26)}=576.909$	$d_{(25-27)}$
		315 752.484	$d_{(26-27)}$	
	27			
A4	25	7 767 938.713		
		310 373.031		
	26	7 767 549.153	$d_{(25-26)}=472.609$	$d_{(25-27)}$
		310 640.618	$d_{(26-27)}$	
	27			
L1	25	7 740 473.658		
		3 700 46.709		
	26	7 740 088.630	$d_{(25-26)}=525.230$	$d_{(25-27)}$
		370 403.949	$d_{(26-27)}$	
	27			
L2	25	7 726 326.653		
		344 898.507		
	26	7 725 849.279	$d_{(25-26)}=643.141$	$d_{(25-27)}$
		345 329.487	$d_{(26-27)}$	
	27			

续表

点号	队次	坐标（m）	位移量（m）	总位移量（m）
L4	25	7 700 851.419		
		298 735.416		
	26		$d_{(25-26)}$	$d_{(25-27)}$
			$d_{(26-27)}$	
	27			
L5	25	7 688 463.022		
		276 639.923		
	26		$d_{(25-26)}$	$d_{(25-28)}$
			$d_{(26-27)}$	
	27			

$$d_{(25-26)} = \sqrt{(X_{25} - X_{26})^2 + (Y_{25} - Y_{26})^2} \qquad d_{(26-27)} = \sqrt{(X_{26} - X_{27})^2 + (Y_{26} - Y_{27})^2}$$

$$d_{(25-27)} = d_{(25-26)} + d_{(26-27)}$$

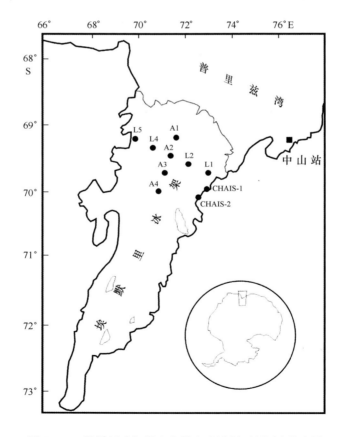

图 5-72　埃默里冰架纵向和横向观测断面观测点的布设

5.3.1.6 冰盖表面流速的遥感监测

以中等分辨率 MODIS L1B 数据为基础,采用 COSI – CORR 方法估算了北南极半岛冰川运动速度。结果表明,冰川流向与冰裂缝的布局一致,主要是向东流向 Weddell 海,冰川流速从接地线到 Larsen C 冰架前端逐渐增大,并达到最大值每年 700 m 左右(图 5 – 73),靠 Weddell 海一侧的冰架比内部流速要快。整体而言,2000—2012 年冰川流速持续增加。2000—2009 年的速度加快要比 2009—2012 年的增速大,然而 2009—2012 年 Larsen C 冰架的南部和东北部,以及 Smith Inlet 的表面流速是减少的。

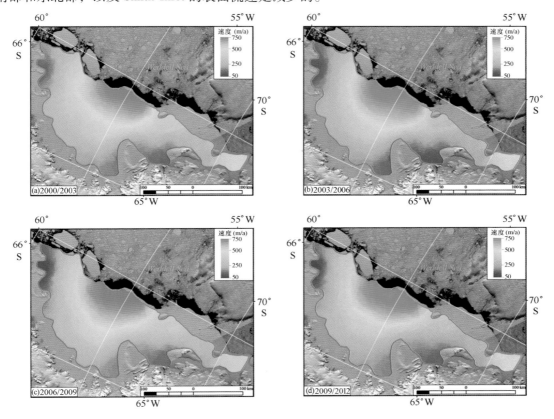

图 5 – 73 南极半岛冰川表面运动速度

基于 ALOS/PALSAR 数据,采用 SAR 特征跟踪方法,结合 DEM 数据得到 Amery 冰架上游冰川流速(图 5 – 74)。结果表明,Amery 冰架上游主流线流速在 540 ~ 720 m/a 之间,冰川流速随海拔的降低逐渐减小,受基岩和两侧山体的影响,主流线流速大,越靠近两侧山体流速越小。这个结果与 NASA 2000 年利用 SAR 重复轨道干涉测量方法测定的流速接近。

5.3.1.7 冰盖高程的遥感监测

以 2003—2008 年 ICESat 测高数据为基础,采用重叠点法分析了 Lambert 冰川流域高程变化。结果表明,Lambert 冰川流域高程变化剧烈的区域主要集中在接地线附近(图 5 – 75),且靠近 Amery 冰架南端的接地区域高程变化最明显,这个结论与冰流速图和降雪积累率图匹配,即流速大且积累率大的区域高程变化也大。

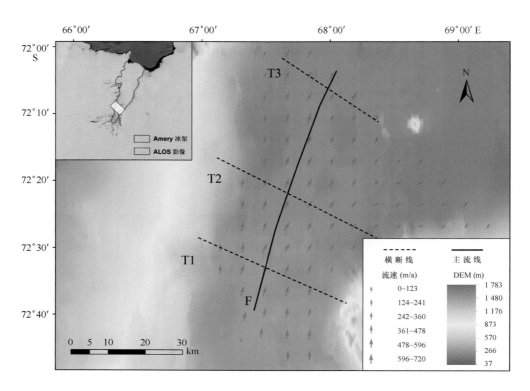

图 5 – 74   Amery 冰架流速

　　同样以 2004—2008 年 ICESat GLAS 数据为基础，采用重叠点法分析了 Amundsen 冰架的高程变化。首先编程读 ICESat GLAS 数据，对数据进行预处理，以剔除质量差的数据。然后采用插值方法获取冰盖表面的高程变化分布，并利用 ArcGIS 制图。结果表明：Amundsen 冰架高程发生显著变化的区域位于海岸线附近（图 5 – 76），Amundsen 冰架体积年平均变化为 – 92.8 km³/a。

5.3.1.8　内陆冰盖中山站至昆仑站断面雪面特征监测与微地形调查分析

　　1）研制出冰盖表面微地形特征监测系统

　　目的是实现内陆考察队在车辆行进过程中对沿途冰面的状况（车辆颠簸、吃雪深度）进行自动化监测，通过对沿途冰面状况的监测数据来分析雪面的粗糙度。本系统包括平板电脑控制器、三维振动传感器、激光测距仪、GPS 定位模块等。主要是利用三维振动传感器和激光测距传感器取得南极中山站至昆仑站内陆降雪量以及雪地车振动、角度、吃雪深度等参数，并且用 GPS 进行全天候全路段的实时定位，采集完数据后进行分析，总结断面雪面的粗糙度、硬度及积雪厚度的空间分布特征，为研究南极冰盖冰物质的平衡状况提供依据。图 5 – 77 是系统组成原理框图。

　　系统的两个"六方向惯性导航模块"MPU – 6050，是一个三维的加速度计，能高监测 3 个方向的角速率；激光测距仪监测车辆顶部至雪面的距离；GPS 模块记录车辆行进的轨迹。经过半年的研制，该系统于 2014 年 9 月初研制成功，系统实物图见图 5 – 77。监测软件是在 Vb 环境下进行监测界面编写的，并安装在平板电脑上，实现数据的在线监测及存储。

　　2）第 31 次队中山站至昆仑站车辆颠簸监测数据分析

　　第 29 次南极考察队内陆队在其中一辆雪地车上安装了一套车辆颠簸监测系统，并获取了

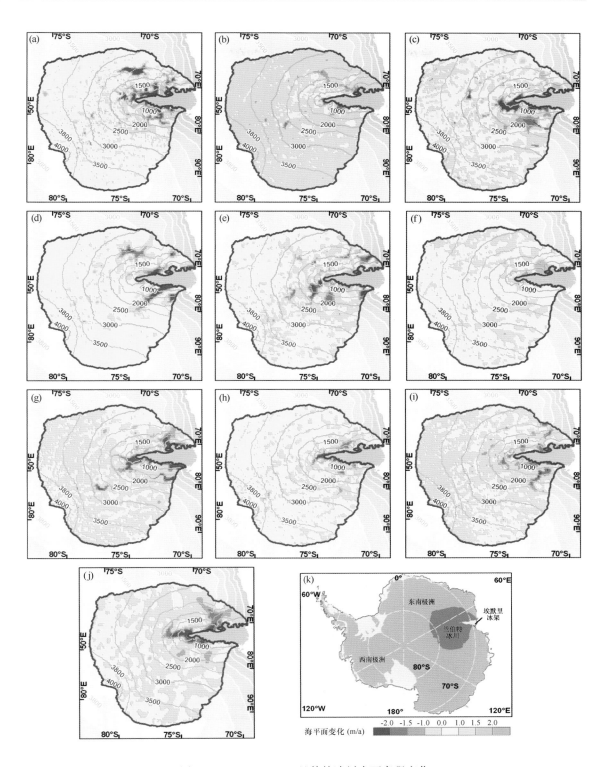

图 5 - 75 2003—2008 兰伯特冰川表面高程变化

车辆行进过程的颠簸数据。该数据中由于安装在仓外的激光测距传感器在距中山站约 500 km 以后没能再正常工作，所以，只能对中山站至该路段的数据进行分析。所监测路段轨迹如图 5 - 78 所示。

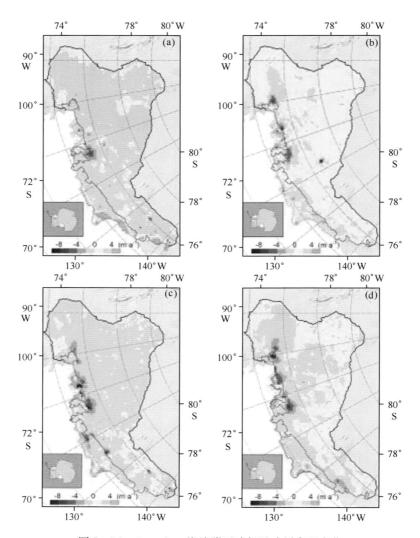

图 5 - 76　Amundsen 海湾附近冰架及冰川高程变化

（a）2004—2005 年；（b）2005—2006 年；（c）2006—2007 年；（d）2007—2008 年

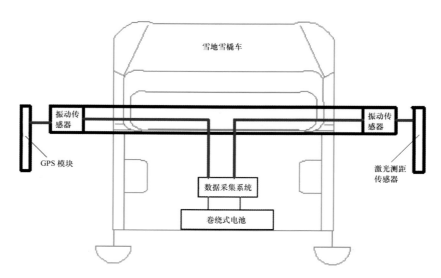

图 5 - 77　车辆行进过程颠簸监测系统框图

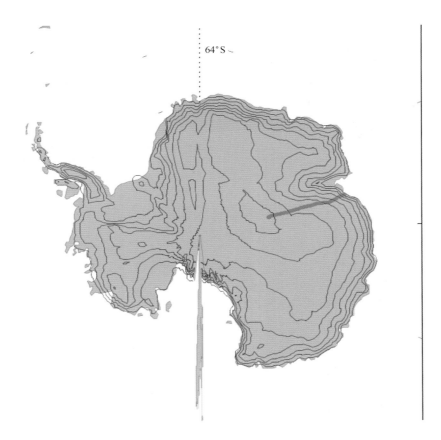

图 5 - 78 车辆颠簸监测路段轨迹

2014 年 11 月 30 日雪面特征监测系统随着中国第 31 次南极科学考察队登上了南极中山站。在冰上卸货完成后，2014 年 12 月 15 日 33 名内陆考察队员开始了从中山站到昆仑站的征程，深入南极内陆冰盖 1 300 多千米，到达南极内陆冰盖最高点——位于冰穹 A 地区的中国南极昆仑站，进行昆仑站二期收尾工程及冰芯钻探、天文观测等考察工作。据内陆队员反映，行进过程中通过对雪橇车舱体姿态的实时监测，及时调整了雪橇车的行进速度与角度，很大程度上避免了因不规则振动而导致运输物资和精密仪器的二次损坏，并且激光测距仪所测得的雪橇车吃雪深度与内陆队员实地测量数据基本一致，证明雪面特征监测系统工作正常，图 5 - 79 为监测系统的测得加速度信号、图 5 - 80 为在雪面上用积分算法得到的雪橇车振动位移曲线图（即南极内陆表面粗糙度）、图 5 - 81 为监测系统在距离中山站 800 km 处一段雪橇车吃雪深度曲线图。

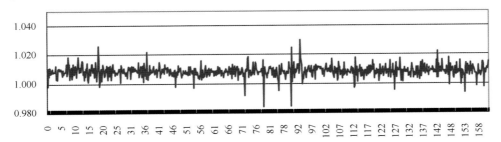

图 5 - 79 监测系统测得加速度信号

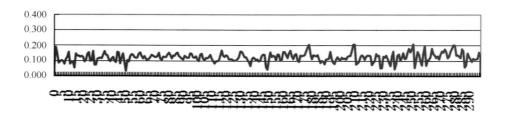

图 5 - 80　雪橇车振动位移曲线

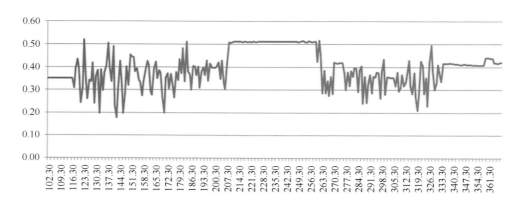

图 5 - 81　距离中山站 800 km 处雪地雪橇车吃雪深度曲线

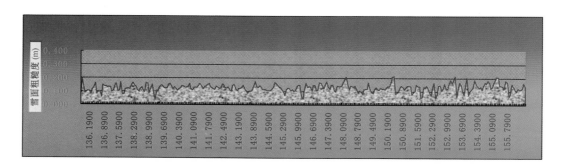

图 5 - 82　南极中山站至昆仑站 45 km 136～155 m 段雪面粗糙度简图（平均 0.124 m）

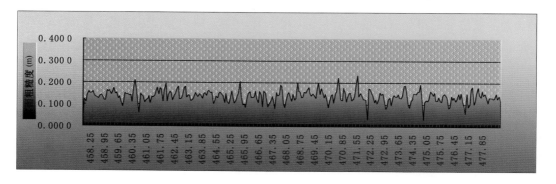

图 5 - 83　南极中山站至昆仑站 133 km 458～477 m 段雪面粗糙度简图（平均 0.137 m）

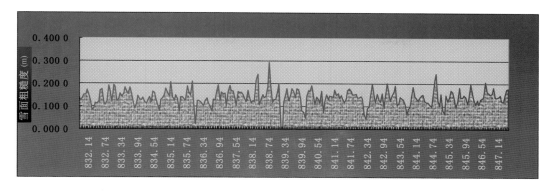

图 5 – 84 南极中山站至昆仑站 238 km 832 ~ 847 m 段雪面粗糙度简图 （0. 138 m）

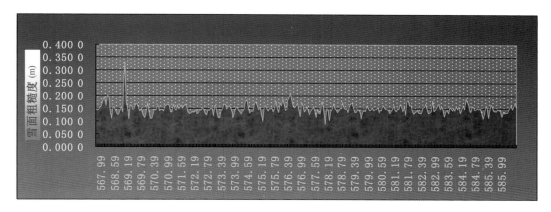

图 5 – 85 南极中山站至昆仑站 335 km 567 ~ 585 m 段雪面粗糙度简图 （0. 147 m）

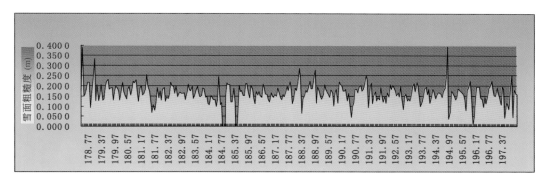

图 5 – 86 南极中山站至昆仑站 419 km 178 ~ 197 m 段雪面粗糙度简图 （0. 154 m）

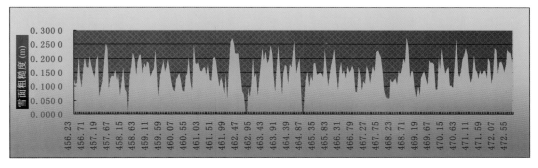

图 5 – 87 南极中山站至昆仑站 554 km 456 ~ 472 m 段雪面粗糙度简图 （0. 161 m）

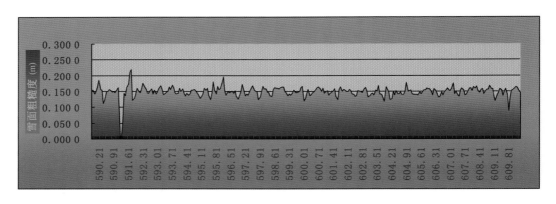

图 5 – 88　南极中山站至昆仑站 613 km 590 ~ 609 m 段雪面粗糙度简图 （0. 167 m）

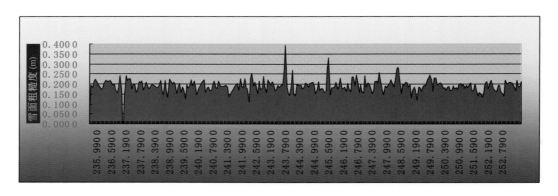

图 5 – 89　南极中山站至昆仑站 791 km 235 ~ 252 m 段雪面粗糙度简图 （0. 155 m）

从图 5 – 82 至图 5 – 89 可以看出，就雪面粗糙度来说，在中山站至昆仑站的 500 km 范围内，雪面粗糙度呈现逐渐增加的趋势，500 km 范围内的粗糙度最大为 0. 154 m，即 15. 5 cm。最小为 12. 1 cm。到 500 km 以后，粗糙度虽然仍比 500 km 的大，但基本趋于平稳，在 0. 16 ~ 0. 17 m 之间。通过以上分析可以看出，利用车载雪面特征监测系统的方式能及时反映雪橇车舱体姿态和雪橇车吃雪深度的观测系统，并且通过数据分析反映了南极内陆冰盖表面的雪面基本特征，雪面粗糙度和雪软硬度的分析结果既可为冰盖表面降雪及冰物质平衡研究提供参考数据，也可为我国内陆考察队提供车辆行进过程中的路况基本分析以及为今后的车辆雪橇制造、精密设备的减震处理提供数据参考；但由于该套系统在两次实验应用中均由于雪地车的剧烈颠簸而使得仪器停止工作，未能获得完整的中山站至昆仑站沿途冰盖表面特征数据，需要根据应用情况进行系统改进，比如加载图像拍照功能进行图像画辅助分析，来辅助判断雪面特征。

目前，描绘出了南极中山站至昆仑站的积雪厚度和雪面粗糙度。数据分析结果见图 5 – 90 （a – k）。

按照每 50 km 的数据分段进行分析，结果见图 5 – 90 （b ~ k）。

5. 3. 2　南极冰盖物质平衡分析

探明南极冰盖物质平衡状况，对研究全球变暖背景下海平面变化具有重要意义，也是南极冰川学的重要基础工作。由于极地测高卫星和重力卫星的应用，南极冰盖整体物质平衡状

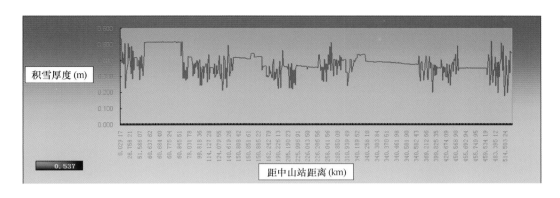

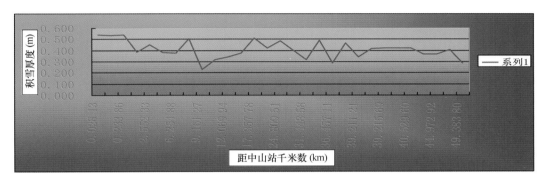

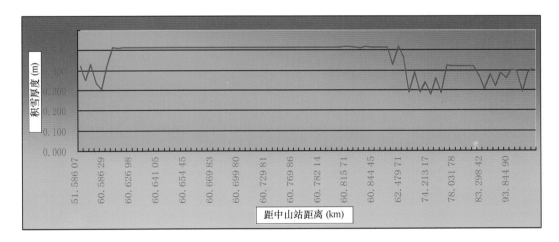

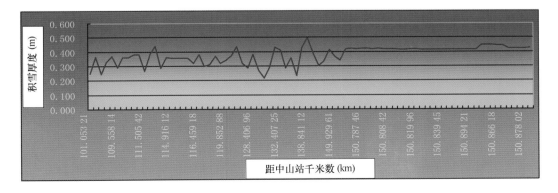

图 5 - 90 中山站至昆仑站断面积雪厚度变化曲线

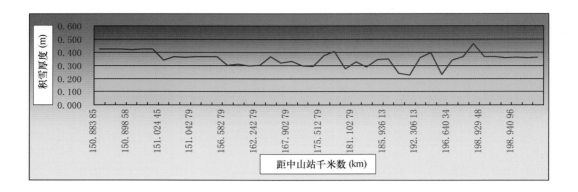

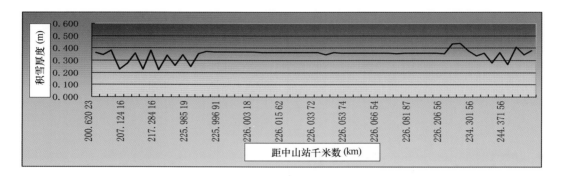

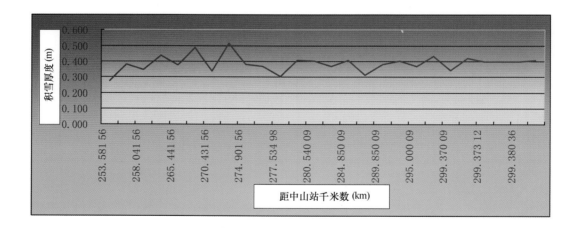

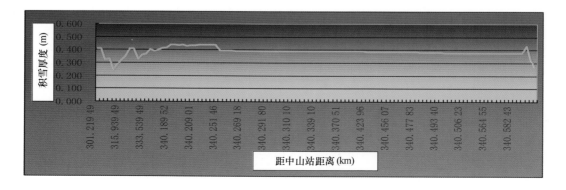

图 5 - 90　中山站至昆仑站断面积雪厚度变化曲线（续）

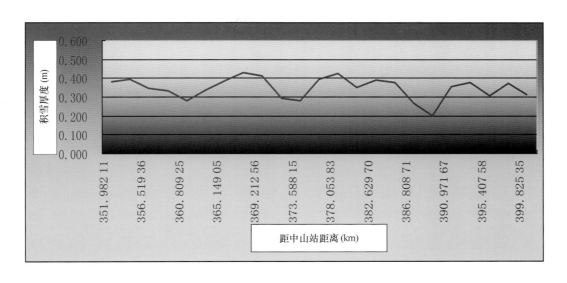

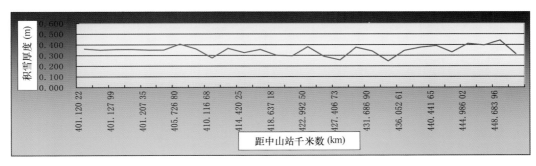

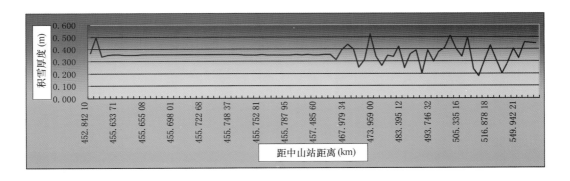

图 5 - 90 中山站至昆仑站断面积雪厚度变化曲线（续）

况评估在近期得到长足发展。无论是实地研究还是卫星遥感，都有其局限性，两者结合可以弥补各自的缺陷，是未来研究的主要发展方向。

5.3.2.1 南极区域表面物质平衡/雪积累率实地观测方法分析

雪积累率占到年降雪总量的95%，在南极物质平衡研究中，通常用来指代总收入量。因南极物质损失主要发生在边缘的冰架地区，冰盖表面物质损失量极少，雪积累率又被称作表面物质平衡。在南极考察过程中，各国科学家们发现雪积累率随着海拔的上升而下降，但相同海拔地区由于水汽来源不同,其降雪量存在显著差异,雪沉降后受不同表面气候状况的影响,其再搬运过程也不尽相同。甚至同一流域的两翼,水汽通量随时间的变化也会使得两个地区有一定的年均雪积累差异。具体来讲,表面物质平衡/雪积累率的主要影响因子或相关因子为海拔、经度、纬度、气温、风速、风向、降水量,其相关性在近岸、内陆以及冰穹地区有一定差异,不同流域由于表面气候状况的不同也可能存在区别。通常通过记录一段时间内表面沉降的雪层厚度来计算冰盖表面某一点的物质净平衡(图5-91)。不同的观测方法时空覆盖度相差很大,精度也各不相同。花杆、超声高度计、雪坑和冰/雪芯在冰面特定地点获取物质平衡信息,而探冰雷达一般装载在交通工具上对一个剖面进行探测。花杆和超声高度计需要经历相当长的时间才能获取该地点的净积累率,雪坑、冰/雪芯和探冰雷达在一次工作中就可以得到一定时间内的物质平衡信息。这些方法大致被分为即时法和追溯法两类。由于观测方法的不同,它们的观测时间尺度和分辨率也有很大不同。

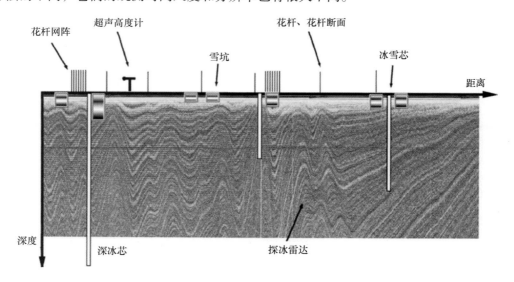

图 5-91　冰盖表面物质平衡实测方法示意图

5.3.2.2　中山站—冰穹A沿线和冰穹A地区物质平衡研究

1)总体介绍

自1997年起,中国南极考察内陆考察队开始在中山站至冰穹A考察路线上,通过花杆、花杆网阵和雪密度实测,获取该区域表面物质平衡(雪积累率)记录。至2007—2008年,共获取了1 248 km断面上的高分辨率物质平衡记录。结合雪面地貌形态和自动气象站记录,将研究断面分为5段:①距海岸68~202 km的近岸区域,平均表面物质平衡为157 kg/(m²·a),平均坡度为10.9 m/km;②距海岸202~524 km的转换区域,平均表面物质平衡为67 kg/(m²·a),平均坡度为5.4 m/km;③距海岸524~800 km的中间区域,平均表面物质平衡为53 kg/(m²·a);④距海岸800~1 128 km的分冰岭区域,平均表面物质平衡为75 kg/(m²·a);⑤距海岸1 128~1 248 km的冰穹A区域,平均表面物质平衡仅有34.7 kg/(m²·a)(Ding et al.,2011)。

2）东南极冰盖冰穹 A 区域表面物质平衡量综合分析

2008 年 1 月，中国第 24 次南极考察队内陆考察队，在冰穹 A 30 km × 30 km 的区域布设了 49 支花杆，2011 年和 2013 年进行了花杆高度复测，并使用重量－体积法准确测定了每个站点的表面雪密度，最终计算得到该区域平均表面物质平衡为（22.9 ± 5.9）kg/（m·a）（图 5－92）。对比前人观测研究和再分析资料，本书最为准确。另外，结合自动气象站记录，我们通过莫宁－奥布霍夫理论模拟得到，该区域的年均净升华量为（－2.22 ± 0.02）kg/（m·a），年均凝华量为（1.37 ± 0.01）kg/（m·a），总体上有 14.3% 降水，经过了沉积后交换过程。本研究对深冰芯记录解译具有重要意义（Xiao et al.，2013）。

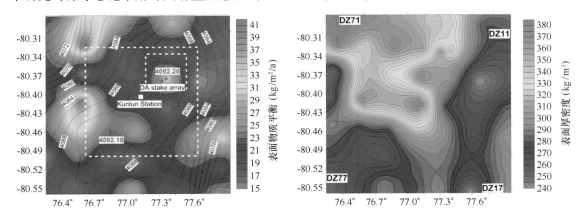

图 5－92 冰穹 A 表面物质平衡插值分布（a）与冰穹 A 表面密度插值分布（b）

黑色等值线为表面海拔（WGS84），间隔为 2 m

5.3.2.3 南极冰穹 A 地区积累率和水汽源区

基于 2009/2010 年度中国第 26 次南极考察队在南极冰盖冰穹 A 区域获取的雪坑数据以及已有的物质平衡花杆、自动气象站和冰芯数据，并结合 ECMWF 再分析资料对该区域积累率时空变化进行了评估，并利用拉格朗日后向轨迹模型对产生该区域降水的水汽来源进行了诊断。根据总 β 活化度标志层确定冰穹 A 地区 1965—2009 年平均积累率为 0.021 mH_2O/a，该值与已有的冰芯、雪坑和物质平衡花杆获取的年积累率相当。冰穹 A 积累率年际变化大，但是过去 700 多年以来在年代际尺度上相对稳定。由于相对和缓的地形，在以冰穹 A 为中心 50 km 半径内积累率空间变化不显著。ECMWF 再分析资料能够很好地反映出冰穹 A 积累率的季节变化，但是对多年平均积累率的评估可信度只有 50%。冰穹 A 降水水汽主要来源于中纬度的南大洋（46°S ± 4°S），与南极内陆的 Vostok、冰穹 F、冰穹 C 和 EPICA 毛德皇后的深冰芯钻取点相比，冰穹 A 水汽源区位置更偏南（图 5－93）（Sodemann et al.，2009；Wang et al.，2013），这很可能是由区域地形对水汽传输路径的影响导致的。而通过水汽同位素长时间序列的模拟分析以及相关分析，反映出冰穹 A 区域的水汽来源主要来自于中低纬度的大洋区，即 40°S 左右的印度洋海区和 20°S 左右的东太平洋海区，降水同位素序列的变化佐证了与东太平洋海表温度的反相关关系，即低纬度东太平洋海域通过 ENSO 这一中介，影响到了南极内陆高海拔区的水汽输送，同时影响了水汽和降水中的同位素含量变化（图 5－94）（柳景峰等，2014）。这些结果对冰穹 A 未来深冰芯记录解释具有重要意义。

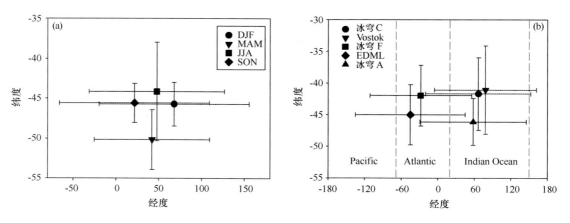

图 5-93   南极冰穹 A 降水水汽源区拉格朗日诊断结果

（a）为冰穹 A 不同季节（DJF：12—翌年 2 月；MAM：3—月；JJA：6—8 月；SON：9—11 月）降水水汽源区
拉格朗日诊断结果；（b）为冰穹 A 和冰穹 F、冰穹 C、Vostok 和 EDML 冰芯站点年平均
降水水汽源区拉格朗日诊断结果的比较

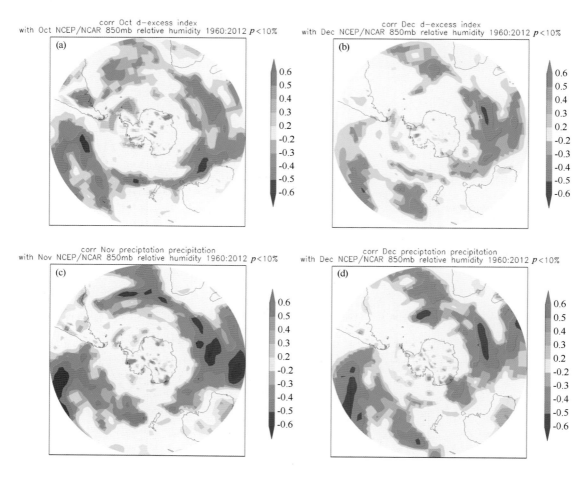

图 5-94   冰穹 A 过量氘与海表湿度，降水量与相对湿度相关性

（a）、（b）分别为 10 月和 12 月过量氘与海表湿度的相关性；（c）、（d）为 11 月和 12 月降水量与海表湿度相关性分布，
二者均显示在主降水月（10—12 月）除与印度洋、大西洋中纬度海表湿度相关性明显外，
与低纬度东太平洋海域也有明显相关性

5.3.2.4　5 种再分析资料在东南极地区应用的适应性研究

通过对比分析 2005—2008 年 5 种再分析资料（NCEP‑1、NCEP‑2、20CRv2、ERA In‑terim 和 JCDAS）和东南极地区气象站实测的日平均 2 m 气温（表层气压），结果表明：所有再分析资料都具有较高的相关系数（$R \geqslant 0.74$，$n \geqslant 860$，$p < 0.001$）。能够解释超过 73% 的气温方差和 87% 的气压方差变化，这说明再分析资料能够反映实际气温和气压的变化；ERA Interim 适用性最好，JCDAS 次之，3 种 NOAA 再分析资料最差。NCEP‑2 比 NCEP‑1 适用性并不强，20CRv2 也没有显著优越性，这可能因为 20CRv2 只同化了表面气压资料，并且利用观测的月海表气温和海冰分布作为边界条件。再分析气温的春季适用性强，冬、秋季适用性差；而再分析气压没有表现出明显的季节性差异；再分析气温通常在冰盖内陆高海拔的 EA‑GLE 地区适用性最强，整体适用性从冰盖边缘海岸地区向内陆顶点趋于减弱，在冰盖顶点冰穹 A 地区适用性最差，而再分析气压的适用性由冰盖边缘向内陆增强；所有再分析资料都呈现不可避免的误差。平均而言，3 种 NOAA 再分析资料 NCEP‑1、NCEP‑2 和 20CRv2 分别表现负偏差 2.49℃、1.37℃ 和 1.47℃，以及 29.7 hPa、25.9 hPa 和 11.1 hPa，而 ERA Inter‑im 和 JCDAS 分别表现为正偏差 1.73℃ 和 2.01℃，以及 4.9 hPa 和 14.9 hPa（图 5‑95 和图 5‑96）。因此，虽然再分析资料具有一定的不足和局限性，但是，仍然不失为南极地区气候研究的有效工具；在南极，尤其是在广袤的南极内陆地区，进一步加强更多的实地观测显得尤为重要（Xie et al.，2013，2014）。

5.3.2.5　冰盖物质平衡未来变化趋势与研究挑战分析

1）冰盖未来变化趋势分析

在全球气候变暖的背景下，预计格陵兰冰盖和南极冰盖都将持续损失质量。对于格陵兰冰盖，由于表面融化和径流的增加造成的物质损失将占主导地位。对于南极冰盖，SMB 预计将增加，但海洋性冰盖与冰架对于海洋强迫的响应还不确定。

在夏季，格陵兰冰盖的大部分区域的表面融化都在增加，2012 年时其融化范围更是创下了有卫星测量技术以来的最高纪录（高达冰盖范围的 97%）。因此，温度上升将主要通过增加夏季的表面融化而造成物质损失，而一些反馈机制可能加速这一过程：①由于北冰洋的海冰范围缩小造成全球变暖在极地的扩大化及与之相关的反照率反馈机制；②与冰盖裸冰区范围扩大相关的雪反照率反馈机制；③由于表面融化和冰流量增加造成冰盖减薄，及与之相关的高程反馈机制。上述反馈机制均为正反馈，加速格陵兰冰盖的表面物质损失，从而影响其表面物质平衡。据预计，在年代际以及更大的时间尺度上，表面物质平衡将成为格陵兰冰盖物质损失的首要控制因素。

对于格陵兰冰盖，由于底部润滑作用增强、冰崩和海洋变暖而引起的动态变化仍难以预测。Price 等对过去 10 年格陵兰冰盖上冰川后退过程进行了模拟，并预测截至 2100 年它对 SLR 作出的贡献最少为（6 ± 2）mm，当将循环的强迫应用于模拟过程时，其上限可达 45 mm，低于 Nick 等预测的结果：$40 \sim 85$ mm，二者均是对数据最多的几个溢出冰川的物质损失进行精确评估后，根据这些冰川在冰盖内所占面积的比例，将结果外推到整个冰盖，从而得到整个冰盖对于 SLR 的贡献值（Price et al.，2011）。Enderlin 等认为后者得到的结果偏大，原因在于其所选的溢出冰川在 2000—2012 年的物质损失占整体物质损失的 42%，并不与

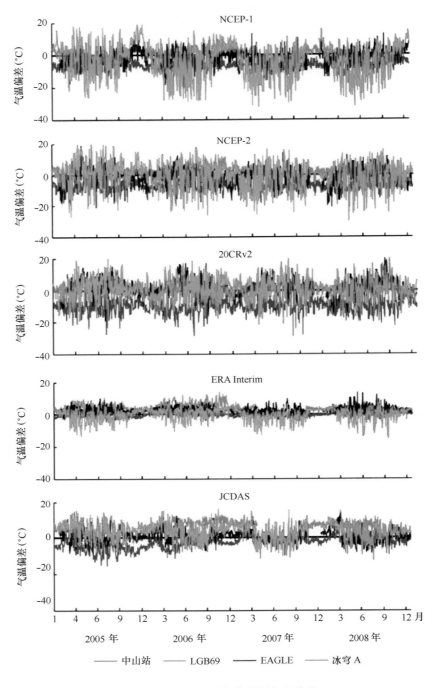

图 5 - 95　5 种再分析资料的气温偏差

其所占的面积成比例（Enderlin et al.，2014）。但相对来说，这些估值仍然低于之前的研究结果，这是因为随着冰盖边缘的后退，冰架崩解等动力学过程对于物质平衡的重要性相对降低。

对于南极冰盖，据预计，它对 SLR 的贡献随着全球温度上升会呈对数增加，但是变化极小，在接下来的 100 ~ 200 年内，甚至可能是一个负贡献。首先，虽然海冰范围缩小也会引起全球变暖在南极扩大化，但比北极小得多；其次，目前南极冰盖表面融化极小，预计在未来

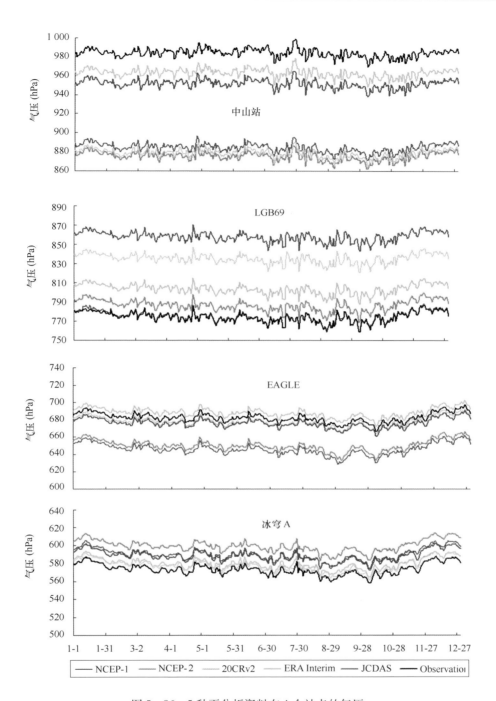

图 5 - 96 5 种再分析资料在 4 个站点的气压

的 100 年内温度上升也并不会导致表面融化的显著增加；最后，由于温度上升，降雪的增加预计会更显著，从而使得 SMB 增加，与此相关的高程反馈为负反馈。到目前为止，仍缺少一个将冰盖—冰架—海洋界面上的过程全部考虑在内的大陆尺度南极冰盖，对未来的南极冰盖物质平衡进行评估。

2）未来挑战

对过去 20 年的冰盖物质平衡评估的结果发现，南极冰盖和格陵兰冰盖的整体物质平衡均为负平衡，其中南极冰盖对 SLR 的贡献为 0.2 mm/a，格陵兰冰盖、南极半岛和西南极的部分区域总共以相当于海平面平均上升 1 mm/a 的速度损失质量（其中 70% 的贡献来自格陵兰冰盖），而且速度越来越快。上述结果是基于 IMBIE 对所有结果进行算数平均得到的，因此，不同方法之间的不一致性仍然存在，需要对各方法可能存在的系统误差进行进一步研究。在雷达测高方面，需要对 ENVISat 雷达测高数据的表面密度改正和短期改正进行进一步评估，使得经过这些改正后物质变化的估计更加准确。在物质收支法方面，NASA 的 IceBridge 项目中的机载雷达数据将改进对 SMB 的估计，而用雷达对接地线区域冰厚的监测将提高物质输出估计的水平。重力测量和激光测高方面将分别有 GRACE 和 ICESat – 2 后续任务（预计分别在 2017 年和 2016 年发射），这将为冰盖整体物质平衡提供理想的年代际记录。但是，无论实地测量还是卫星遥感，都有其各自的局限性，两者结合以弥补各自缺陷，仍是未来冰盖物质平衡研究的主要发展方向。

对未来一个世纪内冰盖物质平衡进行评估发现，格陵兰冰盖表面物质平衡的变化对未来海平面的贡献为正，而南极冰盖表面融化仍将很少，且预计降雪量将增加，这将使南极冰盖表面物质平衡的变化对未来海平面的贡献为负。西南极冰盖很有可能持续对 SLR 作出贡献，东南极冰盖在未来一个世纪中对海平面贡献的符号仍不确定。为了更准确地预测未来海平面的变化，需要持续改进冰盖模式，使之能更好地表达冰盖上的重要过程。虽然在这方面已取得了较大进展，但需要进一步研究的重点问题也非常明显。

首先，需要对模式进行升尺度参数化，使得较低分辨率的模式也可以更好地表达冰盖的重要物理过程。目前，已有人针对接地线迁移过程提出参数化方案，并用其他完整的模式进行了检验。尽管在理论水平上已有所提高，但在冰流数值模式中实现冰崩过程的模拟仍依赖于未经过物理模型检验的参数化方案，因此，准确描述冰盖变化的物理过程并改进参数化方案，是冰盖模式在今后相当长一段时期内的发展方向之一。

其次，冰盖模式的初始化运行方面已有所进展，通过使用反演技术让初始状态与观测结果更为接近，但底部阻滞的非线性特点及其对底部水文条件的依赖性仍是一个有挑战的关注点。已有的模式并未完全实现底部阻滞随时间演变过程的模拟，原因有二：一是还未建立冰下的水文；二是缺乏用于校准底部摩擦随空间位置变化规律的数据。近来有研究分别发布了南极冰盖和格陵兰冰盖上的冰流速度图，前者重新定义了对冰盖动力学的观点，对重建冰盖过去的演变和预测未来有深远影响。后者给出的不同时间段内的冰流速度分布，为解决上述问题带来了希望。

最后，发展耦合包含冰盖动力学过程在内的冰冻圈过程的全球与区域气候模式是冰冻圈与气候变化研究的大势所趋，而其中很重要的一步就是，耦合改进之后的冰盖模式和大气/海洋模型以及 GIA 模型，能够以足够高的分辨率来解释不同的物理系统之间的所有反馈机制。为此，一方面，须持续加强观测并提高观测精度，获得不同的时间和空间尺度下的目标观测值；另一方面，须把针对冰盖变化的大量观测结果的分析研究和参数化改进结合，解决冰盖非线性物理过程在耦合气候模式中的制约问题，推动冰盖物理过程参数化继续向精细化方向迈进，从而构建更合理的数值模式，以便较准确地描述并预估极地冰盖—快速冰流—冰架系统的变化，进而回答其对全球海平面的影响等全球性问题。

就我国对于极地冰盖物质平衡的研究来讲，与国际上还有一定差距。对物质平衡的研究主要针对南极局地开展，受到卫星资料获取困难等因素的影响，系统研究较少。对使用气候资料模拟冰盖物质平衡这一研究不够重视，其中一个重要原因是相关学科与国际水平相比有较大差距，目前没有成熟的气候模式或大气环流模式可供使用。

因此，须以我国在两极地区的科学考察和观测系统为依托，基于已有观测数据、参数化方案和冰盖模式，通过尺度转换、模式集成耦合、实证检验及模拟能力的对比分析等途径，研究极地冰盖典型冰流系统的动力过程及其对气候系统的响应机制，预估其未来变化。为此，需要以新型空间科学技术为支撑，持续改进冰盖对气候变化响应的监测与模拟，在此基础上完善对冰冻圈其他要素物理过程的描述，建立包括冰冻圈所有要素模式的全球和区域气候耦合模式的集成，对于改进气候模式的预测精度至关重要。对未来气候更准确的预估，反过来又可提高极地冰盖物质平衡及其对海平面影响的预测精度，从而为解决减缓与适应当前全球海平面加速上升的迫切需求提供科学依据。

5.4 中山站—昆仑站断面雪冰现代过程分析

5.4.1 南极雪冰中痕量高氯酸盐的分析方法的建立

针对南极雪冰中物质含量极低且样品量十分有限的特点，开发了基于在线富集的离子色谱－二维质谱技术。利用进样阀、TAC－ULP1 富集柱和 AS 自动进样器实现了高氯酸盐的在线富集。方法线性范围为 2～1 000 ng/L，检出限和定量限分别可以达到 0.2 ng/L 和 0.5 ng/L。利用该方法检测了采自于东南极冰穹 A 顶点区域的 3 m 雪坑样品及浅冰芯样品，结果表明，方法能够满足对雪冰中超痕量高氯酸盐定量检测的需求，在检测的雪冰样品中，高氯酸盐的含量范围为 10～340 ng/L。

仪器与试剂：试验采用 ICS 2000 型离子色谱（美国热电公司）与 API3200 型三重四级杆串联质谱（美国 ABI 公司）联用。其中，ICS2000 型离子色谱配有双柱塞泵、EG40 淋洗液发生器、AS 自动进样器和 CD20 电导检测器；IonPac AS16 型分析柱（2 mm×250 mm），IonPac AG16 型保护柱（2 mm×50 mm）以及放置在定量环位置上的 TAC－ULP1 型富集柱（5 mm×23 mm）；ASRS 300，2 mm 阴离子抑制器（外接水模式）。API3200 型三重四级杆串联质谱，配有电喷雾离子化源（ESI）和 Analyst 1.4.2 工作软件。

实验试剂 $NaClO_4$（分析纯）购自北京化工厂，水为 EASYpure LF 型超纯水系统（美国 Barnstead 公司）产生的电阻率 18.3 MΩ·cm 的超纯水。

分析条件：

离子色谱：EG40 淋洗液自动发生器在线自动产生 40 mmol/L KOH 淋洗液，以 0.25 mL/min 的流速等浓度淋洗；抑制电流为 30 mA；柱温箱 30℃。

API3200 型三重四级杆串联质谱：负离子模式，采用多反应监测（MRM）模式检测，$^{35}Cl^{16}O_4^-$（m/z 98.9）→ $^{35}Cl^{16}O_3^-$（m/z 82.9）和 $^{37}Cl^{16}O_4^-$（m/z 100.9）→ $^{37}Cl^{16}O_3^-$（m/z 84.9），第一个反应用于目标物 ClO_4^- 的定量，第二个反应用于目标物的再确认，其他条件见表 5－14。

表 5 – 14　三重四级杆串联质谱检测条件

参数	设置
源温度（℃）	600
气帘气压（psi）	10.0
离子源 1（psi）	55
离子源 2（psi）	50
离子喷雾电压（V）	– 4 200
碰撞气	3
解簇电压（V）	– 45
入口电压（V）	– 10
碰撞能量（V）	– 33
碰雾时出口电压（V）	– 10
碰雾时室出口电压（V）	– 7

在线富集：高氯酸盐的在线富集是通过进样阀、TAC – ULP1 富集柱和 AS 自动进样器实现的。首先使进样阀处于加载状态，自动进样器将样品富集到 TAC – ULP1 柱上。待样品全部富集后，将进样阀切至进样状态，KOH 淋洗液将富集柱上的离子洗脱下来并送至分离柱，实现高氯酸根离子的分离。然后携带着高氯酸根的淋洗液流经抑制器，在经过抑制后进入串联质谱进行定量检测。进样结束后，进样阀切回至加载状态，为下一次的富集进样做准备。

进样体积：进样体积由 AS 自动进样器准确控制。AS 自动进样器配有 5 mL 的注射器，可以精确量取 1 ~ 4.7 mL 的样品送入进样阀。将浓度为 100 ng/L 的 ClO_4^- 标准溶液按不同体积富集，实验结果表明，高氯酸盐的峰面积和富集体积呈现良好的线性关系。考虑到某些南极雪冰样品中高氯酸盐含量极低，选用 4.7 mL 为富集体积，以尽可能满足南极雪冰样品中痕量高氯酸盐的定量检测。

线性范围：配制一系列质量浓度的 ClO_4^- 标准溶液：2 ng/L、5 ng/L、10 ng/L、50 ng/L、100 ng/L、500 ng/L、1 000 ng/L，在最佳分析条件下以 4.7 mL 富集进样测定，所得标准曲线如图 5 – 97 所示，线性相关系数 $r = 0.997\ 5$。

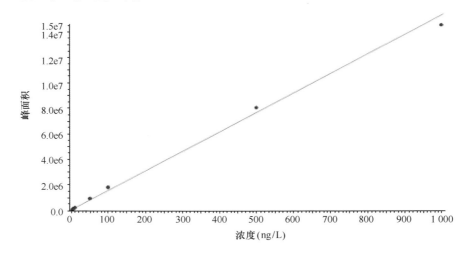

图 5 – 97　高氯酸盐（2 ~ 1 000 ng/L）的标准曲线

检出限与定量限：方法的检出限通过稀释低浓度的标准溶液，直至高氯酸根分析谱图的信噪比达到 3∶1 为止，结果得出方法的检出限为 0.2 ng/L，定量限（以信噪比 10∶1 计）为 0.5 ng/L。

加标回收：为了验证方法的准确性，对分析的南极雪冰样品实施了加标回收实验。分析结果如表 5-15 所示，回收率在 93%～139% 之间。

表 5-15　南极雪冰样品的测定及加标回收结果

样品号	本底值 （ng/L）	加标值 （ng/L）	测量值 （ng/L）	加标回收率（%）
1	339	300	619	93.3
3	308	300	637	109.7
4	188	200	401	106.5
5	91.9	100	188	96.1
6	50.7	50	100.9	100.4
7	10.6	10	24.5	139.0

方法精密度：将含有不同浓度高氯酸根的南极雪冰样品连续 5 次以 4.7 mL 富集进样，用以考察方法的精密度。分析结果如表 5-16 所示，峰面积的 RSD 在 2.7%～9.1% 之间。

表 5-16　南极雪冰样品连续 5 次进样的分析结果

样品号	2	7	8
测量值（ng/L）	302	10.6	16.9
	322	12.8	19.4
	312	11.0	18.5
	317	10.2	19.5
	323	11.7	17.9
R.S.D./%	2.7	9.1	5.9

利用离子色谱、AS 自动进样器、EG40 淋洗液自动发生器、TAC-ULP1 富集柱，ASRS 阴离子抑制器以及 ESI-MS/MS 实现了对南极雪冰样品中痕量高氯酸盐的在线富集和定量检测。高氯酸盐质量浓度在 2～1 000 ng/L 范围内时，方法具有良好的线性（相关系数为 0.997 5），检出限（以信噪比 3∶1 计）为 0.2 ng/L，定量限（以信噪比 10∶1 计）为 0.5 ng/L。将南极雪冰样品连续 5 次富集进样，所得峰面积的 RSD 在 2.7%～9.1% 之间，说明方法重复性好。对南极雪冰样品的加标回收实验表明，方法对高氯酸盐的回收率较高，在 93%～139% 之间。这一新建立的基于在线富集的 IC-ESI-MS/MS 联用方法显著提高了对样品中痕量（ng/L 级）高氯酸盐的定量检测能力。

利用上述建立的基于在线富集的离子色谱-二维质谱法对在南极内陆冰穹 A 地区采集的 3 m 雪坑样品和 110 m 冰芯样品进行了检测，总共分析了 60 个雪坑样品和 10 个冰芯样品，鉴于实验结果尚未正式发表，这里仅给出几个具有代表性的结果，如表 5-17 所示。由表可以看出，南极雪冰中高氯酸盐含量为 ng/L 级，雪坑中含量高于冰芯中的含量。据文献报道，在北极地区钻取的冰芯样品（记录了过去 2 000 年的气候环境信息）中高氯酸盐的含量为 7.5 ng/L（Furdui et al.，2010），与本实验测得的南极冰芯样品中高氯酸盐的含量相当，而在北极地区采集的雪坑样品中高氯酸盐含量仅为 1 ~ 18 ng/L（Furdui et al.，2010），远远低于本实验中南极雪坑样品中的高氯酸盐含量，产生这一现象的原因可能是不同的自然环境条件导致大气中产生了不同量的高氯酸盐，对于这一观点还有待于进一步的研究。

表 5 – 17　南极雪冰样品中的高氯酸盐含量

样品号	类型	距 2010 年表层雪深度/浅雪芯深度（cm）	高氯酸盐浓度（ng/L）
1	snow	0 ~ 5	339
2	snow	50 ~ 55	302
3	snow	115 ~ 120	308
4	snow	160 ~ 165	188
5	snow	205 ~ 210	91.9
6	snow	250 ~ 255	50.7
7	ice	449.7 ~ 842.5	10.6
8	ice	977.5 ~ 1 537.5	16.9

5.4.2　北半球中纬度到南极大尺度断面降水与降雪中主要离子的空间变异分析

大气气团中主要离子组分的研究对深入认识大尺度大气物质输移具有重要意义，为此在第 27 次 CHINARE 期间，从北半球中纬度到南极断面采集了 22 个大气湿沉降样品，对主要离子组分的空间变异及来源特征进行了详细分析。结果表明，该断面上湿沉降 pH 基本为中性，离子组分的含量表现为：$Cl^- > Na^+ > Mg^{2+} > SO_4^{2-} > Ca^{2+} > K^+ > NH_4^+ > NO_3^-$，降雨中离子浓度高于降雪值；在该断面上离子浓度表现出较强的空间变异，北半球含量值普遍高于南半球值（图 5 – 98）。富集因子分析和主成分分析的结果表明，Cl^-、Na^+、K^+ 和 Mg^{2+} 4 种离子同海盐离子关联性很强，即这 4 种组分可能主要源于海洋输入；同时这 4 种离子同风速良好的相关性进一步表明海水飞沫输入对降水离子浓度的关键影响作用。陆源来源（如人类活动输入等）可能是大气湿沉降中 NO_3^-、NH_4^+ 和 Ca^{2+} 的主要来源。相比较其他离子组分，SO_4^{2-} 的来源较为复杂，可能部分源于海洋输入，但人类活动输入和海洋生物的排放可能也是重要来源（图 5 – 99）。后向轨迹分析模型 HYSPLIT 的模拟结果显示，不同的大气湿沉降样品中离子的主要源区和空间输移路径存在显著差异。本项研究是首次对半球尺度断面大气湿沉降化学组分空间变异进行连续观测，结合模型分析对湿沉降化学组分的来源与传输特征进行了深入探讨，该项成果为大尺度海 – 气界面相互作用研究提供了重要的科学依据，同时为深入探讨南极雪冰中主要离子组分来源及空间输移提供了重要依据。

5.4.3　大尺度大气环流影响的大气化学元素向极地的输移分析

要对极地雪冰化学进行深入研究，首先要对相关的化学组分随大气环流的大气输移特征及来源进行分析，进而才能深入解译雪冰中相关化学组分所能指示的环境意义。向极方向的输移是南极雪冰中化学元素的最主要来源，而相关的输移过程又受多种因素的影响，因此利用大气中化学元素的空间分布可探讨相关的大气环流对物质输移的影响。为此我们在西太平

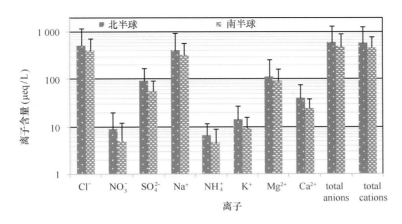

图 5 - 98 南北半球大气湿沉降中主要离子组分的空间差异

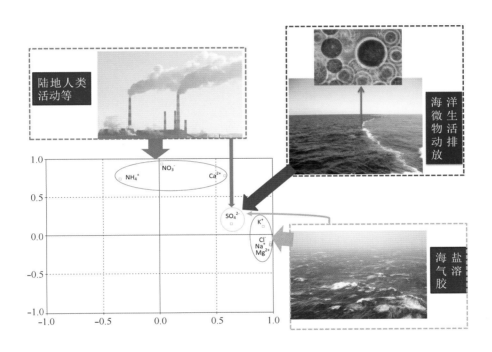

图 5 - 99 主要离子的主成分分析结果及相关的可能来源

洋 – 印度洋 – 南极上空大气中采集了降雨和降雪样品，对其中的化学元素含量进行了分析，并探讨了相关大气环流对化学元素大尺度输移的影响。研究结果表明，大气中化学组分表现出显著的空间变异，纬度梯度分布明显，靠近人类活动区域含量相对较高，而在南印度洋区域含量最低。相关的空间分析结果表明，西印度洋热带辐合带（ITCZ）对半球尺度的化学元素输移影响显著，受哈德利环流上升支的影响，北半球的化学元素很难被输送至南半球，进而导致南极雪冰中化学元素可能更多反映了南半球的输入影响，这一结论同南北极雪冰中观测到的 NO_3^- 结果一致：格陵兰冰芯中 NO_3^- 记录反映了 150 年来人类活动排放 NO_x 的持续增加，但在南极冰芯中未观测到类似的变化趋势。同时，亚洲季风对大尺度大气物质的输移也有重要影响。本节研究的结论表明南极雪冰中化学元素可能在很大程度上反映了南半球物质输送的影响，北半球的输送较弱。南半球的化学元素输入可能主要源于人类活动如化石燃料燃烧、金属冶炼等，但地壳颗粒物也是重要来源之一。本节研究的结果对深入解读南极雪冰中化学元素记录具有重要意义。

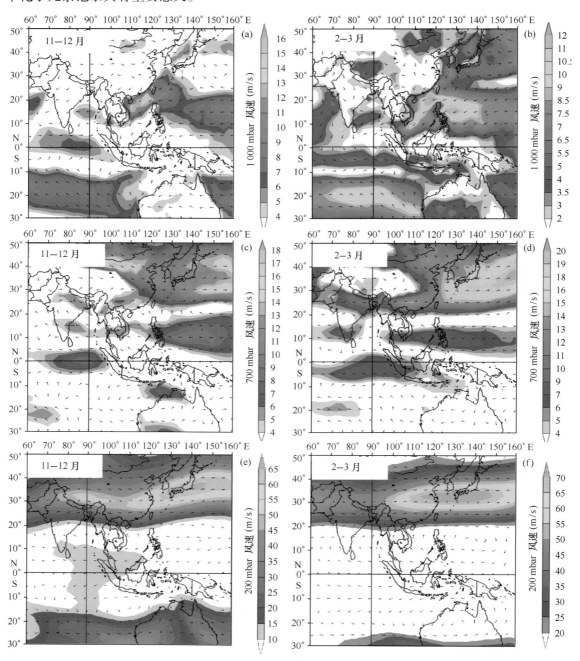

图 5 - 100　西太平洋和印度洋区域不同时间（11—12 月和 2—3 月）
不同位势高度场（200 mbar、700 mbar 和 1 000 mbar）风场分布

　　图 5 - 100 显示了西太平洋热带辐合带 ITCZ 的时间变异特征，ITCZ 对半球大气物质输移具有重要影响，受哈德利环流上升支的影响，在 ITCZ 内大气中化学元素的含量较低。此外，该图还反映了亚洲季风系统（冬季风）大陆物质向海方向的输移，更多的陆源物质（包括人类活动排放的污染物）被输送进入大气，参与大气环流过程。

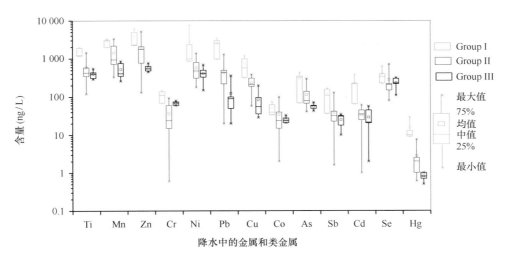

图5-101　不同组大气中可溶性化学元素的含量

图5-101中Group Ⅰ为近岸区域降水样品（$n=4$），Group Ⅱ为开阔海域（西太平洋和印度洋）降水样品（$n=13$），Group Ⅲ为南极区域降雪样品（$n=5$），从含量的平均值来看，Group Ⅰ中元素含量明显高于其他两组，表现出明显的人类活动影响特征，同时含量的变化范围较大，说明元素来源的空间差异显著。

5.4.4　南极中山站－昆仑站断面雪层中 NO_3^- 现代沉积过程分析

硝酸根离子（NO_3^-）是雪冰中一种重要的化学组分，因其能够指示大气环境和氮循环过程而备受关注。近年来，针对极地雪冰中硝酸根进行了广泛研究，对硝酸根含量的主要控制因素进行了分析，发现多种环境因子（如温度、积累率、太阳活动强度、酸碱度等）都可能影响雪冰中硝酸根的含量但相关因子影响的机理仍不清晰。此外，目前对冰芯硝酸根记录也初步进行了解读，尝试将过去的气候环境同硝酸根记录进行关联，但仅对可能引起硝酸根含量变化的大气环流驱动因子进行了分析，缺少硝酸根大气沉积→沉积后过程→雪冰中保存等过程相关机理方面的支撑。总体来看，目前对雪冰中硝酸根的研究主要基于相关分析和定性讨论，探讨的主要内容也是含量变化，而冰芯硝酸根研究最大的兴趣点——恢复去大气环境状态及氮循环仍未能实现，其根本原因是雪冰中硝酸根现代沉积过程及相关机理仍不清晰。为此，在2012—2013年第29次南极内陆科学考察期间，在南极中山站—冰穹A断面采集了11个雪坑样品，对其中主要化学离子进行分析。其中7个雪坑样品进行了 NO_3^- 稳定同位素分析工作，对 NO_3^- 沉积后过程的机制进行了初步探讨。通过雪冰 NO_3^- 稳定同位素分析，发现积累率是 NO_3^- 沉积后过程的最主要影响因素。在南极内陆区域P4～P7雪坑，NO_3^- 含量和稳定同位素构成的剖面分布均可以用指数衰减模型描述：

$$M(x) = M_{(as.)} + [M_{(0)} - M_{(as.)}] \times \exp(-c \times x) \tag{5-4}$$

模型中 $M(x)$ 为深度 x（cm）处的数值；$M_{(as.)}$ 为指数模型的趋向稳定值；$M_{(0)}$ 为表层数值，c为常数参数。其中内陆区域4个雪坑采用不同的深度数据进行拟合，得出的结果存在差异。

通过稳定同位素的分析发现在南极内陆区域（低积累地区），在表层约20 cm雪层中

NO$_3^-$ 稳定同位素的分馏符合 Rayleigh 分馏模型，即同位素构成同 NO$_3^-$ 含量表现出显著的相关性（图 5 – 102），但两种同位素的富集特征明显相反：^{15}N 随 NO$_3^-$ 的丢失表现出明显的富集，^{18}O 随 NO$_3^-$ 丢失表现出显著的损耗，说明影响两种同位素沉积后过程的机制存在显著差异。

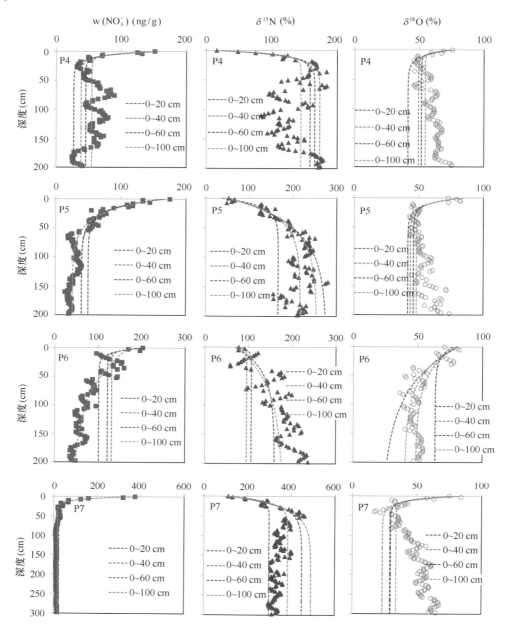

图 5 – 102   不同沉积区域雪层中 NO$_3^-$ 及其同位素随雪层深度的变化

依托于光降解模型计算在南极内陆区域 NO$_3^-$ 光降解丢失所引起的 ^{15}N 和 ^{18}O 的分馏系数分别为 -45.3‰（P1） ～ -48.0‰（P7）和 -32.5‰（P1） ～ -34.4‰（P7），表明 NO$_3^-$ 丢失将引起 ^{15}N 和 ^{18}O 的富集，但观测结果显示仅 ^{18}O 出现富集。结合目前的研究基础和水稳定同位素的观测结果，我们提出光降解过程中出现的二次氧化循环过程对 ^{18}O 同位素构成起关键的主导作用，即在光降解过程中部分 NO_3^- 转化为 NO_x 被释放至气相中，部分仍在雪冰表层参与再循环过程，在次过程中 H_2O 或 OH 中的 O 进入 NO_3^- 中使得 $\delta^{18}O - NO_3^-$ 表现出低值。

在沿海高积累率区域，雪坑中 $^{15}N - NO_3^-$ 结果如图 5 - 102 所示，其中夏季极低的 $^{15}N - NO_3^-$（约 $-20‰$）极有可能来自内陆的 NO_x/HNO_3 的输送（极低的 ^{15}N 值可能源于光解过程中的分馏）。NO_3^- 含量和同位素构成均表现出明显的季节差异（基于 $\delta^{18}O - H_2O$），其中 $\Delta^{17}O - NO_3^-$ 在 2012 年冬季的极大值反映了 2012 年 O_3 空洞的最小值，说明冬季 O_3 氧化途径在 NO_3^- 形成过程中的主导作用。目前获得的初步结果证明 NO_3^-/NO_x 在雪 – 气界面中的转化非常活跃。

指数衰减模型可以较好刻画变化趋势，但采用不同深度变量进行拟合时模型的预测值 $M_{(as.)}$ 存在一定的差异，说明单一的指数衰减模型不能较好描述 NO_3^- 沉积后的现代过程。

5.4.5　海表大气及雪冰中水汽氢氧稳定同位素比率分析

利用水体同位素激光光谱仪（PICARRO – L1102i）完成了 38°N—69°S 海表大气水汽氢氧稳定同位素的观测，结合表层海水和 GNIP 降水同位素分析了多水相同位素纬向特征，结果表明：水汽、降水和表层海水同位素含量比率（$\delta^{18}O$，δD）随纬度呈明显的递变性规律，低纬赤道最低，副热带升高，而在南极大陆外围高纬区域则急剧降低，过量氘（d – excess）变化与此相反，反映出副热带下沉气流对同位素富集影响以及高纬度极地气团经过洋面时过饱和分馏的剧烈变化；实测水汽同位素与 LMDZ4 – iso 和 ECHAM5 – wiso 模型对比反映了模型较好的模拟结果，根据模拟进一步分析了南极内陆冰穹 A 水汽同位素反映的南极冰盖水汽源区，结果显示除了中纬度印度洋海区之外，中低纬东太平洋海域也是冰盖内陆的重要水汽源区（图 5 – 103）（Liu et al.，2014）。

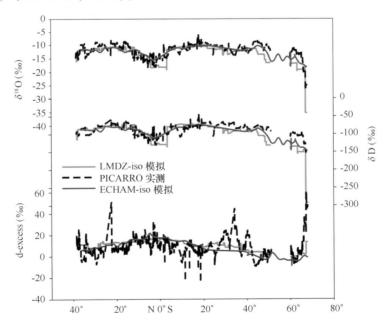

图 5 – 103　LMDZ – iso、ECHAM5 – wiso 模拟与实测水汽 $\delta^{18}O$ 和 δD 及过量氘的纬向比较

中山站至冰穹 A 表面雪冰同位素分布及其气候意义研究。中国第 24 次南极考察期间，沿中山站至冰穹 A 长约 1 250 km 的考察路线上，采集了表层雪样品，测定了其中的氢氧稳定同位素比率。沿考察断面，我们通过观测得到了 14 个点的年均气温，然后使用多重回归—克里格法模拟了整条断面上年均气温的分布。由此我们计算得出该区域 δD 和表面年均气温之间的关系为（6.4 ±0.2）‰/℃，与东南极平均值非常接近。冰穹 A 地区的过量氘含量高于东南极平均值，说明该区域水汽来源于南半球低纬大洋表面。如图 5 - 104 所示，我们使用 ECHAM5 - wiso 模型模拟了该区域降雪中的同位素比率，发现模型较好地模拟了 δD，但是高估了 δ18O 的水平，进而低估了过量氘的水平；主要有两个原因导致模型模拟不准确：一是模型对水汽传输路径判断不准确，二是微观过程如平流层沉降过程未加考虑。我们还通过次级分馏模型检验了断面上氢氧稳定同位素比率的空间分布，结果显示出三段不同的特征，其分界分别在 1 900 m a. s. l. 海拔和 2 850 m a. s. l. 海拔，即距海岸 185 km 和 830 km 处。这两个分界点揭示了考察断面有 3 个不同的水汽来源（Ding et al.，2015）。

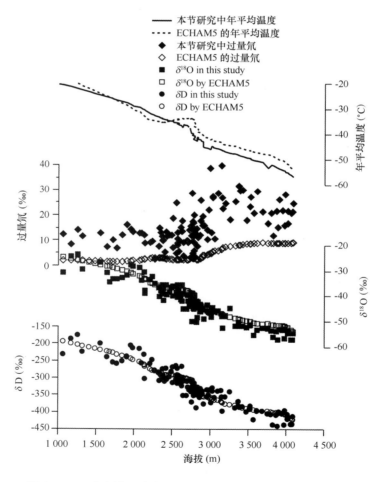

图 5 - 104　中山站 - 冰穹 A 考察断面降雪中实测同位素比率和
ECHAM5 - wiso 模型模拟结果对比

5.4.6 中山站—冰穹 A 考察断面雪冰—大气现代过程监测

通过对第 29 次队南极中山站—冰穹 A 考察断面上获取的雪冰样品中化学离子的分析，结果显示，周边海域是近岸带雪冰中海源物质输入的主要源区，表现为海源物质浓度呈指数级降低趋势（图 5 – 105）。内陆地区海源物质的输入较近岸带有较大差异，浓度较之近岸带显著为低，分析结果显示可能源于中低纬海洋地区的长距离输送。中山站向内陆 600 km 可能是物质输入源区变化的分界线，表现为海盐物质浓度显著的变化。另外，积累率在 600 km 处也存在较为显著的变化（Qin et al.，2014；Li et al.，2014）。

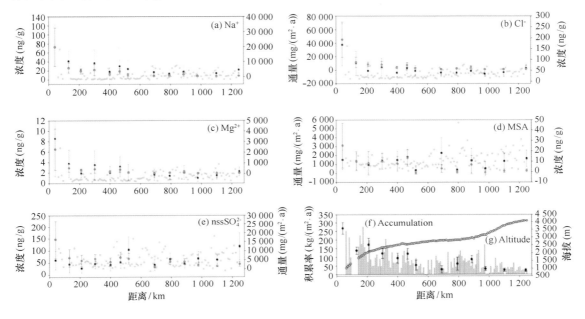

图 5 – 105 中山站——冰穹 A 横穿断面上海源物质
（Na^+，Cl^-，Mg^{2+}，MSA，$nssSO_4^{2-}$）及积累率空间分布

与海盐物质相似，近岸带和内陆地区雪冰中总汞的浓度分布也存在显著差异。近岸带随着向内陆距离的增加，汞的浓度逐渐降低，以 600 km 为界，内陆地区雪冰中总汞的浓度则呈升高趋势，冰穹 A 地区雪冰中汞的浓度呈现显著高值，显示不同地区物质输入源不尽相同（图 5 – 106）。雪冰中总汞的分布，可能与大气中氧化还原剂（卤代烃）的浓度有关。根据雪冰中总汞的浓度，本研究估算了南极内陆地区年均沉积的总汞量值为（0.98 ± 0.81）T，整个南极冰盖的年均沉积总量则为（1.79 ± 1.71）T（Li et al.，2014）。

季节变化上，近岸带雪坑（29 – A）中夏季的总汞浓度高于冬季雪层。内陆地区的两个雪坑（29 – K 和 29 – L）中记录的过去数十年的总汞变化趋势均呈现 20 世纪 70 年代末至 20 世纪 80 年代初期呈现高值，随后低值期持续至 20 世纪 90 年代的初期，这与该时段内人类活动释放汞的历史记录具有较好的一致性（图 5 – 107）。20 世纪 90 年代初期，两个内陆雪坑中均记录了一次较高的峰值，这与 Pinatubo 火山喷发的时间吻合，火山喷发对雪层中汞的含量变化具有很好的贡献（Li et al.，2014）。

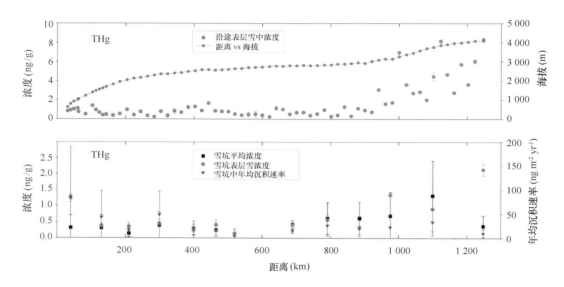

图 5-106 中山站—冰穹 A 横穿断面上总汞的空间分布

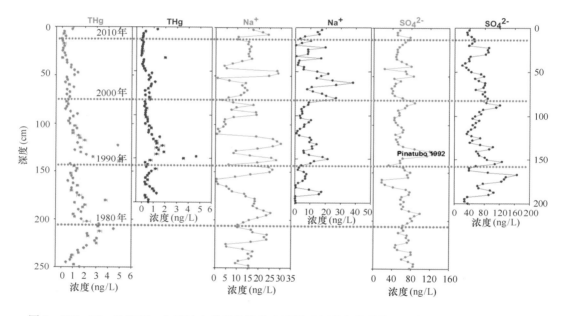

图 5-107 29-K 和 29-L 雪坑中总汞及海盐离子随时间的变化趋势（红色 29-L，蓝色 29-K）

5.4.7 中山站—冰穹 A 断面表层雪过量^{17}O 空间分布分析

过量^{17}O 是目前雪冰稳定同位素研究的前沿和热点领域。由于样品前处理复杂、测试费时以及测试费用高等原因，目前国际上关于雪冰过量^{17}O 的研究依然很少，这大大限制了我们对雪冰过量^{17}O 影响因素的理解，进而限制了过量^{17}O 在冰芯气候学中的应用及其深入开展（Landais et al.，2008，2012；Risi et al.，2010；Uemura et al.，2010）。

我国目前还没有雪冰过量^{17}O 实验分析条件，申请者通过与国际合作对南极中山站－冰穹 A 断面采集的表层雪过量^{17}O 进行了测试和分析。研究首次发现，过量^{17}O 具有从南极大陆沿岸地区向南极内陆地区下降的趋势（图 5-108），这一结果显著不同于南极特拉诺瓦湾－

冰穹 C 断面表层雪过量^{17}O 的空间分布特征（从南极大陆边缘向南极内陆过量^{17}O 的值保持稳定）（Landais et al.，2008）。然而，稳定同位素理论模型计算表明，从南极大陆边缘向南极内陆由于气温越来越低，使冰晶形成过程中大气过饱和度（相对冰晶）越来越高，在过饱和条件下水汽冷凝成冰晶的过程中同位素发生动力分馏，由于 δ^{18}O 凝结速率大于 δ^{17}O，进而随着过饱和度的增加过量^{17}O 降低。因此，研究发现的中山站 - 冰穹 A 断面表层雪过量^{17}O 从南极大陆边缘向南极内陆呈显著的下降趋势，验证了同位素理论计算的结果（Pang et al.，2015）。

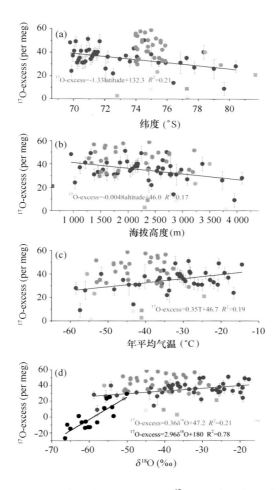

图 5 - 108　中山站至冰穹 A 断面表层雪过量^{17}O（蓝色圆点）随（a）纬度；
（b）海拔高度；（c）年平均气温以及（d）δ^{18}O 变化（Pang et al.，2015）

图中垂直误差线代表每个样品过量^{17}O 分析误差；黑色圆点代表 Vostok 站一年四季 16 次降雪样品中过量^{17}O 分绿色圆点：特拉诺瓦湾 - 冰穹 C 断面表层雪采样点；洋红色圆点：WDC 冰芯；青色方框：Siple 冰穹冰芯；洋红色方框：Taylor 冰穹冰芯；红色方框：Talos 冰穹冰芯；红色圆点：冰穹 C 冰芯；青色圆点：Vostok 冰芯；黄色圆点：冰穹 F 冰芯；黄色方框：EDML 冰芯析结果。图中直线为线性关系线

5.4.8 冰穹 A 地区雪冰稳定同位素敏感性模拟

根据中山站 – 冰穹 A 断面表层雪稳定同位素（过量^{17}O、过量氘以及 δ^{18}O）实验分析数据，对混合云同位素模型（MCIM）进行参数优化，利用 MCIM 模型成功模拟出中山站 – 冰穹 A 断面雪冰稳定同位素的空间分布，根据 MCIM 模型参数优化结果，模拟计算了冰穹 A 地区雪冰过量^{17}O、过量氘，以及 δ^{18}O 对水汽源区温度、相对湿度以及降水站点温度的敏感性公式（5 – 5 ~ 5 – 7），该敏感性模拟结果是未来利用冰穹 A 深冰芯稳定同位素记录进行古气候定量恢复和重建的理论基础（Pang et al.，2015）。

$$\Delta\delta^{18}O = 0.94\Delta T_{site} - 0.52\Delta T_{source} - 0.05\Delta RH \tag{5 - 5}$$

$$\Delta d - excess = 1.6\Delta T_{source} - 1.8\Delta T_{site} - 0.18\Delta RH \tag{5 - 6}$$

$$\Delta^{17}O - excess = -1.1\Delta RH + 0.33\Delta T_{site} \tag{5 - 7}$$

5.4.9 冰穹 A 地区雪冰痕量元素记录观测

2009/2010 年度中国第 26 次南极科学队对中山站 – 冰穹 A 断面进行了考察，并在南极的最高区域冰穹 A 地区采集了一个 3 m 深的雪坑样品。我们利用电感耦合等离子质谱（ICP – SFMS）对雪坑样品中的痕量元素进行的测量分析，并得到了南极冰穹 A 地区 45 年的 As，U 浓度变化曲线。对冰穹 A 地区 As 浓度曲线的变化特征及相关原因的研究结果表明冰穹 A 地区的 As 元素在 20 世纪 80 年代中期的大幅度上升（图 5 – 109），可能与南美（尤其是智利）铜矿冶炼的影响有关；在 20 世纪 80 年代末期的下降可能与智利政府大气 As 排放量限制的相关政策有关（图 5 – 110）。与铜矿冶炼对冰穹 A 地区 As 含量的贡献相比，化石燃料的燃烧对冰穹 A 地区 As 含量的贡献较小。通过将冰穹 A 雪坑中的 As 浓度序列与南极其他地区雪冰中的 As 浓度序列进行对比（Hong et al.，2012；Carlos，2012），我们观察到冰穹 F，IC – 6 和冰穹 A 地区的 As 浓度在 20 世纪 80 年代中期均出现了大幅度的上升，这表明 20 世纪 80 年代中期的 As 污染在南极地区可能是一个区域性的现象。对 U 浓度曲线的变化特征和相关原因的研究结果表明自然来源中的地壳粉尘源是冰穹 A 地区 U 的一个主要来源，海盐传输的贡献在 20 世纪 80 年代前对冰穹 A 地区的 U 的贡献较大，在 20 世纪 80 年代之后的贡献可忽略不计。我们还观察到冰穹 A 地区 U 浓度曲线在 20 世纪 80 年代后期出现显著上升，这可能与 20 世纪 80 年代澳大利亚 U 矿的冶炼量的急剧增加相关。冰穹 A 地区与 IC – 6 地区 U 浓度序列的对比结果表明两个地区都出现了自 20 世纪 80 年代起 U 浓度上升—下降—上升的变化趋势，表明两个地区可能受到了相同物质源区的影响。我们的研究结果表明南极不同地区 As，U 浓度的差异特征与一般气候模型对南极地区粉尘沉降的模拟结果相吻合，认为南极大陆面向大西洋和印度洋的部分主要受到来自南美的粉尘影响，而南极大陆面向太平洋的部分主要受到来自澳大利亚粉尘的影响（Hua et al.，2015）。

5.4.10 中山站至冰穹 A 断面表层雪中不溶微粒单颗粒特征及矿物组成

本研究依据在 2009—2010 年中国第 26 次南极科学考察中，从中山站至冰穹 A 断面采集的表层雪样，根据采样地点的海拔，分别在低海拔区、中海拔区和高海拔区选取两个样品，利用扫描电子显微镜与 X 射线能量仪（SEM – EDX）分析其中的不溶微粒单颗粒的微观形貌

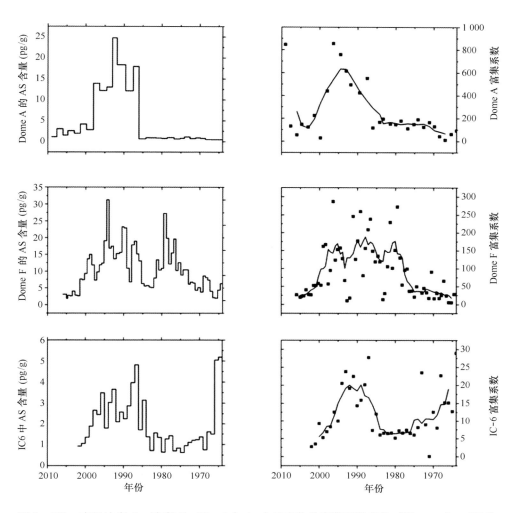

图 5 – 109　南极冰穹 A、冰穹 F、IC – 6 中 As 含量变化及富集系数变化（Hua et al.，2015）

和化学组成。通过对不溶微粒的微观形貌和化学组成的统计分析，探讨南极中山站至冰穹 A 断面表层雪样中不溶微粒的单颗粒特征及其沿中山站至冰穹 A 断面的变化规律。研究发现：不溶微粒单颗粒在形貌特征上以不规则形貌为主（图 5 – 111），在成分分类上以富 Si 类颗粒物为主，主要组成为石英、铝硅酸盐等自然矿物颗粒；依照低、中、高海拔区的变化，形状不规则的单颗粒依次下降，富 Si 类颗粒物的含量有上升趋势，但表现出低海拔区与中高海拔区的差异，这在富 Ca 类颗粒物含量变化上更为明显，表明中山站至冰穹 A 断面除了由海向陆的渐变外，还在低海拔区与中高海拔区间存在一个明显的界限，两者属于具有明显差异的两大区段（张王滨等，2015）。

5.5　南极冰盖冰芯记录与气候环境演化分析

5.5.1　东南极冰穹 A 地区 110 m 浅冰芯中主要离子含量的分析

冰穹 A 位于东南极冰盖分冰岭的中部，是东南极冰盖的最高点。该地区年平均温度

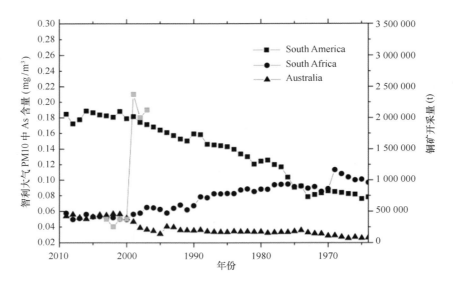

图 5 – 110　南半球铜矿开采情况（黑点）以及
智利大气中检测到 As 含量值变化（红点）（Hua et al.，2015）

（10 m 雪深处的温度）为 – 58.5℃，是目前在地球表面测到的最低年平均温度（Hou et al.，2007）。依据对该地区采集的雪坑样品中 β 活化度的测定，获得了该地区在 1966—2004 年 A. D. 内的平均积累率为 23 mm 水当量/年，这一积累率在南极已知地点的积累率中也属于最低值之一（Hou et al.，2007）。此外，对该地区开展的冰下地形探测结果表明，冰穹 A 地区下方的甘伯采夫山脉大约形成于 3 400 万年前，并且很可能是南极冰盖的发源地（Sun et al.，2009）。上述这些冰川学调查结果表明，冰穹 A 地区很可能钻取到地球上最古老的冰（Xiao et al.，2008），也引起了国际上的普遍关注。

在我国第 21 次南极科学考察期间，内陆冰川学考察队在位于冰穹 A 顶点（80°22′S，77°22′E，高程 4 092.5 m（Zhang et al.，2007））大约 300 m 处的区域钻取了一支长度为 109.91 m 的冰芯样品（DA2005 冰芯）。这也是我国在东南极冰穹 A 地区钻取到的第一支浅冰芯样品。

我们在美国南达科他州立大学完成了该支冰芯上部 100.42 m 中主要离子含量的分析，分析的指标有 Na^+、K^+、Ca^{2+}、Mg^{2+}、NH_4^+、Cl^-、SO_4^{2-}、NO_3^-。由于 NH_4^+ 极易受到污染，在实验分析中表现出异常的高值，不能代表 NH_4^+ 在样品中的原始含量。由于冰芯上部 1.76 m 破损程度严重，采用了传统的切割分样法，而对于 1.76～100.42 m 的部分则采用了连续流分析技术，共获得了 7 927 个样品。

为了验证连续流分析方法的重现性，我们对两节冰芯样品进行了重复测试，结果如图 5 – 112 所示。从图 5 – 112 中可以看出，离子含量随冰芯深度的变化趋势非常一致，这说明连续流分析技术具有很好的重现性。

在获得冰芯中各主要离子含量的基础上，开展了 DA2005 冰芯定年研究。利用连续流分析技术虽然获得了每个样品 1.3 cm 的分辨率，但冰穹 A 地区积累率非常低（如前所述，该地区近 40 年内的平均积累率为每年 23 mm 水当量），因此无法通过数年层的方式进行定年。在将冰芯深度转化为水当量深度的基础上，以前人获得的该地区近 40 年内的积累率为依据，并通过与已有的南极冰芯火山记录比教，在 DA2005 冰芯中找到了分别对应于 1963 年 Agung

图 5 - 111　不溶微粒典型颗粒的 SEM 形貌图和部分颗粒的 X 射线能量色散谱（张王滨等，2015）

A 和 a、B 和 b、C 和 c、D 和 d、E 和 e、F 和 f 分别为同一颗粒的形貌图和色散谱

火山事件和 1259 年未知名火山事件的信号，依据这两个火山年层的水当量深度，计算得到冰穹 A 地区在 1259—1963 年 A. D. 期间的平均积累率为 23. 2 mm H_2O/a，这与前人获得的该地区近 40 年内的平均积累率一致。

通过与已有南极冰芯火山记录比较，在 DA2005 冰芯中还找到了过去 2 000 年内的著名火山事件。表 5 - 17 列出了这些火山信号在冰芯中的深度、它们的爆发时间、在冰芯中的预期出现时间，以及依据平均积累率 23. 2 mm H_2O/a 计算的它们在 DA2005 冰芯中的年代序列，从表 5 - 17 中可以看出这些火山事件在冰芯中的年代与它们的预期出现时间非常接近，说明在相当长的一段时间内平均积累率 23. 2 mm H_2O/a 都具有代表性，也说明冰穹 A 地区在过去 2 000 年内的积累率变化比较小。因此，将这一平均积累率用于整支冰芯的定年，结果表明，

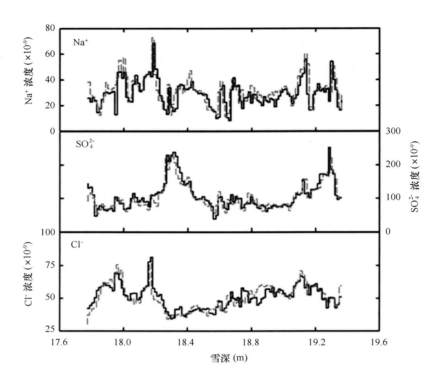

图 5 - 112　两节冰芯样品（密度约为 0.51 g/cm³）中 Na⁺、Cl⁻ 和 SO₄²⁻ 的重复测定结果

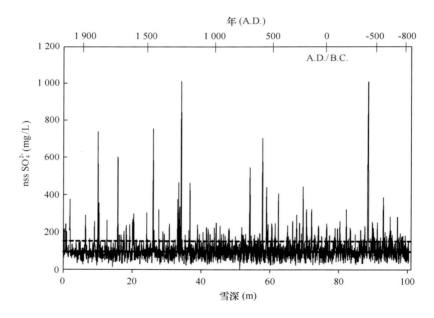

图 5 - 113　冰芯非海盐硫酸根浓度随深度的变化

109.91 m 冰芯对应的年代为过去 3 186 年，冰芯上部 100.42 m 记录的年代序列为 840 B.C. —
1998 年 A.D.，也就是过去的 2 840 年（图 5 - 114）。

表 5 – 18　过去 2000 年内著名火山事件在 DA2005 冰芯中的年代与它们的预期出现年代

火山喷发年份	在冰芯中深度 /m	水当量深度 /m	在冰芯中出现的预期年份	计算年份	差别
Ice top	0.000	0.000		1998	
Agung/1963[a]	1.97	0.756	1964		
Krakatoa/1883	6.49	2.614	1884	1885	+1
Coseguina/1835	9.10	3.753	1836	1836	0
Tambora/1815	10.14	4.220	1816	1816	0
Unknown/1809	10.42	4.349	1810	1810	0
Unknown/1693	15.94	6.971	1694	1697	+3
Huaynaputina/1600	20.27	9.174	1601	1602	+1
Kuwae/1453	26.15	12.350	1454	1465	+11
Unknown/1259[a]	34.34	17.111	1260		
Taupo/186 ±10	70.83	42.155	186	181	−5

a 这两个火山事件作为标志年层用于冰芯定年，它们在 DA2005 冰芯中的年代通过与已建立年代序列的冰芯相比较而获得。

5.5.2　南半球环状模与南极冰芯中气候信息关联研究

南半球环状模（Southern Annular Mode，SAM）是南半球大气环流变化最主要的模态，是驱动南半球中高纬地区气候季节变化到年代际变化的最主要因素。以往的研究主要基于再分析资料（现代观测资料）和气候代用指标（如树轮、冰芯等），对 SAM 的演化特征及与之关联的区域气候影响等进行了研究，同其他气候代用指标相比，冰芯在研究过去大气环流异常中具有独特的优势，本研究基于已有的冰芯记录，分析了 SAM 与南极冰芯气候信息的关联特征，总结了冰芯气候记录对 SAM 的指示意义，结果表明：SAM 与冰芯记录为同期变化，冰芯中 NO_3^-、海盐组分（以 Na^+ 为代表）和水同位素比值 $\delta^{18}O$ 同 SAM 指数具有较好的关联性；冰芯中 SO_4^{2-} 和 MSA 同 SAM 存在一定的关联，但相关性不显著；西南极冰芯记录的积累率同 SAM 具有较强的关联，但冰芯中各参数与 SAM 的相关性存在较大的空间差异。通过对 29 支冰（雪）芯中 Na^+ 过去 50 年（1940—1990 年）数据资料的分析发现，Na^+ 的含量范围为 9.7 ~155.4 μg/L，平均值为（42.9 ±6.1）μg/L。其中有 4 支（雪）芯中 Na^+ 含量表现出明显的升高趋势。通过相关分析表明，共 12 支冰（雪）芯中 Na^+ 序列同 SAM 变化表现出一定的相关性，表明 SAM 的变异可能是雪冰中 Na^+ 输入的重要影响因素之一。但是这些冰芯同时分布在沿岸和南极内陆区域，在空间分布上没有明显的规律性。同时需要说明的是，很多 Na^+ 含量序列同 SAM 没有明显的相关性，说明雪冰对 SAM 信号的记录存在较大的空间差异（图 5 –114）。

数据显示不同地理单元 SAM 在位相和变化幅度上表现出一定的差异（如大西洋扇区的 SAMI 振幅最小），总体上各区域 SAMI 表现出较好的相关性（$r > 0.70$，$P < 0.001$）。由此来看，SAM 的演化同时具有时空变异特征。

总体上来看，冰芯中 Na^+ 含量同 SAMI 表现出显著的负相关性，这种相关性存在显著的

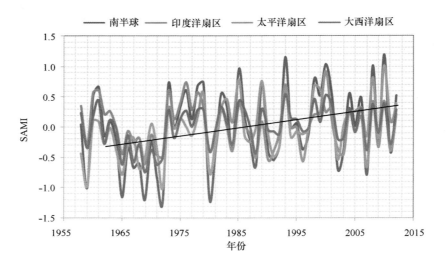

图 5－114　不同区域平均海平面气压距平经验正交分解第一向量的时间系数
（SAM 指数，时间分辨率为年），基于 1958—2012 年 ERA－40 再分析资料

时间变异，如在 20 世纪 70 年代年代末至 20 世纪 90 年代初期二者表现出一定的正相关性
（如 1978—1994 年，$r=0.52$，$P=0.03$）（图 5－115）。

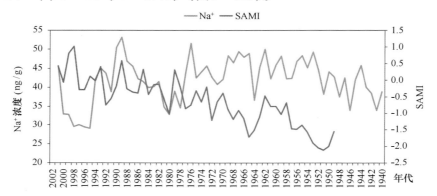

图 5－115　1948—2001 年南极冰芯 Na$^+$ 记录（29 支冰芯或雪坑记录统一到
年际分辨率后的平均）与 SAMI 的相关性（$r=-0.32$，$P=0.02$）

5.6　格罗夫山新生代古环境与地球物理综合分析

　　格罗夫山地区新生代以来冰盖进退历史研究数据包括冰川地质与地貌、土壤、沉积岩、
孢粉组合及宇成核素暴露年龄等。数据可靠，已发表学术论文 2 篇。

　　冰雷达冰厚与冰下地形探测探测路线 200 km，获得海量数据（数 T 级）。分析数据恢复
冰厚、冰下地形及冰下沉积盆地，完成学术论文 1 篇，硕士毕业论文 1 篇。

　　实施内陆岩基宽频带天然地震阵列和大地电磁联合探测，获得冰下大陆地壳和地幔的精
细结构，为大型矿产资源的探查与远景评价提供深部依据。

　　开展了格罗夫山岩矿地球化学异常探测，获得数据 600 份，完成报告 1 份。

变质作用岩石样品 500 块，室内岩相学、岩石地球化学、年代学等测试数据 5 000 份。发表论文 2 篇。

收集陨石 583 块，正进行室内分析（样品基本结构、成分，分类，定名等），其中已分析发现灶神星陨石 1 块。

5.6.1 冰雷达探测方面

中国第 30 次南极科学考察期间，在格罗夫山地区首次开展了大范围的车载深层探冰雷达冰下地形调查，获得了该地区两个区域详细的冰厚及冰下地形分布特征，填补了这一区域调查数据的空白。主要得出以下结论。

①冰雷达测厚结果表明，哈丁山北部区域平均冰厚在 580 m 左右，冰厚最大值出现在该区域的东北方向，最大冰厚超过 1 000 m，东南方向冰厚值相对较小。萨哈罗夫岭与阵风悬崖之间区域的平均冰厚为 610 m，最大冰厚超过 1 100 m，冰厚较小值集中分布在近东南方向，在该区域冰下存在两条近 SW—NE 与 S—N 走向的槽谷，最终在东北方向汇合。

②冰下地形特征显示，该区域存在众多凹陷盆地，萨哈罗夫岭与阵风悬崖之间区域槽谷形态近似呈"U"形，且从简单槽谷段向复合槽谷时，槽谷明显展宽，谷壁变陡，槽谷发育十分成熟。由于以上两个区域不存在现代冰川流动，推测这些凹陷盆地可能是大规模冰进或冰退时，由终碛堤堆积、阻挡形成的古沉积盆地。

③通过雷达剖面影像筛选、分析，确定了两个疑似冰下湖反射的雷达影像，推测格罗夫山地区可能存在 2 个液态冰下湖泊。

5.6.2 陨石回收方面

2013 年 12 月 10 日至 2014 年 1 月 13 日对布莱克岛峰群、梅尔沃尔德岛峰群、梅森峰附近的蓝冰区和碎石带进行了踏勘并搜寻陨石；2014 年 1 月 2 日至 2014 年 2 月 5 日对哈丁山、萨哈罗夫岭、阵风悬崖中段北段地区的蓝冰区和碎石带进行了踏勘并寻找陨石，重点对阵风悬崖北段和中段蓝冰区以及一号、二号、三号和四号碎石带开展了陨石搜寻。超额完成计划的陨石搜寻区域和面积；共发现陨石样品 583 块，其中阵风悬崖北段 497 块、阵风悬崖中段 82 块、哈丁山及萨哈罗夫岭 4 块（图 5 - 116）。通过陨石分布得到了一些初步认识：①格罗夫山所有蓝冰区和碎石带都可能发现陨石陨石，但富集程度有差异；②从阵风悬崖随着冰流从上到下流动（即由东南到西北），陨石富集程度逐渐降低；③阵风悬崖下方蓝冰区和碎石带陨石富集程度高，其中阵风悬崖北段中段下方蓝冰区和碎石带最为富集。与前两次格罗夫山考察相比，收集陨石数量有明显回落，原因有二：①由于本次考察其他项目任务重，陨石收集考察时间受到了严重影响；②未发现富集陨石的新区，发现陨石的区域依然是老区，显然，经过前二次收集，数量明显下降。为了陨石特色考察项目得到发展和取得更好成效，建议尽快拓宽陨石搜寻地区，比如南查尔斯王子山以及维多利亚地区。

5.6.3 格罗夫山岩基宽频带天然地震及大地电磁观测

由于东南极大陆的岩石裸露区仅占东南极大陆的 0.3%，因此对南极地盾的壳幔结构与动力学问题仍知之甚少。例如，为什么地球的南北半球存在着差异？冈瓦那大陆分裂的真正

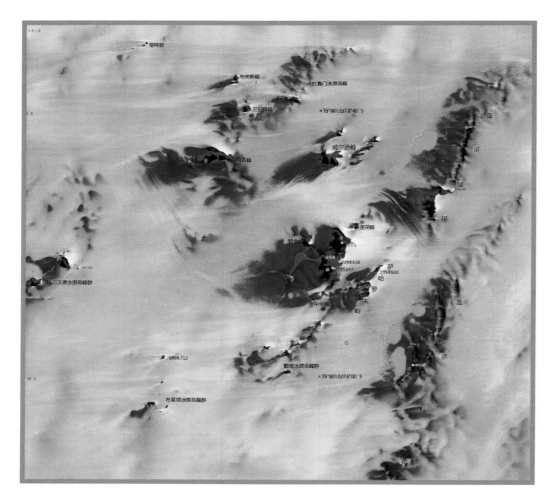

图 5 – 116　第 30 次格罗夫山考察队收集的陨石分布

原因是什么？分裂后的其他块体纷纷向北漂移，而目前的南极大陆却维持不动？冈瓦那大陆的北界在青藏高原的什么部位？南极为什么没有大地震？南极大陆的矿产资源及远景如何？这一系列问题的解决需要了解南极大陆与地球的第三极即青藏高原的地壳与地幔的详细结构，并结合地质学、地球化学等多学科综合分析，从全球的视角来研究上述的重大的理论与实际问题。

中国科学院青藏高原研究所在"南极冰盖断面及格罗夫山综合考察与冰穹 A 深冰芯钻探"项目中承担南极大陆综合地球物理探测研究任务。根据项目总体要求，计划在南极内陆开展岩基的宽频带天然地震观测和宽频带大地电磁（MT）观测研究，在南极中山站与格罗夫山之间架设 10 个天然地震观测台站，组成一个二维观测阵列，同时根据当地的地质条件进行大地电磁（MT）探测，期望通过长期、稳定的综合地球物理观测获得大量的天然地震及地磁场变化的记录资料，通过 P 波与 S 波接收函数、速度成像及各向异性等分析方法探索南极大陆地壳和地幔的精细结构；通过对 MT 数据综合分析，获得南极大陆的壳幔电性结构，以揭示冈瓦纳大陆分裂的原因以及南极大陆几亿年来位置相对固定不动的核幔动力学机制，为南极矿产资源的探查与远景评价提供深部构造依据，这是一项具有开创性的研究工作。

5.6.3.1 天然地震仪阵列观测

宽频带天然地震观测的实施方案包含野外观测设计、仪器的低温改造及安装方式。根据基岩出露及交通运输的条件选择地震台站的位置，本研究团队成功将 10 套 RFTEK130 和 3ESP（或 STS-2）组成的宽频带地震观测系统设置在拉斯曼丘陵和格罗夫山地区，台站间距 20～50 km，仪器连续记录 12～24 个月。目前仪器已经开始观测并实时记录数据。

位于中山站与格罗夫山之间的面积约 3 200 km² 的地带分布有 64 处基岩出露的冰原岛峰，为天然地震观测提供了良好的地质条件。因为在这里进行地震观测将不受巨厚冰层的影响，直接获得来自地壳与地幔以及更深层次的构造信息。我们将 5 套宽频带地震仪器轮流在这些地点进行长期观测，最终组成一个二维的观测阵列。为扩大观测面积，并进行岩基、冰基地震观测数据对比，我们还在拉斯曼丘陵设置了 3 台地震仪，在中山站—格罗夫山途中设置了 2 台冰基地震仪。同时在关键地区设置了大地电磁观测记录仪。计划从 32 次队起，逐步扩大观测地域，宽频带流动地震台阵及剖面包括拉斯曼丘陵（中山站），西福尔丘陵（澳大利亚戴维斯站），及横跨兰伯特裂谷的南查尔斯王子山，北查尔斯王子山等有基岩露头的地区。

5.6.3.2 天然地震观测方案的实施

东南极内陆的自然条件恶劣，极端最低温达到了 -89.2℃，夏天通常在 -23 ～ -40℃ 之间，地表以下 10 m 处的温度经年不受外界影响。地震记录器 REFTEK130 是国际公认标准宽频带地震仪器，质量可靠性能稳定，仪器的工作温度范围 -20～40℃，3ESP（或 STS-2）地震计的工作温度范围 -10～30℃，在青藏高原野外观测中表现良好。但是，要满足在南极大陆极端气候条件下地震观测，需要在现有条件下对仪器进行部分改造，并在安装仪器时增强保温措施，保证仪器在极低温条件下正常运转。

宽频带地震仪器是高精度的进口电子产品，对其电子元器件的低温改造不仅成本高昂，而且也不具备技术条件，因此仅对仪器的电缆和外围设备进行了改造。

①地震计原装电缆在低温时僵硬，不仅容易折损还不利于安装。由于经常造成地震计的水平偏移，严重影响记录质量，为此将其改装为德国进口的 TKD 低温柔性电缆。由于其良好的屏蔽性，还将电源和信号传输线整合到一根电缆，增强了仪器在低温情况下的稳定性。

②在南极特殊的条件下记录介质非常重要。预研究中将记录介质 CF 卡置换为原装进口的 INNODISK 工业级宽温度的 ICF 4 000 卡，该 CF 卡专为需要在苛刻的条件下操作的电子设备而设计，工作温度可在 -40～85℃ 之间，具有防震、防尘及高传输速度等优点，可以保证记录数据的安全。

③电瓶采用了 BLS 的低温卷绕电池组，保证电瓶在低温情况下充、放电的效率。该电池可在 -55℃ 低温正常使用，内部无流动液体可任意方向放置使用，启动电流大，是普通电池的 3 倍。

④太阳能控制器在以往的使用中经常因为温度变化、水汽等因素而损坏，为此特别定制了具有 IP67 标准，低温性能良好的控制器，消除了电源系统中的隐患。

由于南极特殊的地理环境，每年 6—12 月处于极夜状态，为保障野外仪器的正常工作，需要考虑除太阳能之外的电源，而南极的风能是可以利用的唯一能源。因此，仪器的电源系统采用了风能与太阳能结合的供电方式，尽可能保证仪器在 12 个月内连续工作。

南极内陆温度低、风力大，普通风机难以承受。我们通过厂家定制的 GP - 300 风能发电机基本能解决这一问题，该风机历经厂家多次强台风和风洞测试，工作环境温度 - 50 ~ 120℃，安全风速可达 50 m/s。通过风光互补控制器连接太阳能和风机组成一个 300 W 的电源系统，风能和太阳能既可同时也可以分别为地震仪器供电。

南极的极端低温是野外仪器要克服的难题，保持仪器的正常工作温度是一个至关重要的因数。一般情况下仪器要在 -20℃之上才能正常工作，而且还要尽可能保持恒定的温度，显然在南极无法满足这样的条件。为解决这一问题我们首先把仪器放置在通用保温箱内，这种 120 L 的保温箱有成品可买，成本低保温效果好，然后在箱子内再放置根据仪器形状制作的橡塑保温海绵。经测试 25℃的温度经过 24 h 后还能保持在 12℃左右。但仪器长期观测还需要外部提供一定的热源，而硅胶加热薄膜可以很好地解决热源的问题，我们在记录器、摆箱和电瓶箱中各放置两片 5 W 12 V 的直流加热薄膜，使用定时器控制每天加热 4 次，每次 60 min。这样不仅节省电力还能保持仪器的温度。基本可以满足低温条件下宽频带地震仪器的观测条件。

为了确保野外仪器的正常、稳定的工作，在仪器的低温改造、电源系统和安装方式等各个环节做了认真的准备，逐步形成了一套较完善的南极宽频带地震仪器的观测体系。2012 年在西藏北缘的地震观测中，对部分措施进行了实地应用取得了良好的效果。

我们主要开展 3 个方面的工作：一是南极大陆综合地球物理探测的预研究，实施天然地震与 MT 观测的设置，并继续针对南极大陆特殊的地理与自然环境对观测仪器设备进行改造、更新，为今后扩大南极野外观测做准备；二是收集了研究区域地质、地球物理资料，并对这些资料进行认真的分析与消化，对南极大陆的地球动力学问题以及目前国内外的研究现状做到胸中有数；三是青藏高原北部壳幔结构的探测，以便与南极大陆的壳幔结构对比，为探究冈瓦纳大陆的北界问题做准备。

格罗夫山 3 200 km² 的地带分布有 64 处基岩出露的冰原岛峰，为天然地震观测提供了良好的地质条件。因为在这里进行地震观测将不受巨厚冰层的影响，直接获得来自地壳与地幔以及更深层次的构造信息。宽频带天然地震观测的实施方案包含野外观测设计、仪器的低温改造及安装方式。根据基岩出露及交通运输的条件选择地震台站的位置，本研究团队成功将 10 套 RFTEK130 和 3ESP（或 STS - 2）组成的宽频带地震观测系统设置在拉斯曼丘陵和格罗夫山地区，台站间距 20 ~ 50 km，仪器连续记录 12 ~ 24 个月。目前仪器已经开始观测并实时记录数据。具体为，5 套宽频带地震仪器轮流在这些地点进行长期观测，最终组成一个二维的观测阵列。为扩大观测面积，并进行岩基、冰基地震观测数据对比，在拉斯曼丘陵设置了 3 台地震仪，在中山站 - 格罗夫途中设置了 2 台冰基地震仪。同时在关键地区设置了大地电磁观测记录仪。计划从 32 次队起，逐步扩大观测地域，宽频带流动地震台阵及剖面包括拉斯曼丘陵（中山站），西福尔丘陵（澳大利亚戴维斯站），及横跨兰伯特裂谷的南查尔斯王子山，北查尔斯王子山等有基岩露头的地区。

5.6.3.3 南极与第三极的对比研究

几年来，在国际青藏高原"羚羊"计划框架下我们先后完成了"羚羊 - Ⅰ"和"羚羊 - Ⅱ"的探测，在高原的西部和南部获得了沿剖面的壳幔结构，但高原北部的壳幔结构不清楚。
青藏高原是由不同时期的块体拼贴而成的，其中包含了来自冈瓦纳大陆分裂的陆块，因此，它是古、中、新特提斯演化的产物，包含了冈瓦纳大陆裂解与演化的重要信息。获得组成青藏高原不同块体的详细的、高精度的壳幔结构参数，特别是它们之间的差异特征以便与即将获得的南极大陆的、精细的壳幔结构进行对比，寻找它们之间的共同点，建立二者之间的亲缘关系，以确定冈瓦纳大陆的北界，这是本研究需要回答的重大的理论问题之一。

2013 年，在业已完成的樟木－双湖综合地球物理剖面的基础上将 30 套宽频带地震仪架设在高原北部的双湖－茫崖段，通过约 13 个月的地震观测，获得高原北部的壳幔结构信息，与先前完成的樟木－双湖剖面一起形成对横跨青藏高原南北的综合探测，获得组成高原不同块体的壳幔结构与构造信息（图 5－117）。同时，利用青藏高原海拔高、温度低、风力强、昼夜温差大的极端条件，检验通过改造的仪器设备的供电系统、保温措施、安全记录等对于南极大陆特殊环境的有效性与稳定性，确保南极大陆综合地球物理探测的顺利实施。

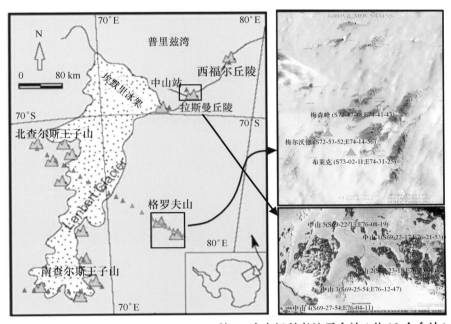

▲ 第 30 次南极科考地震台站（共 10 个台站）

图 5－117 30 次队地震仪布设位置

5.6.3.4 岩基阵列地震观测计划

2013 年，完成格罗夫山地区核心区和东北部的 8 个天然地震观测台阵和 1 个大地电磁观测站（MT）的安装，并即时开始观测。配合格罗夫山地区地震台阵观测和 MT 观测任务；在拉斯曼丘陵（中山站）关键地点和兰伯特裂谷右岸露岩带的关键地点安装天然地震观测台 3～5 套，继续进行格罗夫山地区已获得数据的 3D 数据处理与解释。

2014—2015 年，完成格罗夫山地区中部的北西向的 12 个地震台阵的安装任务（图 5－118），即时开始观测。完成格罗夫山关键地区首次地震、大地电磁数据整理与初步处理，获得该区岩石圈三维结构框架。沿横穿兰博特裂谷剖面（含南、北查尔斯王子山）安装天然地震观测台约 10 套，MT 台 2 套，即时开始观测数据的积累。对已获得的数据进行处理与解释，完成综合对比研究，获得东南极大陆东部岩石圈组成、深部构造等重大成果，提交总结报告。

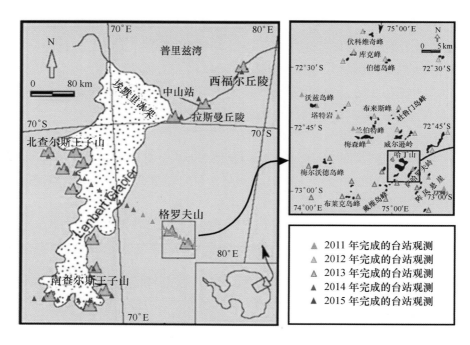

图 5 - 118　"十二五"期间计划布设地震仪位置分布

在此基础上，提出以我为主的整体东南极岩石圈岩基地震观测的国际合作计划，争取在"十三五"期间对东南极大陆岩石圈的组成、深部构造和大规模矿产资源的分布有更加详尽的了解。

5.7　南极冰盖近现代冰雪界面生态地质学分析

极地生态环境的演化在当前的全球变化研究中是一个重要的议题。南极典型的海鸟或海兽，比如企鹅、海豹等海洋生物在无冰区活动的历史与冰盖进退、气候变化、海平面升降、海洋生产力的大小存在着密切的响应关系，探讨它们之间的相互关系将有助于深入认识全球变化的生态响应，并为评估和预测气候变化对南极生态系统的影响提供充分的科学依据。

随着工业文明的发展，越来越多的人造物质被输入自然环境。其中包括大量的人造有机物。其中部分有机物进入自然环境后会改变环境的正常物质组成和循环，并对生物产生危害，成为有机污染物。在有机污染物中有一类物质，它们具有生物毒性，在自然环境中不易降解，在食物链中有富集效应，通过大气环流、水循环和生物向量从源区传输到其他地区。这类有机污染物统称为持久性有机污染物（Fiedler，2003；Harrad，2009）。由于持久性有机污染物在食物链中积累的特性（Kelly et al.，2007），它们对食物链顶端的人类具有高度的毒性风险。而持久性有机污染物在环境中不易降解，并且可以通过多种自然循环传输到远离污染源的地区（Beyer et al.，2000），因此持久性有机污染物的生产和传输是一个全球性的国际问题，对它们的监测、防控和治理需要国际间的合作。基于以上特征，持久性有机污染物引起了科学界的广泛关注，成为环境领域中一项持久的研究热点（Muir and Howard，2006）。

自 20 世纪 60 年代在南极阿德雷企鹅和食蟹海豹体内（Sladen et al.，1966）和在南极雪样中（Peterle，1969）发现 DDT 以来，对南大洋和南极大陆持久性有机污染物污染状况的调研一直是该领域研究的重点和热点（Goerke et al.，2004；Risebrough et al.，1976；Sun et al.，2005）。随着野外考察的进展和检测技术的发展，人们在南极和南大洋发现了越来越多的持久性有机污染物（Chiuchiolo et al.，2004；Weber and Goerke，2003）。同时有研究认为由于近年来的南极冰川融化，可能导致沉降在冰川上的持久性有机污染物被重新释放到环境中（Bogdal et al.，2009）。并且由于多数持久性有机污染物具有半挥发的特性，它们可能在高纬寒冷地区富集（Wania and Mackay，1993；Wania and Mackay，1995，1996）。这使得南北极地区在近些年再一次成为有机污染物的研究热点，但主要研究方向仍为有机氯农药，对其他类型有机污染物的研究仍相对匮乏（Möller et al.，2012）。本研究将在南极地区研究有机磷酸酯这种新型的有机污染物。

狭义的南极地区仅包括南极大陆，而广义上的南极地区包括南极大陆及周边海洋和其中的岛群，但这一定义中南极地区的北界尚无统一界定（Turner et al.，2009）。《南极条约》规定南极地区的北界为60°S，而南极研究科学委员会（Scientific Committee on Antarctic Research，SCAR）则认为南极地区和亚南极地区的分界限是南极辐合带（南极锋）。南极辐合带的位置随季节和经度变化，一般位于48°S到63°S之间（Vincent，1994）。本研究以55°S以南的南极地区为研究重点，主要包括东南极冰盖和南大洋环南极航线。同时本研究也将这些地区的结果与南半球低纬地区和北半球的部分结果对比，从整体上研究有机磷酸酯阻燃剂的全球分布和可能的传输机制。

在过去的10多年里，中国科学技术大学极地环境研究室先后在南北极多处考察区域采集了粪土沉积物，并利用多种生态指示计恢复出了不同时间尺度的企鹅和海豹等生态记录，积累了在生态指示计研究上的大量经验。在中国第26次、第27次南极科学考察的内陆考察中，中国科学技术大学极地环境研究室已经获得了东南极冰盖综合断面和格罗夫山地区大量第一手样品和分析数据，样品和数据包括大气悬浮颗粒物、表层雪、雪坑、大气微生物、现场大气汞监测等。现已整理形成了《中山站—昆仑站断面生态地质学研究报告》，整理完成的学术论文已在 SCI 期刊 *Chemosphere* 发表。本单位关于有机污染物的研究已经在东南极冰盖综合断面上取得一定的成果，但其在南极冰盖的传输机制尚不清楚。在格罗夫山地区的研究可能揭示有机污染物在南极冰盖的传输途径。

本单位已经建成并运行极地沉积样品库，可以存放大量冰雪和沉积样品。本单位公共实验平台现已有 ICP–MS 和 UPLC–MS 设备，可以检测冰雪样品中的痕量无机离子和超痕量有机物。本单位的 Tekran 2537 及其配套设备可以高分辨率在线监测大气中汞的含量和形态，该设备在"雪龙"船航线上的监测已经在 *Atmospheric Environment* 等高水平学术刊物上发表。在东南极内陆进行高分辨率在线汞浓度和形态监测可以填补国际上在这一研究领域的空白。

本单位在南极无冰区生态地质学研究基础上，通过先进的化学物理等手段，对格罗夫山地区开展现代冰雪界面生态地质学调查，识别出格罗夫山冰雪和古土壤中的生态指示计及交换通量，为利用冰芯恢复更长尺度的生态环境记录打下基础。

5.7.1 东南极冰盖有机磷酸酯分布特征

本书于南极科学考察期间调研了格罗夫山地区的大气悬浮颗粒物样品、雪坑样品和表层雪样品中的有机磷酸酯分布特征，随后在考察期间调研了东南极冰盖综合断面（中山站—昆仑站）上表层雪样品和雪坑样品中的有机磷酸酯分布特征。

5.7.1.1 格罗夫山地区有机磷酸酯分布特征

1）气溶胶有机磷酸酯分布特征

在格罗夫山地区采集的气溶胶分别来自 4 个地点，其中梅森峰下的采样点采集了 7 个气溶胶样品，共计 10 个气溶胶样品（图 5 - 119）。由于 TPP 只在其中一个样品中有检出，故本研究仅讨论其余 5 种有机磷酸酯的分布，包括 TBEP、TBP、TCEP、TCPP 和 TDCP。靠近格罗夫山地区东侧入口的两处采样点采集的气溶胶样品中 5 种有机磷酸酯总浓度相近，分别为 31.5 pg/m³ 和 27.9 pg/m³，而在格罗夫山地区西侧最内部的一个气溶胶样品中 5 种有机磷酸酯总浓度最低，为 6.9 pg/m³。在梅森峰脚下采集的 7 个气溶胶样品中 5 种有机磷酸酯总浓度从 7.2 pg/m³ 到 33.2 pg/m³，平均为 19.1 pg/m³。

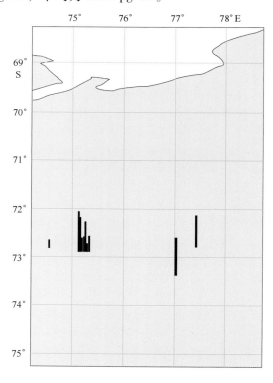

图 5 - 119　格罗夫山地区气溶胶样品中有机磷酸酯含量分布

在格罗夫山地区的气溶胶样品中，TBP 和 TDCP 占主要地位（图 5 - 120）。其中 TDCP 的相对含量最高，为 22% ~ 55%。TBP 的相对含量也较高，为 15% ~ 55%。TCEP 的相对含量在 10% ~ 30% 之间，TCPP 的相对含量不高于 15%，而 TBEP 的相对含量最低，均低于 10%。

从不同的采样地点来看，TCPP 在格罗夫山最内部和梅森峰脚下的一个样品中没有检出，而在格罗夫山东侧入口处的相对含量最高，可达 10% ~ 15%。TCEP 也在一定程度上有类似的趋势。它在格罗夫山内部的相对含量不到 10%，而在格罗夫山入口处和梅森峰脚下的样品中相对含量均较高。在格罗夫山地区气溶胶样品中占主要低纬的 TBP 和 TDCP 呈现相反的变化趋势，在入口处的样品中 TBP 占主要地位，而在格罗夫山内部采集的样品中 TDCP 的相对含量超过 50%。

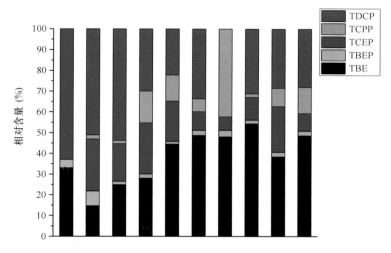

图 5 - 120　格罗夫山地区气溶胶样品中有机磷酸酯种类与相对含量分布

2）表层雪有机磷酸酯分布特征

由于在表层雪样品中没有检出 TPP 和 TDCP，故本研究仅讨论其余 4 种有机磷酸酯的分布，包括 TBEP、TBP、TCEP 和 TCPP。

在格罗夫山最西侧内部地区采集的表层雪样品中 4 种有机磷酸酯总浓度最高，为 18.0 pg/g。总浓度第二高的是在西侧另一地点采集的表层雪样品，为 11.2 pg/g。在东侧入口处采集的表层雪样品中 4 种有机磷酸酯总浓度为 9.0 pg/g，是格罗夫山地区表层雪样品中的第三高。在梅森峰脚下采集的两个表层雪样品中 4 种有机磷酸酯浓度分别为 6.0 pg/g 和 6.7 pg/g，相对较低（图 5 - 121）。

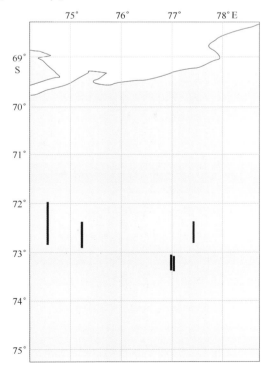

图 5 - 121　格罗夫山地区表层雪样品中有机磷酸酯含量分布

从 4 种有机磷酸酯的种类分布来看，格罗夫山西侧最内部一个样品的有机磷酸酯种类组成与其余 4 个样品明显不同（图 5 - 122）。仅有这个样品中检出了 TCEP，并且 TCEP 在这个样品中的相对含量高达 70% 以上，也仅有这个样品中没有检出 TCPP。其余 4 个样品的有机磷酸酯种类组成相对稳定。其中 TBP 占主要地位，相对含量在 45% ~ 60% 之间。TCPP 占次要地位，相对含量在 20% ~ 40% 之间。TBEP 相对含量较低，在 10% ~ 25% 之间。

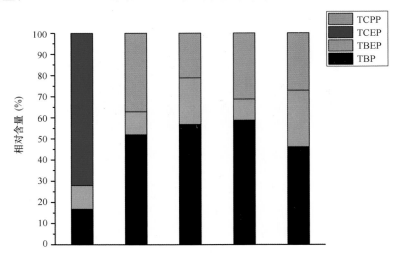

图 5 - 122 格罗夫山地区表层雪样品中有机磷酸酯种类与相对含量分布

3）雪坑有机磷酸酯分布特征

与表层雪样品相同，雪坑样品中也均没有检出 TPP 和 TDCP，故本研究仅讨论其余 4 种有机磷酸酯的分布（图 5 - 123），包括 TBEP（图 5 - 124）、TBP（图 5 - 125）、TCEP（图 5 - 126）和 TCPP。各种有机磷酸酯及总浓度在雪坑中的垂直变化呈现基本一致的趋势。总浓度的变化区间在 4.0 ~ 28.5 pg/g 之间，平均值为 11.7 pg/g。在 200 cm 的雪坑中总浓度出现了 3 个峰值，分别是 40 cm 处的 23.3 pg/g、80 cm 处的 24.0 pg/g 和 160 cm 处的 28.5 pg/g。其余浓度值最高为 10.1 pg/g 人均处于较低水平。

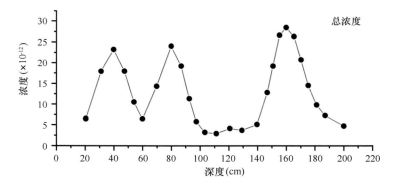

图 5 - 123 格罗夫山雪坑样品中有机磷酸酯总量变化

从有机磷酸酯种类上看，TBP 是雪坑样品中相对含量最高的有机磷酸酯，相对含量从 20% 到 75% 不等（图 5 - 125）。TBEP 也在所有样品中均有检出，相对含量从 10% ~ 45% 不等。TCPP 仅在 6 个样品中有检出，相对含量为 10% ~ 30%。TCEP 检出率最低，仅为 40%，

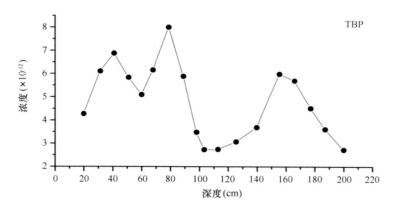

图 5 – 124 格罗夫山雪坑样品中有机磷酸酯 TBP 含量变化

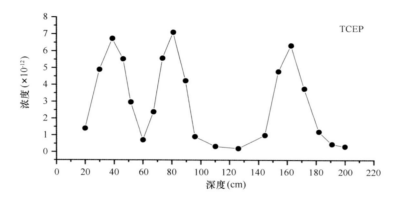

图 5 – 125 格罗夫山雪坑样品中有机磷酸酯 TCEP 含量变化

但在检出 TCEP 的 4 个样品中相对含量较高，为 20％ 到 35％。

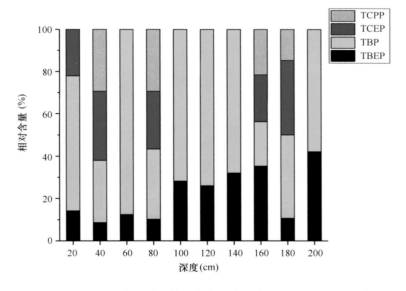

图 5 – 126 格罗夫山雪坑样品中有机磷酸酯种类与相对含量分布

5.7.1.2 东南极冰盖综合断面有机磷酸酯分布特征

本研究调研了东南极冰盖综合断面上 120 个表层雪样品和 3 个雪坑样品中的有机磷酸酯分布，在昆仑站站区也采集了一套雪坑样品并分析了其中有机磷酸酯含量。在实验分析中本研究虽然分析了 12 种有机磷酸酯（TMP、TEP、TCEP、TPrP、TCPP、TDCP、TPhP、TnBP、TBEP、TCrP、EHDPP 和 TEHP）。为了进一步讨论有机磷酸酯定量分析的情况，本研究定义了定量检出和定性检出。定量检出指样品浓度高于对应实验空白浓度的平均值加 3 倍标准差。定性检出指样品浓度高于对应实验空白浓度的平均值，与其差值小于 3 倍标准差。

（1）表层雪有机磷酸酯分布特征

在东南极冰盖综合断面的表层雪样品中，本研究分析了 12 种有机磷酸酯。其中 TMP、TEP、TDCP、TnBP 和 TCrP 这 5 种有机磷酸酯没有在任何样品中被检出，因此这里不讨论它们的分布。TPhP 仅在 7 个样品中有检出，在其他 112 个样品中没有检出，检出率为 5.8%。并且 TPhP 在检出的 8 个样品中均没有达到定量标准。TPrP 在 43 个样品中有检出，检出率为 35.8%，但同样在所有样品中均没有达到定量标准。EHDPP 在 11 个样品中被检出，检出率为 9.2%。由于 EHDPP 在空白实验中的背景值极低，故这 11 个样品均达到了定量标准。TCPP 在所有样品中均有检出，但同时也仅在 1 个样品中达到定量标准，检出率高达 100% 但定量比例仅有 0.8%。TBP 仅在 2 个样品中没有检出，检出率为 98.3%，但其中能达到定量标准的样品仅有 21 个，定量比例仅为 17.4%。TBEP 在 115 个样品中有检出，检出率为 95.8%，但达到定量标准的样品数同样不高，仅为 6 个，比例为 5.0%。TCEP 在所有 120 个样品中均有检出，检出率为 100%。并且 TCEP 达到定量标准的样品数为 61 个，比例为 50.4%，是 12 种有机磷酸酯中达到定量标准的比例最高的（图 5-127）。

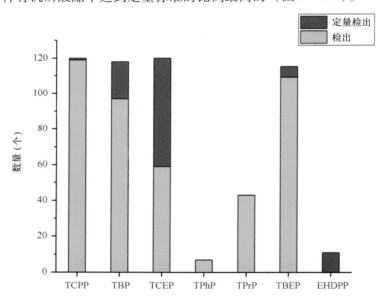

图 5-127　东南极冰盖综合断面表层雪样品中有机磷酸酯的定性与定量检出率

TCEP 在断面上的分布分为明显不同的两个部分。从昆仑站附近的第 1 号样品（80°13′55.0″S、77°27′28.7″E）到断面中途的第 59 号样品（75°07′28″S、76°57′27″E），

TCEP 仅在 1 个样品中达到定量标准，并且定量得出的浓度极低，仅为 0.1 pg/g。在其他 58 个样品中 TCEP 虽然能够检出，但均未达到定量标准。而从第 60 号样品（75°02′01″S、76°57′50.7″E）到中山站附近的第 120 号也即最后一个样品（69°36′04.0″S、76°24′36.0″E）中，TCEP 在 60 个样品中达到定量标准，仅在 1 个样品中检出但未能定量。其检出率为 100% 且定量比例为 98.4%（图 5-128）。

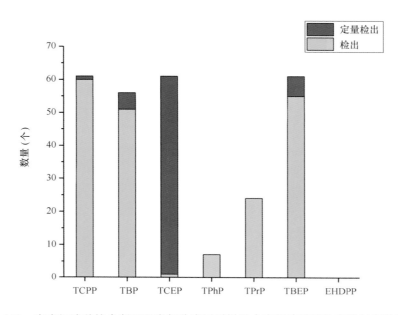

图 5-128　东南极冰盖综合断面近岸部分表层雪样品中有机磷酸酯的定性与定量检出率

除 TCEP 外，其他几种有机磷酸酯的定量比例仍然很低。其中 EHDPP 在近岸部分样品中均没有检出。TPhP 虽然检出的 8 个样品均位于近岸部分，但在这一部分的检出率也仅为 13.1%，且没有定量检出。TPrP 在整个东南极冰盖综合断面上检出的 43 个样品中有 24 个位于近岸部分，但检出率也仅为 39.3%，并且与 TPhP 相同，没有定量检出的样品。TCPP 在近岸部分与在整个断面上相同，在全部样品中均有检出，但仅在一个样品中可以定量。其检出率高达 100%，但定量比例仅为 1.6%。TBEP 在近岸样品中也能 100% 检出，但仅有 6 个样品可以定量，定量比例为 9.8%。TBP 在近岸部分的检出率也高达 82.0%，但可以定量的样品数量同样较少，仅有 5 个，定量比例为 8.2%。

由于 TCEP 的检出率和定量比例均为最高，因此本研究在东南极冰盖综合断面的表层雪样品中主要讨论 TCEP 的分布，尤其是近岸部分的表层雪样品中的 TCEP 分布。其定量浓度从 0.1 pg/g 到 1.9 pg/g，平均为 0.7 pg/g。

（2）雪坑有机磷酸酯分布特征

本研究在东南极冰盖综合断面上采集了 3 套雪坑样品，按照从岸边到内陆方向的顺序分别命名为 27-A、27-B 和 27-C 雪坑。和表层雪样品类似，本研究虽然在雪坑样品中分析了 12 种有机磷酸酯，但仅有 TCEP 达到定量标准的比例较高。因此仅讨论 TCEP 的分布。

在 27-A 雪坑中，TCEP 均达到定量标准（图 5-129），浓度最高为 130 cm 处的 3.8 pg/g，最低为 85 cm 处的 0.1 pg/g，平均为 1.0 pg/g。其中在 40~60 cm 处连续出现高于 2.1 pg/g 的峰值，在 60 cm 处出现一个 1.3 pg/g 的峰值，在 130 cm 处最高值 3.8 pg/g 的附近 115 cm

到 140 cm 的 TCEP 浓度均高于 1.3 pg/g。

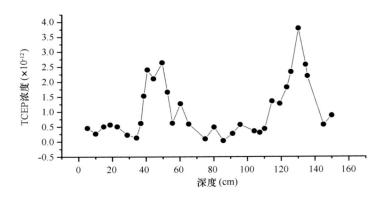

图 5 - 129　东南极冰盖断面 27 - A 雪坑中 TCEP 浓度分布

在 27 - B 雪坑中，仅有上层 70 cm 样品中的 TCEP 达到定量标准，从 75 cm 到底部 180 cm 之间的样品均不能定量检出 TCEP（图 5 - 130）。在上层 70 cm 的样品中，TCEP 浓度最高为 55 cm 处的 3.5 pg/g，最低为 15 cm 处的 0.4 pg/g，平均为 1.5 pg/g。其中在 45 ~ 55 cm 处连续出现高于 2.4 pg/g 的峰值，在 70 cm 处也有 2.9 pg/g 的峰值，但更深的样品中没有定量检出 TCEP。

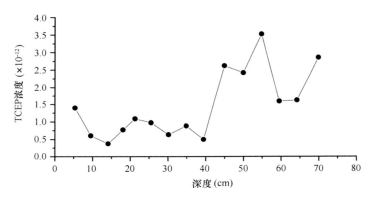

图 5 - 130　东南极冰盖断面 27 - B 雪坑中 TCEP 浓度分布

5.7.1.3　昆仑站雪坑有机磷酸酯分布特征

本研究在昆仑站东北方向约 700 m 处采集了一套雪坑样品，命名为 27 - D 雪坑。由于采用的采样瓶不同，故昆仑站雪坑样品空白实验的结果比东南极冰盖综合断面表层雪样品和另外 3 个雪坑样品的空白实验结果低。因此虽然在内陆部分的表层雪样品中 TCEP 只有 1 个样品达到定量标准，但 TCEP 在 27 - D 雪坑中的 75 个样品中有 59 个达到定量标准，比例为 78.7%。这里同样仅讨论 TCEP 在 27 - D 雪坑中的分布特征，其他 11 种有机磷酸酯达到定量标准的比例过低，在此不进行讨论。

在 27 - D 雪坑中，浓度最高为表层的 0.39 pg/g，最低为未达到定量标准，平均 0.11 pg/g。整体上 TCEP 在 300 cm 深度内频繁波动。若将所有高于平均值的浓度值均定义为峰值，在雪坑记录中可以识别出 30 个峰值，构成 4 个多点峰、3 个双点峰和 7 个单点峰。若定义峰值为高于平均值加标准差的浓度值，则在雪坑记录中可以识别出 8 个峰，但其中 5 个为单点峰，仅有 2 个双点峰和 1 个 3 点峰（图 5 - 131）。

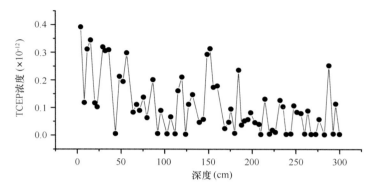

图 5 - 131　东南极冰盖断面 27 - D 雪坑中 TCEP 浓度分布

5.7.2　东南极冰盖有机磷酸酯分布的生态地质学意义

通过分析东南极冰盖上的有机磷酸酯的来源及控制因素，讨论其作为潜在的生态指示计的生态地质学意义。

5.7.2.1　东南极冰盖有机磷酸酯的来源

1）格罗夫山地区有机磷酸酯的来源

格罗夫山地区的气溶胶样品中有机磷酸酯总量呈现东高西低的趋势（图 5 - 132）。在东侧入口处和入口西侧不远处采集的两个气溶胶样品中有机磷酸酯浓度均超过了 25 pg/m^3，而在西侧格罗夫山内部采集的气溶胶样品中有机磷酸酯浓度仅为 6.9 pg/m^3。在格罗夫山中心附近梅森峰附近采集的 7 个气溶胶样品的平均有机磷酸酯浓度为 19.1 pg/m^3，介于以上两者之间。

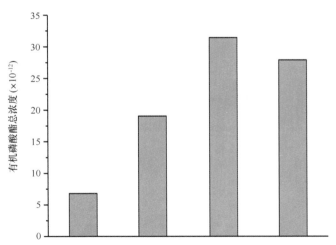

图 5 - 132　格罗夫山气溶胶样品中有机磷酸酯总浓度分布趋势

格罗夫山地区东侧入口处有一个物资堆放处，存储了包括建筑材料和航空煤油在内的各种物资，每次格罗夫山考察队也会在此扎营休整。这些物资和科学考察活动可能是格罗夫山地区入口处气溶胶样品中相对高浓度的有机磷酸酯的来源。本节研究在格罗夫山地区的研究区域被多座冰原岛峰环绕，是一处相对封闭的区域。而在东南极冰盖综合断面上常年盛行东风，格罗夫山入口处的物质很容易经近地表大气运动被带入格罗夫山内部（Parish，1988；Parish and Bromwich，1991，2007）。东风进入格罗夫山后由向西转为向北，沿兰伯特冰川进入南大洋（Liu et al.，2003）。由于这一常年盛行风向的影响，北侧兰伯特冰川流域及南大洋的物质难以通过大气环流进入格罗夫山地区。因此格罗夫山内部的物质主要来自南极内陆。而入口处的物资堆放处所产生的污染很可能是格罗夫山内部的重要污染来源。

在格罗夫山地区西侧最内部的区域，由于受到科学考察活动的影响最小，距离入口的物资堆放处也最远，气溶胶样品中的有机磷酸酯浓度也最低，仅为入口处样品中的 1/4 左右。在梅森峰附近采集的样品中，有机磷酸酯浓度介于以上两者之间。这说明该地区也受到了一定程度的人类活动影响。梅森峰已经被认定为格罗夫山地区的最高峰（Liu et al.，2003），该地区的多数科学考察都在梅森峰附近进行。本次考察队共计在格罗夫山地区内部工作了 54 天，其中超过 30 天是在梅森峰附近扎营工作的，其余 24 天包括在格罗夫山内部的行进和在梅森峰以外区域的考察。在科考过程中使用的各种设备和物资，尤其是发电机和雪地车可能会带来有机磷酸酯的污染。在东侧物资堆放处引起的有机磷酸酯污染也可能通过近地表大气活动被带到梅森峰附近。

从各种有机磷酸酯在东西方向上的分布可以看出，TBP 和 TCPP 也呈现出非常明显的东高西低的趋势。TBEP 和 TDCP 在由东向西方向上虽然不是逐渐降低，但总体趋势上同样是东高西低。只有 TCEP 在最东侧气溶胶样品中的浓度高于中间梅森峰附近气溶胶样品中的浓度，但入口处另一样品中 TCEP 的浓度仍明显高于梅森峰附近的样品。这可能是因为在这 5 种有机磷酸酯中，TCEP 的饱和蒸汽压比其余 4 种高若干数量级（Dobry and Keller，1957），其挥发性在这些物质中是最强的。因此它在物资堆放处这个污染源附近可能更多的以气态存在，在气溶胶颗粒上吸附的比例较少。即使如此，TCEP 也仍然是一种半挥发性物质，不能以气态在大气中进行长距离传输。因此，在西侧不远处的第二个采样点，多数 TCEP 已经附着在大气悬浮颗粒物表面（Carlsson et al.，1997a），使得本研究在这一采样点检测到了 TCEP 的高值。

2）东南极冰盖综合断面有机磷酸酯的来源

前文已经对有机磷酸酯可以随洋流进行全球传输和释放做过论述。尤其是 TCEP 在海水中难以降解，在全球传输过程中可能保留得较好（Andresen et al.，2007；Kawagoshi et al.，2002）。包括 TCEP 在内的多种有机磷酸酯在海水中均多次被发现（Andresen et al.，2007；Bollmann et al.，2012），同时也有多项研究表明，地表径流可以向海水中输入有机磷酸酯（Andresen et al.，2004；Fries and Puttmann，2001，2003）。在北海的一项研究表明，在近岸和河口附近的海域有机磷酸酯浓度较高。而在远离岸边和河口的海域，有机磷酸酯浓度迅速下降（Andresen et al.，2007）。本研究在普里兹湾水域采集的 3 个海水样品中 TCEP 的平均浓度为 0.2 ng/L，与该研究在北海最偏远水域测得的浓度相近。这说明普里兹湾已经受到与北海偏远地区相似的 TCEP 污染。虽然目前没有关于有机磷酸酯全球传输的研究，但早先的研究也显示持久性有机污染物可以通过洋流在全球传输（Iwata et al.，1993）。而由于南极绕极流的影响（Orsi et al.，1995），南极大陆周边海域很可能也受到了类似的污染。对普里兹湾附近海域的气溶胶的研究表明，虽然有机磷酸酯在普里兹湾海洋边界层气溶胶中的浓度明显低于北半球和澳大利亚附近海域，但 TCEP 浓度仍然高于 100 pg/m³（Möller et al.，2012）。因此，南极周边海域及边界层大气可以成为南极冰盖地区 TCEP 的来源。

在欧洲的一些研究表明，包括 TCEP 在内的有机磷酸酯可以传输到偏远的高山湖泊和水库中。在德国的一项研究表明，在山区的 3 个水库中 TCEP 浓度分别为 15 ng/L、22 ng/L 和 33 ng/L。这些数据虽然可以解释为在水库建设中带入了 TCEP 污染，但该研究在一个海拔 690 m 的天然湖泊中也检出了 6 ng/L 的 TCEP（Regnery and Püttmann，2010）。同样在意大利中部的 3 个火山湖中也发现类似浓度的 TCEP（Bacaloni et al.，2008）。在这些地点附近的人类活动强度均很低，没有有机磷酸酯污染的本地源。在偏远山区的这些地点发现的 TCEP 和其他有机磷酸酯证明它们可能通过某种途径进行一定距离的大气传输。近期对于次生气溶胶的研究也提出了半挥发性物质进行长距离大气传输的一种可能途径（Waxman et al.，2013）。它们可能吸附在大气悬浮颗粒物表面或被包裹在次生气溶胶内，以凝聚态进行大气传输，从而不受其气态在大气中存在寿命的限制（Zelenyuk et al.，2012）。本研究在普里兹湾海岸线到内陆 650 km 的断面上的表层雪中检测到了 TCEP，其来源也可能与欧洲偏远山区的 TCEP 类似。

5.7.2.2　控制有机磷酸酯在东南极冰盖分布的因素

1）格罗夫山地区有机磷酸酯的主要控制因素

格罗夫山地区的气溶胶样品中的有机磷酸酯呈现东高西低的分布，这与当地常年盛行东风有关。在梅森峰脚下的采样点采集的 7 个样品中，有机磷酸酯总浓度波动很大，从 7.2 pg/m³ 到 33.2 pg/m³ 不等。但与气象数据对比可以发现，有机磷酸酯浓度与气温和气压均无相关性。由于南极内陆的大气悬浮颗粒物含量极低，而本研究采集每个气溶胶样品的时间仅为 30~95 h，因此单个样品对当地平均污染水平的代表性可能不足。因为实验结果可能受单次污染物质输入影响较大。

从有机磷酸酯的种类分布来看，靠近入口的两个样品中 TDCP 所占比例较低，仅为不到 30%。而格罗夫山最内部的样品中 TDCP 所占比例最高，超过了 50%。这可能是因为 TDCP 的溶点高达 27℃，远高于南极内陆的气温。这导致大气中的 TDCP 被颗粒物吸附或被次生气溶胶包裹后难以再释放到大气中，从而逐渐在大气悬浮颗粒物上积累（Carlsson et al.，1997a）。其他 4 种有机磷酸酯的相对含量变化没有明显趋势。总体上东高西低的分布说明格罗夫山地区气溶胶样品中的有机磷酸酯分布主要受近地表大气活动控制。

格罗夫山地区表层雪样品中的有机磷酸酯浓度呈现西高东低的分布。这一分布与气溶胶中有机磷酸酯的分布完全相反。这可能是受积累率的影响。多个模型研究表明，格罗夫山内部地区的升华量较高而降水量很低，其净积累率很可能小于零（Bromwich et al.，2004；Cullather et al.，1998）。而对东南极冰盖综合断面的研究表明，格罗夫山入口处的积累率较高，每年的净积累可达 100 kg/（m²·a）（Ding et al.，2011）。由于格罗夫山内部和入口处的积累率差异，大气中的有机磷酸酯沉降在表层雪面后在格罗夫山内部的表层雪中会经历浓缩的过程，而在格罗夫山入口附近沉降后可能会被后来的降雪稀释。因此，西侧内部地区的表层雪中的有机磷酸酯浓度反而较高。所以除近地表大气活动外，积累率也是控制格罗夫山地区表层雪样品中有机磷酸酯分布的一个重要因素。

2）东南极冰盖综合断面有机磷酸酯的主要控制因素

如前文所述，东南极冰盖综合断面上的 TCEP 分布分为两个部分（图 5 - 133）。从第 60

号样品到最后一个样品中，TCEP 在绝大多数样品中达到定量标准。这里将更靠近海岸的这 61 个样品定义为"样品集 1"，在后续讨论中称"近岸样品"。而从第 1 号样品到断面中途的第 59 号样品，TCEP 在绝大多数样品中不能定量检出。这里将更靠近内陆的这 59 个样品定义为"样品集 2"，在后续讨论中称"内陆样品"。

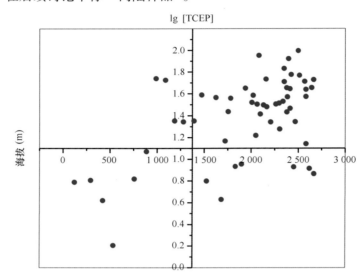

图 5 - 133 东南极冰盖断面近岸部分样品 TCEP 浓度（对数坐标）与海拔的关系

近岸样品和内陆样品之间 TCEP 浓度的明显区别及它们之间分界点处的突然变化可能是因为两个样品集有不同的物质来源。前人对南极冰盖研究发现，在海拔约 2 000 m 处冰雪氧同位素也有类似的突然变化（Masson - Delmotte et al.，2008）。该研究将海拔 2 000 m 以上的区域定义为内陆沉降区，这一区域的物质沉降主要来自大尺度大气环流的输入，物质来源可能是中低纬地区。而海拔低于 2 000 m 的区域主要受中尺度大气环流的影响，物质来源主要是南大洋高纬地区和南极大陆陆缘海水域。在东南极冰盖上对总有机碳的一项研究也在南极内陆发现了浓度突变点（Antony et al.，2011），而在东南极冰盖综合断面上对无机离子的研究也有类似的结果。本研究中 TCEP 浓度的突变点位于海拔 2 770 m 左右，而该研究所发现的分界线是在整个南极大陆尺度上划分的，因此可以认为本研究中的 TCEP 浓度突变点接近于该研究所发现的物质来源分界线。因此近岸样品和内陆样品之间 TCEP 浓度的明显区别是受到不同物质来源的影响。近岸样品所在研究区域的物质主要是由中尺度大气环流输入，来源是南大洋高纬地区和南极大陆陆缘海（Masson - Delmotte et al.，2008）。由于物质输送途径较短，因此 TCEP 等半挥发性的污染物可能通过这一途径进入南极内陆，并沉降在南极冰盖上。而内陆样品所在研究区域的物质主要由大尺度大气环流输入，来源可能是较低纬度的地区（Masson - Delmotte et al.，2008）。这些物质沉降在南极内陆之前经历了数千千米的大气传输，即使本研究研究的有机磷酸酯中挥发性最强的 TCEP 在这些物质中也不能定量检出。综上所述，在东南极冰盖综合断面上 TCEP 的分布主要受到不同尺度大气环流的控制。

在近岸样品中 TCEP 的浓度分布也有不同的趋势。离海岸最近的 3 个样品中 TCEP 浓度为 0.8 pg/g、1.0 pg/g 和 1.4 pg/g。有研究表明，东南极冰盖综合断面上海拔 800 m 以下为近岸沉积区，受到沿海气旋的入侵和扰动，其冰雪样品中杂质和微粒含量较高。离海岸最近的这

3 个样品海拔最高为 980 m，可能受到海洋物质输入的直接影响，从而导致 TCEP 浓度较高。而近岸样品中的其余 58 个样品的 TCEP 浓度的对数与海拔呈现显著正相关（$n=58$，$R=0.541\,0$，$P<0.001$）。虽然目前没有其他在高纬地区的有机磷酸酯数据，但有研究显示，另一种典型半挥发性有机污染物六氯环己烷在北半球海水中的浓度随纬度的升高而迅速增加（Wania and MacKay，1996）。这种现象被称为全球蒸馏现象，已经在多种半挥发性污染物的研究中被发现（Fernández and Grimalt，2003；Simonich and Hites，1995；Wania and Mackay，1999）。其原理是高纬地区的低温使半挥发性物质倾向于沉降，而低纬地区的高温使半挥发性物质倾向于挥发（Wania and Mackay，1995）。而在较小的空间尺度上也有类似的现象（Gallego et al.，2007）。在欧洲山区的研究也发现同为远离人类活动区域的水体，山区湖水中的 TCEP 浓度平均为 19 ng/L，数倍于平原地区的湖水中 3 ng/L 的平均值（Regnery and Püttmann，2010）。作为半挥发性物质，TCEP 也倾向于在高海拔和寒冷环境中积累，在近岸样品中两部分均为内陆高而近岸低的分布。因此，在东南极冰盖综合断面上近岸样品中的 TCEP 分布也受到冷浓缩效应的控制。

5.7.2.3 有机磷酸酯在东南极冰盖的生态地质学意义

在南半球夏季，中高纬的大气环流可以将南大洋的物质传输到南极冰盖上（Parish，1988；Parish and Bromwich，2007）。如前所述，普里兹湾海水中的 TCEP 浓度与北海偏远水域海水中的浓度相近。因此南极大陆陆缘海可以作为南极冰盖的 TCEP 来源。海水中的 TCEP 可以通过直接释放或者海洋飞沫进入海洋边界层大气。海洋边界层大气中的 TCEP 再通过大气环流的上升支传输到对流层的较高位置，并通过上层大气沿经向向南极内陆传输（Bromwich，1988；Hines et al.，1995；Parish and Bromwich，1998，2007）。之后 TCEP 可以通过南极内陆的大气环流下降支进入近地表大气，再随近地表下降风继续传输（Parish，1988；Parish and Bromwich，1991），并沿途沉降在南极内陆冰盖上。这也与 TCEP 在东南极冰盖综合断面上内陆高沿海低的分布相一致，是 TCEP 在南极内陆传输的一种可能方式，而在这种方式中 TCEP 浓度突变点的位置可以指示大气环流在南极内陆冰盖的下降支影响范围的南缘。

由于，南方涛动的影响，南半球高纬大气环流的上升支和下降支影响的范围在历史时期存在变化（Kushner et al.，2001；van Loon and Madden，1981），这一变化甚至可能非常剧烈（Marshall et al.，2004；Petit et al.，1999）。本研究于 2011 年 1 月采集的表层雪样品，TCEP 突变位置反映的是 2011 年南半球高纬大气环流下降支的位置。历史时期的下降支位置可能在东南极冰盖综合断面上有南北方向的摆动。在 2011 年新降雪的 TCEP 突变点北侧约 50 km 的 27 - B 雪坑（74°39′6.0″S，77°00′36.4″E）中，TCEP 在表层 70 cm 的样品中可以定量检出，而在 70 cm 以下样品中没有达到定量标准。这一结果说明 TCEP 在 70 cm 到雪坑底部样品所代表的年代中的传输没有达到 27 - B 雪坑的位置。该时期的南半球高纬大气环流在南极内陆的下降支在 27 - B 雪坑的位置以北。在更北部的 27 - A 雪坑（70°31′4.4″S，76°50′4.3″E）中，TCEP 在整个 150 cm 剖面上均能定量检出，这说明 27 - A 雪坑在 150 cm 样品所代表的年代中均受到了 TCEP 的影响，在这一历史时期南半球高纬大气环流的下降支从未北移到 27 - A 雪坑的位置以北。而南部的 27 - C 雪坑（79°38′59.0″S、77°12′47.3″E）中，整个 130 cm 剖面上均未能定量检出 TCEP。因此可以说明在 27 - C 雪坑样品所代表的历史时期内南半球高纬大气环流的下降支的南移从未到达过这一位置。

相比于传统的无机离子和同位素指示计（Dibb et al.，2007；McCabe et al.，2007；Van de Velde et al.，2005），TCEP 作为南半球高纬大气环流位置摆动的指示计的优势在于指示清晰。无机离子的浓度变化和同位素的丰度变化虽然可以指示大气环流下降支的影响范围（Candelone et al.，1995；Masson－Delmotte et al.，2008），但由于无机离子可以在整个南极大陆的冰雪样品中检出，因此如何分析无机离子和同位素的数据仍然存在一定的争议（Antony et al.，2011；Masson－Delmotte et al.，2008），不同的统计方法可能会得出不同的结论。而 TCEP 的变化非常清晰，在大气环流下降支影响范围以南不能检出 TCEP，因此变化点的位置可以完全确定。在雪坑的历史记录中，当大气环流下降支北移，其影响退出某一地点时，TCEP 在雪坑剖面中也不能检出，可以完全确定大气环流发生变化的时间点。但 TCEP 作为生态指示计的劣势也在于其在环境介质中浓度极低，分析测试所需的样品量较大。如本研究分析冰雪样品所用样品量比进行同位素分析高 2 个数量级左右。因此，在样品量充足的条件下 TCEP 比传统生态指示计更适于恢复历史时期南半球高纬大气环流下降支的影响范围。

5.7.2.4　小结

本部分分析了控制东南极冰盖有机磷酸酯分布的因素。在格罗夫山地区有机磷酸酯污染主要受近地表常年盛行东风控制，气溶胶样品中的有机磷酸酯污染也因此呈现东高西低的分布。而在表层雪样品中，有机磷酸酯受到沉降后过程的影响，其分布为西高东低，控制因素主要是积累率的变化。在东南极冰盖综合断面上，TCEP 的分布受到冷浓缩效应的影响，与海拔呈现显著正相关。而 TCEP 的整体分布受到大气环流控制，仅受大尺度大气环流影响的区域难以检出 TCEP，而受到中尺度大气环流影响的区域可以定量检出。因此 TCEP 可以指示中尺度大气环流的影响范围。

5.7.3　东南极冰盖有机磷酸酯的历史记录及初步分析

本部分内容对东南极冰盖上 5 个雪坑样品中的有机磷酸酯进行了初步分析，并展望了后续需要做的工作。

5.7.3.1　雪坑样品的年代学分析

目前在雪坑研究中年代学分析所用的手段有根据氢氧稳定同位素的季节变化定年（Grootes and Stuiver，1997；Hammer，1977；Jouzel et al.，1997；Jouzel et al.，1983）、放射性同位素定年（Crozaz et al.，1964；Hou et al.，2007）、现场年层定年（Minikin et al.，1994；Thompson et al.，2000；Witherow et al.，2006）和根据无机离子的季节性变化定年（Barbante et al.，2003；Legrand and Delmas，1984；Legrand and Delmas，1988；Whitlow et al.，1992）。而经常用在冰芯定年中的火山灰层法也可以作为雪坑定年的参考（Hammer，1977；Jiang et al.，2012；Trepte et al.，1993）。

氢氧稳定同位素定年的原理是夏季气候温暖，降水氢氧稳定同位素偏重，而冬季气温较低，降水氢氧稳定同位素偏轻（Grootes and Stuiver，1997；Jouzel et al.，1983）。本研究没有测定雪坑样品中的氢氧稳定同位素，故无法采用此方法定年。

现场年层定年的原理是夏季太阳辐射量大，雪面温度较高，在冻融循环中形成密度较大的年层，在现场表现为硬层（Minikin et al.，1994；Witherow et al.，2006）。本研究在采集东南极冰盖综合断面上 3 个雪坑和昆仑站站区附近雪坑时均进行了现场年层定年。采集 27 - A 雪坑时记录到 150 cm 剖面上的 7 个硬层，分别位于深度为 59 cm、66 cm、83 cm、90 cm、109 cm、123 cm 和 144 cm 处。另在深度为 8 cm 处发现了一处相对硬层，可能是当年形成尚未发育完全的。据此推断该雪坑所代表的历史时期可从进行采样的 2010 年 12 月上溯到 2002 年，共计 9 年。

现场年层定年的缺点是主观性较大，并且在年层重叠时可能引起系统误差（Minikin et al.，1994；Piccardi et al.，1994）。本研究中 27 - B 雪坑硬层间隔均较小，部分硬层之间间隔小于 2 cm。因此可能有相邻年份的年层相互重叠，故不进行年层定年。27 - C 雪坑在表面和深度为 50 cm 处有非常硬的雪层，但雪面以下的硬层倾斜角度很大，且硬层之间的粒雪非常松散。据此判断 27 - C 雪坑的沉积可能不连续，也不能进行年层定年。

由于无机离子在夏季和冬季从大气中沉降到雪面的通量不同，因此可以利用无机离子的季节变化来进行雪坑定年。最常用的无机离子指标是钙离子，其峰值出现在春季降雪中（Curran et al.，1998）。其次是峰值出现在冬季的钠离子（Legrand and Delmas，1984）。甲基磺酸根也有冬季低夏季高的季节循环，但一般没有钙离子和钠离子的峰值明显（Legrand and Mayewski，1997）。另一个常用指标是非海盐硫酸根离子（Curran et al.，1998），但这一指标更适用于接近海岸的雪坑，不适用于本研究的 27 - D 和 27 - C 内陆雪坑（Legrand et al.，1992）。

在 27 - A 雪坑中，从表面到深度为 150 cm 的底部之间可以看出钠离子 9 个明显的峰值（图 5 - 134），可能对应了 2010 年到 2002 年的 9 个冬季。这一结果与现场年层定年的结果相一致，因此 27 - A 雪坑顶部年龄为采样时的 2010 年，底部年龄为 2002 年。

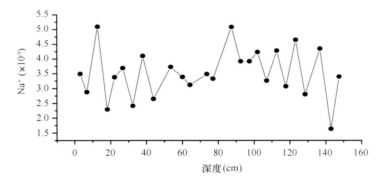

图 5 - 134　东南极冰盖断面 27 - A 雪坑钠离子浓度变化

在 27 - B 雪坑中 180 cm 剖面上有 10 个明显的钠离子峰值（图 5 - 135），其中包括一个双头峰，位于 95 cm 到 115 cm 之间。根据其余 9 个峰的宽度推断，这个双头峰很可能是连续两年冬季的钠离子峰相互叠加而成的。现场记录的年层也支持这一结论，在该处存在较密集的硬化层。因此 27 - B 雪坑的时间跨度至少为 10 年。但由于在表层到 30 cm 之间和 45 cm 到 65 cm 之间仍有两处可能的双头峰，并且现场记录的硬化层较为密集，因此该雪坑的时间跨度很可能长于 10 年。

27 - C 雪坑的 130 cm 剖面上有 5 个完整的钠离子峰值和 2 个半峰，因此该雪坑可能记录了 6 年的环境状况（图 5 - 136）。但是 27 - C 雪坑的钠离子记录与前两个雪坑不同，其各峰值波动较大，峰型也并不平整，说明该处的沉积条件不利于记录环境状况。考虑到现场记录

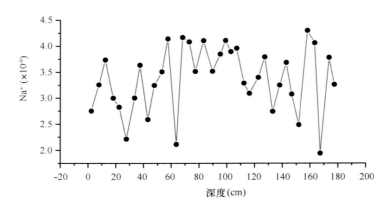

图 5 – 135　东南极冰盖断面 27 – B 雪坑钠离子浓度变化

的硬化层呈倾斜分布，并且硬化层之间的粒雪异常松散，故可能该处沉积并不连续。由于在这一雪坑中并未定量检出有机磷酸酯，因此在这里不再深入讨论 27 – C 雪坑的定年。

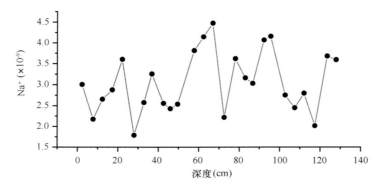

图 5 – 136　东南极冰盖断面 27 – C 雪坑钠离子浓度变化

昆仑站站区附近的雪坑硬层之间间距也很小，并且根据以往的记录，该处的平均积累率仅为每年 10 cm 左右，因此不宜采用现场记录年层的定年方法（Hou et al.，2007）。钠离子浓度在 300 cm 的剖面上呈现出 22 个峰值。其中 12 cm 到 120 cm 的部分有 6 个明显的峰值，表层 12 cm 为半个峰形。因此该雪坑表层到 120 cm 深度代表了采样时的 2010 年到 7 年之前的 2004 年。在深度为 120 cm 到 196 cm 的部分，钠离子变化曲线出现两个双头峰和一个三头峰，这 76 cm 的剖面可能代表了 7 年的沉积。在深度为 196 cm 位置以下的部分仍有 8 个峰值。但考虑到雪坑下部的压实作用，以及表层到 120 cm 位置、120 cm 位置到 196 cm 位置两段之间钠离子分布曲线峰形的变化，196 cm 位置以下的每个峰值都可能代表多于一年的沉积。用钠离子变化曲线不能对这一部分雪坑剖面进行精确定年（图 5 – 137）。

前人对昆仑站东面 7 km 的另一雪坑的研究发现在 2.2 ~ 2.4 m 深度存在 β 放射性活度的峰值，他们认为这一位置记录了 1962 年密集核试验。考虑到放射性物质从北半球传输到南极的时间，他们将 2.2 m 位置确定为 1964 年的沉积（Hou et al.，2007）。本研究在昆仑站站区附近的雪坑中没有发现这一峰值。因此本研究中雪坑底部的年龄应当没有超过 1964 年。

在多个南极冰芯和雪坑样品中均检出了 Agung 火山在 1963 年喷发的信号（Cole – Dai et al.，1997；Jiang et al.，2012）。在南极不同地区的研究将这一信号定位在不同的年层，最早

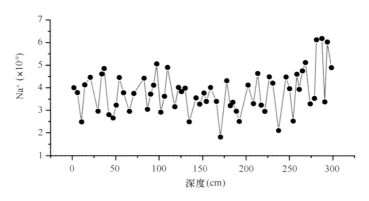

图5-137 东南极冰盖断面27-D雪坑钠离子浓度变化

出现于1963年的雪层中（Ren et al.，2010），最晚出现于1968年的雪层中（Cole-Dai et al.，2000）。在2005年钻取于昆仑站东面7 km处冰穹A区域的一支冰芯中，研究者认为Agung火山的喷发信号出现于1967年（Li et al.，2012）。而在本研究研究的雪坑采集于昆仑站站区附近，其信号到达的时间应相差不大。而在本研究的雪坑中没有发现Agung火山的信号，因此这一雪坑的底部年龄应不超过1967年。

5.7.3.2 季节循环对雪坑记录的影响

本研究的雪坑样品位于南极冰盖内陆，纬度均处于70°S以上。这些区域的冬季和夏季气候反差强烈，因此季节循环对雪坑记录存在明显的影响（Jouzel et al.，1997；Jouzel et al.，1983；Wexler，1959）。

从昆仑站雪坑300 cm剖面的密度变化可以看出（图5-138），整体上雪密度在187 kg/m³到431 kg/m³之间剧烈变化。除表层松散雪面外，从12 cm位置到120 cm位置的部分雪密度变化较为稳定，仅在42 cm位置出现一个明显低值。这可能是单次降水事件引起的。而120 cm位置到188 cm位置部分的雪密度变化非常剧烈，188 cm位置到242 cm位置连续出现高值，在242 cm位置以下又恢复到正常波动。这些雪密度的波动反映了季节循环对雪坑物理性质的影响。

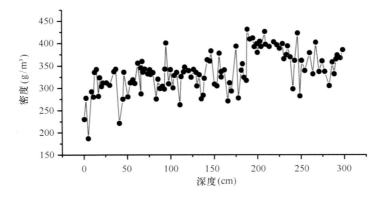

图5-138 东南极冰盖断面27-D雪坑密度变化曲线

前人在南极点雪坑中的工作显示，多种主要阴阳离子呈现出明显的季节变化。其中H^+在冬季为低值，夏季为高值。SO_4^{2-}和NO_3^-一般也在冬季为低值，夏季为高值。但SO_4^{2-}在夏初即达到峰值，而 NO_3^- 在夏末才达到峰值。Na^+ 和 Cl^- 受到冬季频发风暴的影响，在冬季达到峰值而在夏季处于低值（Legrand and Delmas，1984）。这一点也在气溶胶观测中得到了证实。在南极其他地区的雪坑研究中也发现了类似的离子季节变化（Minikin et al.，1994；Piccardi et al.，1994；Whitlow et al.，1992）。

本研究在 4 个雪坑中均发现了季节变化。其中 27 - A 雪坑的变化最为明显，可能与当地积累率较高，因此沉积记录分辨率较高，可以发现明显的季节变化。在 27 - B 和 27 - C 雪坑中的季节变化并不明显，而在昆仑站站区附近的雪坑中基本不能发现季节变化。

5.7.3.3 有机磷酸酯记录的生态地质学意义

南半球的经向传输可以将较低纬度的海洋边界层物质传输到南极冰盖上（Bromwich，1988；Hogan et al.，1990；Parish and Bromwich，2007）。有研究认为雪层中 Na^+ 浓度的变化可以指示经向传输强度的变化。同时还有非海盐 SO_4^{2-}、非海盐 Cl^- 和 NH_4^+，这些离子均能以气态或以气态前驱的形式传输进入南极内陆。它们比气溶胶物质更容易进入对流层上部（Wagenbach et al.，2011），从而通过大气环流进入南极内陆沉积区，并在下降风的吹送下在近地表高度从南极内陆地区传输到近岸沉积区。同时这些物质也可以通过近岸气团入侵进入南极内陆，沉积在更靠近海岸的南极近岸沉积区。由于它们在近岸沉积区有两个不同的来源，因此这些物质作为南极内陆近岸沉积区的生态指示计时，需要分别考虑不同来源对指示计强度的贡献，因此解释数据的过程相对复杂（Wagenbach et al.，2011）。

而有机磷酸酯因为作为半挥发性物质，不能通过大尺度大气环流传输进入南极冰盖的内陆沉积区，也不存在从南极内陆沉积区通过下降风到达近岸沉积区的传输。因此其在近岸沉积区的历史记录可以明确反映中尺度大气环流经向传输的强度。但也正是由于有机磷酸酯不能传输进入南极冰盖的内陆沉积区，因此不能反映大尺度大气环流经向传输的强度。

5.7.3.4 小结

由于有机磷酸酯的半挥发性特征，它们在南极冰盖近岸沉积区的来源相对简单，且能更清晰地指示不同尺度大气环流带来的物质。因此有机磷酸酯比无机离子更适用于记录中尺度大气环流的经向传输强度，是一种新型的南极内陆地区的新型生态指示计。

5.7.4 极地冰川底部甲烷释放潜力与机制研究

冰下环境在地球总碳循环的作用，过去一直是个容易被忽略的课题。随着美国 WISSARD（惠兰斯冰下湖钻探计划）计划最新研究发现，西南极 800 m 下惠兰斯湖发现大量微生物（Christner et al.，2014），这一研究进一步印证了科学家们的预测：极地冰盖/冰川底部是有机碳和代谢活跃的微生物的动态储库，是地球系统潜在重要的生物化学反应器（Wadham et al.，2013）。

极地冰下无光、低温、寡营养的环境被认为是有产甲烷活性的生境，产生和释放的温室气体甲烷对于全球气候和碳通量的影响是巨大的。目前已经有关于极地冰川下产甲烷菌多样性的报道（Boyd et al.，2010；Stibal et al.，2012），但是由于在极地取样和培养方面的困难使得对于此处产甲烷活性的研究仍有欠缺，尤其是在特定环境条件下的活性研究更少。本研究尝试结合体外模拟培养和分子生物学技术研究东南极冰川下产甲烷菌活性和群落结构对温度和底物的响应。

对来自东南极拉斯曼丘陵处冰下的沉积物样品分别添加乙酸钠、氢气＋二氧化碳或不添加底物后在 1℃、4℃ 和 12℃ 下培养，检测产甲烷速率，同时利用 Q－PCR 技术检测培养过程中产甲烷菌数目的变化。原始样品中的古菌多样性和产甲烷菌多样性通过分别构建古菌 16s rRNA 基因文库和 McrA 基因（产甲烷菌标记基因）文库进行评估。

结果表明，产甲烷活性在培养 3 个月后可以被检测到，反映了该处样品中微生物在保藏后需要较长的恢复和适应期。培养 8 个月后，12℃ 下添加氢气＋二氧化碳组检测到了最高的产甲烷速率，226 pmol/day/gram 土，约是添加乙酸组的产甲烷活性的 2 倍，预示着氢气＋二氧化碳是该处产甲烷菌类群更喜好的底物。未添加底物组显示出了温度对产甲烷速率的正影响，在 1℃、4℃、12℃ 下分别为 23.3 pmol/day/gram 土、24.8 pmol/day/gram 土、131 pmol/day/gram 土。Q－PCR 结果显示产甲烷菌数目在培养 2 个月后开始增长，培养物的 pH 在培养 6 个月后开始明显升高，显示了微生物与环境的彼此影响作用。古菌 16s rRNA 基因文库和 McrA 基因文库都显示了低的产甲烷菌多样性，主要是利用氢气产甲烷的 methanmicrobiales 和 methanocellales 类群。这些结果为后续研究极地碳通量和甲烷产生释放与温度的关系提供了重要的参考数据。

第6章 考察的主要经验与建议

6.1 考察取得的重要成果

6.1.1 雷达观测是冰川学研究主要方法并将推动极地冰川学研究的发展

成功运用最新自主研发的调频脉冲压缩制冰雷达探测技术，在中山站至昆仑站断面完成1 200 km的连续探测，同时在昆仑站地区完成20 km² 的高密度的网格探测，获得高质量、系统性探测数据，为识别基岩面、获取冰盖厚度、冰下地形、基岩地貌和特征等研究打下了数据基础，同时也为深冰芯研究提供了最有力的科学数据支撑。

运用国际最具先进水平的冰雷达系统，首次获得冰盖深部和底部多组环境数据，为定量研究冰盖电磁波传播特性、电磁能量传输损失、冰盖反射层特征和属性、冰盖运动历史记录与演化过程，提供了非常重要的现场探测数据。

初步结果表明，应用高新技术的雷达探测方法，可获取大范围冰盖内部演化历史信息，可以识别冰层的物理特征和反射信号形成机制，能够划分冰盖浅部、中部和深部等时冰层分布格局与特征。这些丰富的信息将为冰川学研究提供新的指导方向，丰富冰川学的研究内容。

冰雷达探测工作的成功开展，为下一步开展机载冰厚遥感和星载冰厚遥感奠定了理论基础和工作基础；同时丰富的雷达观测资料，为我们研究南极冰盖奠定了数据基础，在冰川学方面，冰雷达探测数据，又直接为相关冰盖数值模拟研究提供了重要的参数化方案和模式验证数据。

中国南极考察是中国极地事业的代表，而中国南极考察最具挑战的工作是昆仑站考察，现在我们正由极地大国向极地强国迈进，一项高新技术在内陆考察中的成功应用，代表了中国极地考察实力的增强。

6.1.2 深冰芯钻探的启动

中国南极深冰芯科学钻探DK－1工程是国际上第一个在冰穹A地区开展的深冰芯钻探项目，由中国第28次南极科学考察队（CHINARE 28）昆仑站队首度实施，第一季开始先导孔施工，钻进深度120.79 m，取芯120.33 m，进行了3次扩孔施工，并成功安装100 m套管。2013年1月，在先导孔施工基础上由中国第29次南极科学考察队（CHINARE 29）昆仑站队安装深冰芯钻机，正式进行深层取芯钻探，完成深冰芯钻探3回次，钻进深度10.54 m，取出冰芯10.99 m。2015年1月，中国第31次南极科学考察队昆仑站队深冰芯钻探小组完成取芯钻探 54 回次，钻进深度 172.7 m，获取连续冰芯 172 m。钻探人员在克服了极低温、缺少大型机械设备等条件下，经过艰苦作业，顺利完成深冰芯钻探场地建设、开展深冰芯钻探，为我国的南极昆仑站深冰芯钻探工程的顺利实施奠定了良好基础，同时也为冰芯科学的研究提供了珍贵样品。

6.1.3　开展了一系列重要的科学研究

包括南极冰穹 A 地区积累率和水汽源区研究，主要研究了冰穹 A 地区积累率的时空变化及其水汽来源，研究结果对冰穹 A 未来深冰芯记录的解释具有重要意义。在国内首次开展了极地雪冰过量 ^{17}O 研究，填补了我国在这一前沿领域研究的空白。

首次开展了中山站—冰穹 A 断面表层雪不溶微粒单颗粒特征及矿物组成研究，为未来本区从矿物学角度进一步开展大气粉尘来源及传输过程研究奠定了基础。

开展了冰穹 A 雪冰痕量元素记录研究，初步分析了地壳源、海洋源以及人类活动污染源对冰穹 A 地区雪冰痕量元素的影响，研究结果为未来冰穹 A 冰芯痕量元素记录研究奠定了基础。

东南极冰盖上的有机磷酸酯传输主要受大气活动控制，通过大气环流传输，并且其浓度随与污染源的距离增加而降低。有机磷酸酯在南极内陆沉降后会受到当地积累率的影响，在高积累率地区的雪中被稀释而在低积累率地区的雪中被富集。这一结论可以为今后研究冰芯中有机磷酸酯等污染物的历史记录提供科学依据。

在东南极冰盖综合断面（拉斯曼丘陵—冰穹 A）的新降雪样品中的 TCEP 几乎完全分布在距离海岸 650 km 以内的地区，距离海岸 650 km 以上的内陆地区不能定量检出。在近岸部分的 TCEP 分布受到冷浓缩效应控制，与海拔呈显著正相关。这一结论显示 TCEP 污染已经深入南极冰盖内陆，指示出人类活动的影响已经到达这一地区。

东南极冰盖内陆和近岸部分的物质来源不同。前者的物质输入主要通过大尺度大气环流，而后者的物质输入主要通过中尺度的大气环流。TCEP 的历史记录可以指示历史时期不同尺度大气环流影响区域的边界变化，也即物质来源输入的变化。TCEP 的指示作用明显比传统指示计更敏感，是一种新型气候指示计。这一结论指出可以利用 TCEP 指示南半球高纬大气环流变化，为研究南极地区生态环境变化提供依据。

中山站至昆仑站冰盖表面积雪深度变化曲线图；中山站至昆仑站冰盖表面粗糙程度（雪坑深浅）曲线；海冰浮标漂移及海冰厚度变化曲线图；内陆出发基地雪面变化与气温变化曲线图；对深冰芯钻探钻孔测井仪进行了概念化设计，设计测井仪硬件结构、检测与控制软件等。测井仪的研制对深冰芯钻探钻孔意义重大，可以在钻探的任意阶段尤其是成孔后，对钻孔质量以及冰层参数进行评估。

6.1.4　开展极地测绘

极地测绘作为我国测绘事业和极地事业的重要组成部分，新形势下，必须提高站位、拓展视野，不断加大极地基础测绘工作的广度和深度，以在国际极地事务中，利用测绘手段争取话语权，行使决策权。

本项目的开展，依靠国家极地现场考察支撑条件，充分利用天、空、地一体化的测绘集成技术，即根据项目实施的不同目标，采用星载、机载和地面观测技术手段，采集数据信息。获取站基 GPS 点位数据，拉斯曼丘陵航空影像数据，昆仑站 1∶1 000 比例尺地形图，1∶50 000 比例尺冰穹 A 冰深图，1∶50 000 比例尺冰穹 A 冰下地形图，冰穹 A 昆仑站附近区域 5 m DEM 和部分 1∶50 000 比例尺 DLG、DOM 合成图。

这些测绘数据不仅满足了极地内陆考察需要；第二，在南极现场埋设的测量标志和绘制地形图具有主权意义，是我国国家战略决策的重要支撑材料；第三，也是极地科学研究的重要组成部分。

6.2　对专项的作用

南极冰盖科学是当前全球变化研究的前沿与热点。因此，加强南极冰盖考察研究在提升我国南极科学的国际地位方面举足轻重，是我国冰盖科学迈进国际南极科学前列的重要一步，将充分发挥中国的影响力，促进国际南极冰盖研究新格局的形成。

以国家需求和科学研究关键问题为牵引，全面加强南极冰盖科学，包括冰盖断面综合调查、深冰芯科学、冰盖演化与海平面变化、冰－气界面现代过程、冰－岩界面动力环境、测绘科学、冰下科学、格罗夫山古环境、岩石圈结构及矿产资源调查、冰架与海洋相互作用等在国家南极领域发展中的重要地位，到未来 5～10 年，使其在国家战略发展中承担和发挥应有的和突出的重要作用，为国家面临的重大问题提供大量的、有效的和不可替代的重大决策依据和解决方案。

南极冰盖中储存有非常丰富和详细的全球气候和大气环境变化记录。国际冰芯科学委员会（IPICS）通过多次国际会议在深冰芯钻探与研究的重要目标方面已经达成了共识。主要致力于 1.5 Ma、40 ka BP 深冰芯计划。深冰芯研究的最低目标就是在至少两支深冰芯中找到 MPT（中更新世）41 ka 年主导周期的气候变化信息、研究 CO_2 等温室气体在地球系统气候变化中的作用。为此需要在东南极冰盖钻取到记录有距今 120 万年、最好是 150 万年前气候环境信息的深冰芯。由于与其他类型的气候环境记录相比，冰芯记录具有保真度好、信息量大、分辨率高、各种信息可区分开来等特点，通过南极冰芯研究恢复地球的气候环境变化史是全球变化研究的重要内容，特别是对地球轨道尺度的气候变化规律和古大气成分变化的研究，南极冰芯具有不可替代的优势。

在东南极冰盖冰穹 C 和 DML 钻取的深冰芯已经将古气候时间变化序列推延至约距今 90 万年前。约 90 万年气候记录的 EPICA 冰穹 C 深冰芯中氢稳定同位素记录和其他气候代用指标参数的时间变化序列都以 10 万年为主导周期。但是深海沉积的所有记录（底栖有孔虫 $\delta^{18}O$ 和 $\delta^{13}C$、$CaCO_3$ 含量、SST）在松山－布容期过渡时段都存在一个周期转换过程，记录的主导周期在距今 100 万年～80 万年前这一时段发生转换，从以 100 ka 占主导变为以 41 ka 周期为主导。研究这一阶段气候变化主周期转换已经成为古气候学研究的热点。在其他古气候记录的载体中虽然找到了相应的记录，但只有深冰芯中能封存当时的古大气，通过古大气成分研究这一阶段主导周期转换机制成为全球科学界关注的焦点。温室气体在气候变化中的作用一直是困扰气候学家的难题。这些问题只有基于百万年时间尺度气候记录信息的深冰芯研究才有可能找到答案。

国际冰芯研究委员会从 2007 年开始着手开展在东南极冰盖寻找超过 100 万年的古老冰芯计划，2008/2009 年度在冰穹 A 及其他冰穹实施了冰雷达航测，以寻找钻探古老冰芯的理想地点，希望到 2016 年能够完成两支以上古老深冰芯的钻探。我国如果不加快已经具有大量前期工作基础的冰穹 A 深冰芯钻探计划，将在深冰芯研究前沿错失良机。在南极冰盖最高点地区开展深冰芯钻探，进而研究超过百万年的高分辨率气候变化记录，是目前国际南极科学研究的前沿领域，我国利用在冰穹 A 占领的先机和昆仑站的支持开展深冰芯钻探科学工程和后续研究工作，将极大地提高我国在南极科学研究领域的影响力和显示度，同时所获得的研究成果，不仅将是我国对世界科学的新贡献，也将对我国制定应对气候变化的国家发展战略提供重要的科学支持。

南极冰芯记录的合理解释，需要冰盖表面现代过程研究结果作为基础。比如，从现代过程入手研究稳定同位素比率与气温之间的函数（$\delta-T$）关系，冰盖表面不同区域雪冰中可溶性气溶胶的可能来源以及反映的大气环流变化等。这项工作虽然已有数十年历程，但南极冰盖十分广袤，研究空白区仍很大，尤其在冰盖最高点区域—冰穹 A。水汽同位素（氢氧稳定同位素）作为最重要的气候指标之一，早已引起科学家们的关注。但几十年来，它主要作为气温代用指标，用于古气候记录解译，如南北极冰芯相关研究（Mayewski et al.，2009）。对于其在水汽循环中的示踪作用研究甚少，仅在流域水文模型分割、地下水传输等液相研究中使用。南极冰盖作为全球最大的固态淡水储存库，其上沉降的雪可以在南极冰盖停留达数万年至数十万年，因而我们可以通过钻取冰芯获取古气候记录。由于冰盖面积广袤，受到沉降区气象条件的制约，不同地区获取的冰芯中氢氧稳定同位素组成不一致。另外，水汽稳定同位素比率，特别是其二次指标——过量氘，还受到水汽传输距离、水汽输送方式、水汽源区气象条件、源区水体组成等条件的影响（Xiao et al.，2012）。要想真正解译古气候记录，还需要对其源区进行进一步分析。

南极冰盖总面积约 $1\ 230\times10^4\ km^2$，许多地点的厚度超过了 4 000 m，平均厚度约为 2 450 m，冰储量占全球冰川的 90%，占全球可饮用淡水总量的 70% 左右。因此，南极冰盖演化、冰量的增减对全球海平面变化、水循环有巨大贡献。据南极冰盖体积的估算值，南极冰盖全部融化将会使全球海平面上升 60～70 m（IPCC，2007）。

冰架－海洋相互作用是全球气候系统中了解最少的科学领域之一。在地球气温日益变暖的背景下，南极冰架如何响应？南极冰架的变化又对地球气候和生态系统有何影响？这是新一轮南极与全球变化研究最引人关注的科学问题之一。利用中山站就近的便利条件，以气候变异如何影响海洋和冰架相互作用为主线，研究埃默里冰架与海洋动力学的相互作用，不仅是我国南极科学考察新开辟的研究领域，也是国际最前沿的科学研究课题，具有重要的科学意义。

对南极内陆冰盖综合断面和昆仑站开展近现代冰雪界面生态地质学监测和调查，采集冰雪及近地面大气样品，应用现代痕量分析技术对其测试，获取元素、同位素和有机标志物等地球化学参数。采用数理统计方法对测试结果分析，结合南极无冰区生态环境生物地球化学特征，识别出冰雪样品中的特征化学生态指示计（比如，企鹅数量等）及其大气输入通量。在此基础上，采用年轻年代学标尺，建立近现代冰雪生态环境演变历史及其对气候变化的响应。本项目将探索性地把南极无冰区生态地质学和冰川学研究结合起来，为将来进一步通过冰心记录获取末次冰期（18000 年）及更长尺度的南极生态环境演变打下基础。

极地作为驱动全球大气和大洋水体循环的冷源，在全球气候变化中起着不可低估的作用。极地是全球全球性气候变化的最敏感的指示器，气候变化引起气温上的微小变化将会对全球海平面产生重大的影响，从而影响整个人类社会。对极地海冰、冰架和冰川的动态监测已经列入国家重点科技计划，极地环境变化监测是国际《南极条约》中的重要组成部分，这些都需要测绘工作提供必要的支持和保障，提供精准的大地测量、航空摄影测量数据、提供必需的地质调查图等。

　　冰川及古环境演化东南极冰盖演化历史在重建全球古气候演化模式时具有重要地位，而格罗夫山位于冰盖积累－消融分界线，是开展这一研究的关键地带。目前各国科学家已经积累了一批关于南极冰盖演化历史的科学数据，主要包括南极周边的海相沉积物序列，内陆冰盖的深冰芯反演，冰盖边缘的冰川地质、地貌、与冰川堆积，以及数字模拟等方面。但由于严酷的自然地理条件的限制，迄今为止除冰芯以外的研究大部分都局限于南极外围沿海地区，而对于南极内陆冰盖的野外考察和研究非常缺乏，以致使得南极新生代以来的冰盖变化及相应的古气候演化历史的恢复工作变得非常困难。

　　迄今为止，在南极冰盖历史的重建中有关冰盖在上新世暖期时是否存在大规模的消融事件，是目前南极地球科学界争论的焦点。各种意见大体可以分为两个派别——稳定派和活动派，前者认为自中新世南极大陆出现大规模的冰盖以来，这一冰盖一直稳定存在，其体积和规模没有发生大的变化；后者主要从古生物学和地层学的观察出发，认为南极冰盖自形成以来一直处于动态演化之中，经历了多次扩展和退缩，特别是在上新世时曾经发生过很大规模的气候变暖和冰川退却事件，最大冰川消减可以达到目前体积的1/3。

　　中国格罗夫山考察的初步成果显示，东南极大冰盖在上新世早期（约 5 Ma）以前，东南极内陆冰盖曾经出现过大规模的消融，即东南极大陆冰川的前缘至少曾经退缩到格罗夫山地区，距现今冰盖边缘 450 km。当时格罗夫山正处于东南极大冰盖的边缘，穿越山谷的冰川前缘应当造成众多冰碛湖盆。这类古冰蚀沉积湖盆内必然保存当时的气候环境记录。这些冰川终端湖又被后来的冰进所掩盖，成为现今的冰下古沉积盆地。对这些古冰下沉积盆地的钻探取样，必将获得当时格罗夫山古气候环境的大量信息，为最终解决东南极冰盖上新世时的演化历史提供可靠的关键性沉积证据。这项工作也将成为今后我国南极考察的又一个新亮点。

　　南极大陆是世界上发现最晚和地质研究程度最低的一个大陆。由于其所处的特殊地质、地理位置，南极大陆固体地球科学研究对于探索冈瓦纳古大陆的演化、欧亚大陆增生以及特提斯构造域的演化等全球性构造问题有着十分重要的现实意义。冈瓦纳古陆裂解后，印度大陆快速向北漂移，并于 65 Ma 前后与欧亚大陆碰撞，造就了青藏高原这一世界"屋脊"，被称为地球的第三极。然而，同属于冈瓦纳古陆的南极大陆却"纹丝不动"。人们不禁要问，造成冈瓦纳古陆裂解的原因是什么？裂解后的两个大陆在壳幔结构上存在什么差异？这些基本问题仅当我们了解了南极大陆、非洲大陆、印度大陆等以及青藏高原的详细的壳幔结构与流变学特性，通过分析不同大陆的壳幔结构差异与动力学行为，并结合其他学科综合研究，才能够对上述重大的地学理论问题给出回答。

　　东南极地盾是完全被大洋扩张中脊包围的，具有单一类型边界的大陆板块。据航空遥感资料，已知与冈瓦纳古陆裂解相关的兰伯特裂谷从普里兹湾陆架向南切入东南极克拉通，但如何向南延伸却尚未了解。不仅如此，伊利沙白公主地南侧甘布尔采夫冰下山脉相对高差 3 000 m，高峰几乎露出冰面。该山脉的性质究竟属于碰撞型板块边界（如喜马拉雅），还是裂谷型边界（南极横贯山脉），亦或地幔隆起构造（德干高原）都一无所知。东南极地盾东部蕴含的矿产资源一直是各国地学界关注的焦点，但由于艰苦条件所限，迄今为止仅仅在南查尔斯王子山看到少许地表的铁矿和煤矿露头，对 98% 冰雪覆盖地区及地壳内部的任何大型矿床则一无所知。格罗夫山是中山站向内陆辐射考察的必经之路，也是南极岩石圈研究的空白区。在该区域约 3 200 km² 的范围内分布着 64 座冰原岛峰，在该地区出露冰面的 64 个基岩露头上进行宽频带地震观测可以消除巨厚冰层对地震波的影响，获得约 3 200 km² 的区域范围内精细的地壳与地幔结构，研究其岩石组成、构造状态及变质作用。该研究不仅可填补东南极露岩区地质空白，了解迄今未知的大陆岩石圈结构与深部构造，亦可回答冈瓦纳最终形成的时代、格林维尔与泛非运动的演替关系和冈瓦纳裂解过程对环境的影响等重大科学问题。

极地生态环境的演化在当前的全球变化研究中是一个重要的议题。南极典型的海鸟或海兽，比如企鹅、海豹等海洋生物在无冰区活动的历史与冰盖进退、气候变化、海平面升降、海洋生产力的大小存在着密切的响应关系，探讨它们之间的相互关系将有助于深入认识全球变化的生态响应，并为评估和预测气候变化对南极生态系统的影响提供充分的科学依据。此外，在南极无冰区生态地质学研究基础上，通过先进的化学物理等手段，对格罗夫山地区开展现代冰雪界面生态地质学调查，识别出格罗夫山冰雪和古土壤中的生态指示计及交换通量，为利用冰芯恢复更长尺度的生态环境记录打下基础。

6.3 考察的主要成功经验

4 年的专项实施，为今后南极冰盖考察提供了许多宝贵经验。

①专项实施前的详细和周密设计非常重要。南极科学考察已经有几十年的历史，而冰盖考察研究是当前全球变化研究中一个重要的议题。对东南极冰盖从表层到深部进行大范围考察调查、利用获取的冰芯、气溶胶样品进行的科学考察取得了惊人的发现，为人类认识地球和环境变化作出了巨大的推动作用。能够取得如此进展的一个重要原因就是对科学问题的充分把握和理解，对考察作出的详细和周密的计划。

②充分的后勤支持和保障非常关键。冰盖专题考察主要是对中山站—冰穹 A 断面、昆仑站周边区域、埃默里冰架、格罗夫山脉进行现场考察，考察区域气候环境恶劣、地形复杂，人员队伍不稳定，对后勤保障条件的支持十分依赖。4 年专项实施过程中，给予冰盖专题充分的后勤支持和保障，是该专题获得较多成果的关键。

③参与专项的单位应有较为稳定的研究团队，是保证考察和项目执行的又一关键因素。

④数据质量是调查工作的生命线，参与单位的调查手段、分析测试方法和质量管理能力是项目成功与否的重要因素之一。项目组人员以我为主积极与国际知名实验室、专家学者开展了实质性合作研究，是确保数据质量可靠、研究成果领先的重要条件。

6.4 考察中存在的主要问题及原因分析

尽管在 4 年的考察中取得了许多成果和宝贵经验，但也暴露出了一些问题。

①受极地考察计划安排的影响，项目执行波动性较大。内陆考察时间较短，有些工作进行得比较仓促。还有些单位自 2012 年极地专项实施以来一直未能参加外业冰盖考察工作，这势必对未来的研究工作产生较大的影响。

②由于第 28 次南极科考过程中，K32 直升机出现意外事故，造成诸多需要直升机支撑的项目无法实施，我单位埃默里冰架项目就是其中之一，因此，有关埃默里冰架的项目的考核指标没有完成。因此进一步加强空中交通运输建设十分必要。

③近几年的内陆冰盖考察队由于时间紧，任务重等原因，都很少在前次考察队的营地宿营，所以从中山站至冰穹 A 沿线的很多 GPS 监测点未能复测，希望以后的内陆冰盖考察队能够在前次考察队的营地宿营，或白天停留一段时间，尽可能多地复测考察沿线的 GPS 监测点。

④项目执行过程中遇到的主要问题是样品不足，希望能通过增加外业工作机会来解决问题。本单位也应通过尽量完善的前期准备工作，最大限度利用有限的外业工作机会取得所需的样品。

⑤受项目经费总额所限，部分工作有待进一步深入，希望能得到更多的极地专项经费的支持和保障。在样品分析、数据处理进度方面的工作也有待进一步加强。

6.5　对未来科学考察的建议

建议极地办"十二五"专项办公室适当考虑增加本专题成员赴南极冰盖进行野外考察的频度和后勤保障。由于每年参加极地野外考察名额有限，导致个别参与单位未能派遣人员参与野外工作，建议参与单位之间相互协调，争取各参与单位至少有 1 人参与野外工作。

继续加强后勤保障，为极地科学考察提供充分的支持，进行站区至内陆站点的空中交通运输建设。

深冰芯钻探方面在后续的研究中应加强对深冰芯钻探数据的更新及分析，根据取得的钻机运行数据和孔内数据分析影响钻进效率的因素，并充分借鉴国外已有的处理孔内复杂工况的先进经验，结合冰穹 A 现场施工情况，更好地指导后续深冰芯钻探的进行。同时应该认真总结和掌握冰穹 A 地区不同地层钻进的参数，形成指导文件，为冰穹 A 地区以后的深冰芯钻探提供借鉴。此外，中山站—冰穹 A 断面是我国南极科学考察的主要断面，而冰川学考察又是考察的一项重要内容，冰芯钻探及其研究又是冰川学考察的重中之重，近期的冰川学考察把冰穹 A 深冰芯钻探列为重点，而忽略了中山站－冰穹 A 断面上其他地区冰芯钻探，断面上其他地区深（浅）冰芯钻探是冰穹 A 深冰芯钻探的有益补充。因此，建议未来极地专项考察过程中考虑断面上其他地区的冰芯钻探工作。

受南极内陆昆仑站考察时间所限，在以后的考察过程中断面考察要预留充足的时间。由于南极冰盖边缘区域积累率高，更容易受周边海域大气环流的影响，因此在下一步的研究中要着重于边缘高积累率区域的研究，同时在该区域进行浅冰芯钻探。

冰盖监测点是冰盖运动监测的基础，建议内陆考察区间要预留一定的时间对监测点复测。近几年的内陆冰盖考察队由于时间紧、任务重等原因，很少在原先考察队的营地宿营，所以从中山站至泰山站沿线的很多 GPS 监测点未能复测，希望以后尽量在原先考察队的营地宿营，或白天停留一段时间，以便复测沿线的 GPS 监测点。科考计划的正确执行是今后南极科学考察必须注意的问题，内陆考察要尽量完成预计的目标，对于冰盖监测点数据获取是需要时间的，应尽量安排好。

根据 2014 年 SCAR 开放科学大会 2 个特邀报告及 4 个专题报告，已确定上新世时东南极周边海冰消退，东南极冰盖边界退缩，海平面上升 15 m。SCAR 给出的明确信息说明这个领域将是今后数年国际南极研究的最重要课题。目前国际研究主要手段包括陆架钻探（AN-DRIL），陆架地球物理探测，数字模拟，但缺少冰盖内陆的陆基冰川地质研究数据。在这个方面，我国格罗夫考察研究成果已经占据明显的优势。鉴于以上研究成果，建议"十三五"期间开展冰雷达勘探内容、地质钻探取样内容、岩芯、水样分析内容。

参考文献

陈百炼,张人禾,孙菽芬,等.2010.一个冰盖近表层热传输模式及其对南极 Dome A 的温度模拟.中国科学,(1):84-93.

崔祥斌,孙波,田钢,等.2009.冰雷达探测研究南极冰盖的进展与展望.地球科学进展,24(4):392-402.

崔祥斌,孙波,田钢,等.2010.东南极 Dome A 冰雷达探测:冰厚分布和冰下地形.科学通报(3):268-273.

丁明虎.2013.南极冰盖物质平衡最新研究进展.地球物理学进展,28(1):24-35.

丁明虎,效存德,明镜,等.2009.南极冰盖表面物质平衡实测技术综述.极地研究,21(4):308-321.

侯书贵,李院生,效存德,等.2008.南极 Dome A 地区 109.91m 冰芯气泡封闭深度及稳定同位素记录的初步结果.中国科学,(11):1376-1383.

侯书贵,李院生,效存德,等.2007.南极 Dome A 地区的近期积累率.科学通报,52(2):243-245.

刘雷保.2005.南极海冰与气候.地球科学进展,20:786-793.

任贾文,效存德,侯书贵,等.2009.极地冰芯研究的新焦点:NEEM 与 Dome A.科学通报(4):399-401.

孙波,崔祥斌.2008.2007/2008 年度中国南极冰穹 A 考察新进展.极地研究,20(4):371-378.

唐学远,孙波,李院生,等.2009.南极冰盖研究最新进展.地球科学进展,24(11):1210-1218.

王帮兵,田钢,孙波,等.2009.南极冰盖内部结构特性研究——基于三维各向异性电磁波时域有限差分方法.地球物理学报,52(4):966-975.

效存德,李院生,侯书贵,等.2007.南极冰盖最高点满足钻取最古老冰芯的必要条件:Dome A 最新实测结果.科学通报,52(20):2456-2460.

张王滨,侯书贵,庞洪喜,等.2015.南极中山站-冰穹 A 断面表层雪不溶微粒单颗粒形貌特征及矿物组成.矿物岩石地球化学通报,34(6):1103-1108.

赵进平,李涛.2009.极低太阳高度条件下穿透海冰的太阳辐射研究[J].中国海洋大学学报,自然科学版,39(5):822-828.

Ai S,Wang Z,E D,et al.2014.Topography,ice thickness and ice volume of the glacier pedersenbreen in svalbard,using gpr and gps.Polar Research,33(2):116-118.

Alessandro B,Chiara C,Patrizia F,et al.2007.Liquid chromatography/tandem mass spectrometry determination of organophosphorus flame retardants and plasticizers in drinking and surface waters.Rapid Communications in Mass Spectrometry,21(7):1123-1130.

Alessandro B,Francesca C,Chiara G,et al.2008.Occurrence of organophosphorus flame retardant and plasticizers in three volcanic lakes of central italy.Environmental Science & Technology,42(6):1898-1903.

Alla Z,Dan I,Josef B,et al.2012.Synergy between secondary organic aerosols and long-range transport of polycyclic aromatic hydrocarbons.Environmental Science & Technology,46(22):12459-12466.

Amaelle L,Eugeni B,Boaz L.2008.Record of δ18O and 17O-excess in ice from vostok Antarctica during the last 150,000 years.Geophysical Research Letters,35(2):175-195.

Andresen J A,Grundmann A,Bester K.2004.Organophosphorus flame retardants and plasticisers in surface waters.Science of the Total Environment,332(1-3):155-166.

Andresen J A,Muir D,Ueno D,et al.2007.Emerging pollutants in the north sea in comparison to lake ontario,canada,data.Environmental Toxicology & Chemistry,26(6):1081-1089.

Bell R E,Fausto F,Creyts T T,et al. 2011. Widespread persistent thickening of the east antarctic ice sheet by freezing from the base. Science,331(6024):1592 – 1595.

Beyer A,Mackay D,Matthies M,et al. 2000. Assessing long – range transport potential of persistent organic pollutants. Environmental Science & Technology,34(4):699 – 703.

Bollmann U E,Axel M,Zhiyong X,et al. 2012. Occurrence and fate of organophosphorus flame retardants and plasticizers in coastal and marine surface waters. Water Research,46(2):531 – 538.

Boyd E S,Mark S,Mitchell A. C,et al. 2010. Methanogenesis in subglacial sediments. Environmental Microbiology Reports,2(5):685 – 692.

Bromwich D H,Guo Z,Bai L,et al. 2004. Modeled antarctic precipitation. part i:spatial and temporal variability. Journal of Climate,17(3):427 – 447.

Bromwich D H. 1988. Snowfall in high southern latitudes. Reviews of Geophysics,26(1):149 – 168.

Candelone J,Hong S,Pellone C,et al. 1995. Post – industrial revolution changes in large – scale atmospheric pollution of the northern hemisphere by heavy metals as documented in central greenland snow and ice. Journal of Geophysical Research Atmospheres,1001(D8):16605 – 16616.

Carlo B,Claude B,Christine M,et al. 2003. Seasonal variations of heavy metals in central greenland snow deposited from 1991 to 1995. Journal of Environmental Monitoring,5(2):328 – 335.

Carlos F S. 2012. Comparisons of technical analysis for determination of trace elements. PhD thesis,Instituto de Geociencias,Universidade Federal do Rio Grande do Sul.

Carlsson H,Nilsson U,Gerhard Becker A,et al. 1997. Organophosphate ester flame retardants and plasticizers in the indoor environment:analytical methodology and occurrence. Environmental Science & Technology,31(10):2931 – 2936.

Cheng B. 2002. On the numerical resolution in a thermodynamic sea – ice model. Journal of Glaciology,48(161):301 – 311.

Cheng X,Gong P,Zhang Y,et al. 2009. Surface topography of Dome A ,Antarctica,from differential gps measurements. Journal of Glaciology,55(189):185 – 187.

Chiuchiolo A L,Dickhut R M,Cochran M A,et al. 2004. Persistent organic pollutants at the base of the antarctic marine food web. Environmental Science & Technology,38(13):3551 – 3557.

Christian B,Peter S,Markus Z,et al. 2009. Blast from the past:melting glaciers as a relevant source for persistent organic pollutants. Environmental Science & Technology,43(21):8173 – 8177.

Christner B C,Priscu J C,Achberger A M,et al. 2014. A microbial ecosystem beneath the west antarctic ice sheet. Nature,512:310 – 313.

Cole – Dai J,Mosley – Thompson E,Thompson L G. 1997. Annually resolved southern hemisphere volcanic history from two antarctic ice cores. Journal of Geophysical Research Atmospheres,102(D14):16761 – 16771.

Cole – Dai J,Mosley – Thompson E,Wight S P,et al. 2000. A 4100 – year record of explosive volcanism from an east Antarctica ice core. Journal of Geophysical Research Atmospheres,105(D19):24431 – 24441.

Crozaz G,Picciotto E,De B W. 1964. Antarctic snow chronology with pb210. Journal of Geophysical Research,69(12):2597 – 2604.

Cui X,Sun B,Tian G,et al. 2010. Ice radar investigation at Dome A ,east Antarctica:ice thickness and subglacial topography. Chinese Science Bulletin,55(4):425 – 431.

Cullather R I,Bromwich D H,Van Woert M L. 1998. Spatial and temporal variability of antarctic precipitation from atmospheric methods. Journal of Climate,11(11):334 – 367.

Curran M A J,Van Ommen T D,Morgan V. 1998. Seasonal characteristics of the major ions in the high – accumulation dome summit south ice core, law dome, Antarctica. Annals of Glaciology, 27:385 – 390.

Dibb J E, Whitlow S I, Arsenault M. 2007. Seasonal variations in the soluble ion content of snow at summit. greenland: constraints from three years of daily surface snow samples. Atmospheric Environment, 41(24):5007 – 5019.

Ding M, Xiao C, Jin B, et al. 2010. Distribution of δ ~ (18)o in surface snow along a transect from zhongshan station to Dome A, east Antarctica. Chinese Science Bulletin, 55(24):2709 – 2714.

Ding M, Xiao C, Li Y, et al. 2011. Spatial variability of surface mass balance along a traverse route from zhongshan station to Dome A, Antarctica. Journal of Glaciology, 57(204):658 – 666.

Dobry A, Keller R. 1957. Vapor pressures of some phosphate and phosphonate esters. The Journal of Physical Chemistry, 61(10):1448 – 1449.

Dodson R E, Perovich L J, Adrian C, et al. 2012. After the pbde phase – out: a broad suite of flame retardants in repeat house dust samples from california. Environmental Science & Technology, 46(24):13056 – 13066.

Drewry D J, Meldrum D T. 1978. Antarctic airborne radio echo sounding, 1977 – 78. Polar Record, 19(120):267 – 273.

Eisen O, Nixdorf U, Wilhelms F, et al. 2004. Age estimates of isochronous reflection horizons by combining ice core, survey, and synthetic radar data. Journal of Geophysical Research, 109(109):229 – 245.

Elke F, Wilhelm P. 2003. Monitoring of the three organophosphate esters tbp, tcep and tbep in river water and ground water (oder, germany). Journal of Environmental Monitoring, 5(2):346 – 352.

EPICA Community Members. 2004. Eight glacial cycles from an Antarctic ice core. Nature, 429(6992):623 – 628.

EPICA Community Members. 2006. One – to – one coupling of glacial climate variability in Greenland and Antarctica. Nature, 444(7116):195 – 198.

EPICA Community Members. 2006. One – to – one interhemispheric coupling of millennial polar climate variability during the last glacial in the new EPICA Dronning Maud Land ice core. AGU Fall Meeting . AGU Fall Meeting Abstracts.

Eva G, Grimalt J O, Mireia B, et al. 2007. Altitudinal gradients of pbdes and pcbs in fish from european high mountain lakes. Environmental Science & Technology, 41(7):2196 – 2202.

Fernández P, Grimalt J O. 2003. On the global distribution of persistent organic pollutants. Chimia International Journal for Chemistry, 57(9):514 – 521.

Fiedler H. 2003. Persistent Organic Pollutants, 1 ed. Springer Berlin Heidelberg, Berlin, Germany.

Frezzotti M, Bitelli G, De Michelis P, et al. 2004. Geophysical survey at talos dome east Antarctica: the search for a deep new drilling site. Annals of Glaciology, 39(1):423 – 432(10).

Fries E, Puttmann W. 2001. Occurrence of organophosphate esters in surface water and ground water in germany. Journal of Environmental Monitoring, 3(6):621 – 626.

Fujita S, Maeno H, Uratsuka S, et al. 1999. Nature of radio echo layering in the antarctic ice sheet detected by a two – frequency experiment. Journal of Geophysical Research Atmospheres, 104(B6):13013 – 13024.

García M, Rodríguez I, Cela R. 2007. Optimisation of a matrix solid – phase dispersion method for the determination of organophosphate compounds in dust samples. Analytica Chimica Acta, 590(1):17 – 25.

Gerhard S D, Hartmut H H. 2003. The Importance of Sea Ice: An Overview. Blackwell Science Ltd, Oxford, UK.

Giovinetto M B, Bentley C R. 1985. Surface balance in ice drainage systems of Antarctica. Antarctic Journal of the United States, 20:6 – 13.

Goerke H, Weber K, Borneman, H, et al. 2004. Increasing levels and biomagnification of persistent organic pollutants (pops) in antarctic biota. Marine Pollution Bulletin, 48(3 – 4):295 – 302.

Grootes P M, Stuiver M. 1997. Oxygen 18/16 variability in greenland snow and ice with 10 − 3 – to 105 – year time resolution. Journal of Geophysical Research Atmospheres, 1022(C12):26455 – 26470.

Hagen J O,Melvold K,Pinglot F,et al. 2003. On the net mass balance of the glaciers and ice caps in svalbard,norwegian arctic. Arctic Antarctic & Alpine Research,35(2):264 – 270.

Hammer C U. 1977. Past volcanism revealed by greenland ice sheet impurities. Nature,270(270):482 – 486.

Harrad S,2009. Persistent Organic Pollutants. Wiley – Blackwell,Oxford,UK.

Hartmann P C,Bürgi D,Giger W. 2004. Organophosphate flame retardants and plasticizers in indoor air. Chemosphere,57(8):781 – 787.

Hause E M. 1991. Continental – scale simulation of the antarctic katabatic wind regime. Journal of Climate,4(2):135 – 146.

Hindmarsh R C A,Raymond M J,Gudmundsson G H. 2006. Draping or overriding:the effect of horizontal stress gradients on internal layer architecture in ice sheets. Journal of Geophysical Research,111(F2):347 – 366.

Hines K M,Bromwich D H,Parish T R. 1995. A mesoscale modeling study of the atmospheric circulation of high southern latitudes. Monthly Weather Review,123(4):1146.

Hodgson D A,Noon P E,Vyverman W,et al. 2001. Were the larsemann hills ice – free through the last glacial maximum?. Antarctic Science,13(4):440 – 454.

Hodgson D A,Verleyen E,Sabbe K,et al. 2005. Late quaternary climate – driven environmental change in the larsemann hills,east Antarctica,multi – proxy evidence from a lake sediment core. Quaternary Research,64(1):83 – 99.

Hogan A W,Egan W G,Samson J A,et al. 1990. Seasonal variation of some constituents of antarctic tropospheric air. Geophysical Research Letters,17(13):2365 – 2368.

Hou S,Li Y,Xiao C,et al. 2007. Recent accumulation rate at Dome A ,Antarctica. Chinese Science Bulletin,52(3):428 – 431.

Hua R,Hou S,Li Y,et al. 2016. Arsenic record from a 3 m snow pit at Dome Argus,Antarctica. Antarctic Science,1 – 8.

Huang T,Sun L,Wang Y,et al. 2009. Penguin population dynamics for the past 8500 years at Gardner Island,Vestfold Hills. Antarctic Science,21(6):571 – 578.

Huybrechts P. 2006. Numerical modeling of ice sheets through time. Blackwell Publishing,Oxford,UK.

Jacobel R W,Welch B C,Steig E J,et al. 2005. Glaciological and climatic significance of hercules dome,Antarctica:an optimal site for deep ice core drilling. Journal of Geophysical Research Atmospheres,110(F1):83 – 100.

Jiang S,Cole – dai J,Li Y,et al. 2012. A detailed 2840 year record of explosive volcanism in a shallow ice core from Dome A ,east Antarctica. Journal of Glaciology,58(207):65 – 75.

Jouko L. 2006. Inter – comparisons of thermodynamic sea – ice modeling results using various parameterizations of radiative flux. Acta Oceanologica Sinica – English Edition – ,25(1):21 – 31.

Jouzel J,Alley R B,Cuffey K M,et al. 2010. Validity of the temperature reconstruction from water isotopes. Acta Metallurgica,10(5):501 – 509.

Jouzel J,Masson – Delmotte V,Cattani O,et al. 2007. Orbital and millennial antarctic climate variability over the past 800,000 years. Science,317(5839):793 – 796.

Jouzel J,Merlivat L,Petit J R,et al. 1983. Climatic information over the last century deduced from a detailed isotopic record in the south pole snow. Journal of Geophysical Research Atmospheres,88(C4):2693 – 2704.

Julia R,Wilhelm P. 2010. Occurrence and fate of organophosphorus flame retardants and plasticizers in urban and remote surface waters in germany. Water Research,44(14):4097 – 104.

K?? b A,Lefauconnier B,Melvold K. 2005. Flow field of kronebreen,svalbard,using repeated landsat 7 and aster data. Annals of Glaciology,42(1):7 – 13.

Kelly B C,Ikonomou M G,Blair J D,et al. 2007. Food web – specific biomagnification of persistent organic pollutants.

Science,317(5835):236 - 239.

Khanghyun L,Soon Do H,Shugui H,et al. 2008. Atmospheric pollution for trace elements in the remote high - altitude atmosphere in central asia as recorded in snow from mt. qomolangma (everest) of the himalayas. . Science of the Total Environment,404(1):171 - 181.

Kohler A,Chapuis A,Nuth C,et al. 2012. Autonomous detection of calving - related seismicity at kronebreen,svalbard. Cryosphere,6(2):393 - 406.

Krachler M,Zheng J,Fisher D,et al. 2008. Atmospheric inputs of Ag and Tl to the arctic:comparison of a high resolution snow pit (ad 1994 - 2004) with a firn (ad 1860 - 1996) and an ice core (previous 16,000yr). Science of the Total Environment,399(S1 - 3):78 - 89.

Kurt W,Helmut G. 2003. Persistent organic pollutants (pops) in antarctic fish:levels,patterns,changes. Chemosphere, 53(6):667 - 678.

Kushner P J. 2001. Southern hemisphere atmospheric circulation response to global warming. Journal of Climate,14 (10):2238 - 2249.

Landais A,Ekaykin A,Barkan E,et al. 2012. Seasonal variations of 17O - excess and d - excess in snow precipitation at vostok station,east Antarctica. Journal of Glaciology,58(210):725 - 733.

Legrand M R,Delmas R J. 1984. The ionic balance of antarctic snow:a 10 - year detailed record. Atmospheric Environment,18(9):1867 - 1874.

Legrand M R,Delmas R J. 1988. Formation of HCl in the Antarctic atmosphere. Journal of Geophysical Research:Atmospheres,93(D6):7153 - 7168.

Legrand M,Angelis M D,Delmas R J. 1984. Ion chromatographic determination of common ions at ultratrace levels in antarctic snow and ice. Analytica Chimica Acta,156(00):181 - 192.

Legrand M,Feniet - Saigne C,Saltzman E S,et al. 1992. Spatial and temporal variations of methanesulfonic acid and non sea salt sulfate in antarctic ice. Journal of Atmospheric Chemistry,14(1 - 4):245 - 260.

Li C J,Xiao C D,Hou S G,et al. 2012. Dating a 109. 9 m ice core from Dome A (east Antarctica) with volcanic records and a firn densification model. Science China,55(8):1280 - 1288.

Li X,Sun B,Siegert M J, et al. 2010. Characterization of subglacial landscapes by a two - parameter roughness index. Journal of Glaciology,56(199):831 - 836.

Liu X,Sun L,Xie Z,et al. 2007. A preliminary record of the historical seabird population in the Larsemann Hills,East Antarctica,from geochemical analyses of Mochou Lake sediments. Boreas,36(2):182 - 197.

Liu X,Zhao Y,Liu X,et al. 2003. Geology of the Grove Mountains in East Antarctica. Science in China Series D:Earth Sciences,46(4):305 - 319.

Lythe M B,Vaughan D G. 2001. Bedmap:a new ice thickness and subglacial topographic model of Antarctica. Journal of Geophysical Research,106(106):11335 - 11352.

Marklund A,Andersson B,Haglund P. 2003. Screening of organophosphorus compounds and their distribution in various indoor environments. Chemosphere,53(9):1137 - 1146.

Marklund A,Andersson B,Haglund P. 2005. Organophosphorus flame retardants and plasticizers in air from various indoor environments. Journal of Environmental Monitoring,7(8):814 - 819.

Marshall G J,Stott P A,John T,et al. 2004. Causes of exceptional atmospheric circulation changes in the southern hemisphere. Geophysical Research Letters,311(14):232 - 242.

Masson - Delmotte V,Hou S,Ekaykin A,et al. 2008. A review of antarctic surface snow isotopic composition:observations,atmospheric circulation,and isotopic modeling * . Journal of Climate,21(13):3359 - 3387.

Mccabe J R,Thiemens M H,Savarino J. 2007. A record of ozone variability in south pole antarctic snow:role of nitrate oxygen isotopes. Journal of Geophysical Research Atmospheres,112(D12):1103 – 1118.

Meeker J D,Stapleton H M. 2010. House dust concentrations of organophosphate flame retardants in relation to hormone levels and semen quality parameters. . Environmental Health Perspectives,118(3):318 – 323.

Michel L,Paul M. 1997. Glaciochemistry of polar ice cores:a review. Reviews of Geophysics,35(3):219 – 243.

Minikin A,Wagenbach D,Graf W,et al. 1994. Spatial and seasonal variations of the snow chemistry at the central filchner – ronne ice shelf,Antarctica. Annals of Glaciology,20(1):283 – 290.

Moholdt G,Nuth C,Hagen J O,et al. 2010. Recent elevation changes of svalbard glaciers derived from icesat laser altimetry. Remote Sensing of Environment,114(11):2756 – 2767.

M? ller A,Sturm R,Xie Z,et al. 2012. Organophosphorus flame retardants and plasticizers in airborne particles over the northern pacific and indian ocean toward the polar regions:evidence for global occurrence. Environmental Science & Technology,46(6):3127 – 3134.

M? ller K,Crescenzi C,Nilsson U. 2004. Determination of a flame retardant hydrolysis product in human urine by spe and lc – ms. comparison of molecularly imprinted solid – phase extraction with a mixed – mode anion exchanger. Analytical & Bioanalytical Chemistry,378(1):197 – 204.

Motoyama H. 2007. The second deep ice coring project at dome fuji,Antarctica. Scientific Drilling,5(5).

Muir D C,Howard P H. 2006. Are there other persistent organic pollutants? a challenge for environmental chemists. Environmental Science & Technology,40(23):3030.

Neumann T A,Conway H,Price S F,et al. 2008. Holocene accumulation and ice sheet dynamics in central west Antarctica. Journal of Geophysical Research Earth Surface,113(F2).

Nowak A K,Byrne M J,Williamson R,et al,Musk A W,Robinson B W. 2007. "edml1":a chronology for the epica deep ice core from dronning maud land,Antarctica,over the last 150 000 years. Climate of the Past,3(2):475 – 484.

Nuth C,Moholdt G,Kohler J,et al. 2010. Svalbard glacier elevation changes and contribution to sea level ris. Journal of Geophysical Research,115(F1):137 – 147.

Orsi A H,Iii T W,Nowlin W D. 1995. On the meridional extent and fronts of the antarctic circumpolar current. Deep Sea Research Part I Oceanographic Research Papers,42(5):641 – 673.

Pang H,Hou S,Landais A,et al. 2015. Spatial distribution of 17 o – excess in surface snow along a traverse from zhongshan station to Dome A ,east Antarctica. Earth & Planetary Science Letters,414:126 – 133.

Parish T R,Bromwich D H. 1998. A case study of antarctic katabatic wind interaction with large – scale forcing ∗ . Monthly Weather Review,126(1):199 – 209.

Parish T R,Bromwich D H. 2007. Reexamination of the near – surface airflow over the antarctic continent and implications on atmospheric circulations at high southern latitudes ∗ . Monthly Weather Review,135(5):1961 – 1973.

Parish T R. 1988. Surface winds over the antarctic continent:a review. Reviews of Geophysics,26(1):169 – 180.

Peterle T J. 1969. DDT in antarctic snow. Nature,224(5219):620.

Petit J R,Basile I,Leruyuet A,et al. 1997. Four climate cycles in Vostok ice core. Nature,387(6631):359 – 360.

Petit J R,Jouzel J,Raynaud D,et al. 1999. Climate and atmospheric history of the past 420,000 years from the Vostok ice core,Antarctica. Nature,399(6735):429 – 436.

Piccardi G,Udisti R,Casella F. 1994. Seasonal Trends and Chemical Composition of Snow at Terra Nova Bay (Antarctica). International Journal of Environmental Analytical Chemistry,55(1 – 4):219 – 234.

Qin D,Mayewski P A,Lyons W B,et al. 2015. Lead pollution in Antarctic surface snow revealed along the route of the International Trans – Antarctic Expedition. Annals of Glaciology,75(1):52.

Qin D,Petit J R,Jouzel J,et al. 1994. Distribution of stable isotopes in surface snow along the route of the 1990 International Trans – Antarctica Expedition. Journal of Glaciology,40(134):107 – 118.

Qin D,Zeller E J,Dreschhoff G A M. 1992. The distribution of nitrate content in the surface snow of the antarctic ice sheet along the route of the 1990 international trans – Antarctica expedition. Journal of Geophysical Research Space Physics,97(A5):6277 – 6284.

Qin D. 1991. Development,hotspots and prospects of Antarctic glaciology. Advance in Earth Sciences,6:38 – 43.

Quintana J B,Rodil R,Reemtsma T. 2006. Determination of phosphoric acid mono – and diesters in municipal wastewater by solid – phase extraction and ion – pair liquid chromatography – tandem mass spectrometry. Analytical Chemistry,78(5):1644 – 1650.

Ren J,Li C,Hou S,et al. 2010. A 2680 year volcanic record from the DT401 east antarctic ice core. Journal of Geophysical Research Atmospheres,115(115):3421 – 3423.

Ren J,Xiao C,Hou S,et al. 2009. New focuses of polar ice – core study:NEEM and Dome A . Chinese Science Bulletin,54(6):1009 – 1011.

Rignot E,Mouginot J,Scheuchl B. 2011. Ice flow of the antarctic ice sheet. Science,333(6048):1427 – 1430.

Risebrough R W,Schmidt T T,De Lappe B W,et al. 1976. Transfer of chlorinated biphenyls to Antarctica. Nature,264(5588):738 – 739.

Risi C,Landais A,Bony S,et al. 2010. Understanding the 17O excess glacial – interglacial variations in vostok precipitation. Journal of Geophysical Research Atmosperes,115(D10):985 – 993.

Ritter L,Solomon K,Forget J,et al. 1995. A review of selected persistent organic pollutants. International Programme on Chemical Safety (IPCS). PCS/95. 39. Geneva:World Health Organization:65,66.

Rolstad C,Norland R. 2009. Ground based interferometric radar for velocity and calving rate measurements of the tidewater glacier kronebreen,svalbard,from august 2007 and 2008. Annals of Glaciology,50(50):47 – 54(8).

Rosario R,José Benito Q,Thorsten R. 2005. Liquid chromatography – tandem mass spectrometry determination of nonionic organophosphorus flame retardants and plasticizers in wastewater samples. Analytical Chemistry,77(10):3083 – 3089.

Runa A,Mahalinganathan K,Meloth T,et al. 2011. Organic carbon in antarctic snow:spatial trends and possible sources. Environmental Science & Technology,45(23):9944 – 9950.

Schneidemesser E V,Schauer J J,Shafer M M,et al. 2008. A method for the analysis of ultra – trace levels of semi – volatile and non – volatile organic compounds in snow and application to a greenland snow pit. Polar Science,2(4):251 – 266.

Siegert M J,Hodgkins R,Dowdeswell J A. 1998. A chronology for the dome c deep ice – core site through radio – echo layer correlation with the vostok ice core,Antarctica. Geophysical Research Letters,25(7):1019 – 1022.

Siegert M J,Payne A J. 2004. Past rates of accumulation in central west Antarctica. Geophysical Research Letters,31(12):577 – 588.

Simonetta C,Adrian C,Nicoletta A,et al. 2006. Occurrence of organochlorine pesticides (ocps) and their enantiomeric signatures,and concentrations of polybrominated diphenyl ethers (pbdes) in the adélie penguin food web,Antarctica. Environmental Pollution,140(140):371 – 82.

Simonich S L,Hites R A. 1995. Global distribution of persistent organochlorine compounds. Science,269(5232):1851 – 1854.

Sj? din A,Carlsson H,Thuresson K,et al. 2001. Flame Retardants in Indoor Air at an Electronics Recycling Plant and at Other Work Environments. Environmental Science & Technology,35(3):448 – 454.

Sladen W J,Menzie C M,Reichel W L. 1966. DDT residues in adelie penguins and a crabeater seal from Antarctica. Nature,210(5037):670 – 673.

Steig E J,Morse D L,Waddington E D,et al. 2000. Wisconsinan and holocene climate history from an ice core at taylor dome,western ross embayment,Antarctica. Geografiska Annaler,82(2 – 3):213 – 235.

Stibal M,Wadham J L,Lis G P,et al. 2012. Methanogenic potential of arctic and antarctic subglacial environments with contrasting organic carbon sources. Global Change Biology,18(18):3332 – 3345.

Sun B,Siegert M J,Mudd S M,et al. 2009. The gamburtsev mountains and the origin and early evolution of the antarctic ice sheet. Nature,459(7247):690 – 693.

Sun J,Ren J,Qin D,et al. 1999. Sulfur – containing species in a snow pit in the Lambert Glacier basin,East Antarctica. Annals of Glaciology,29(1):84 – 88.

Sun J,Ren J,Qin D. 2001. 60 years record of biogenic sulfur from lambert glacier basin firn core,east Antarctica. Annals of Glaciology,35(1):362 – 367.

Sun L,Liu X,Yin X,et al. 2005. Sediments in palaeo – notches:potential proxy records for palaeoclimatic changes in Antarctica. Palaeogeography Palaeoclimatology Palaeoecology,218(3):175 – 193.

Sun L,Liu X,Yin X,et al. 2004. A 1,500 – year record of antarctic seal populations in response to climate change. Polar Biology,27(8):495 – 501.

Sungmin H,Tseren – Ochir S E,Hee Jin H,et al. 2012. Evidence of global – scale as,mo,sb,and tl atmospheric pollution in the antarctic snow. Environmental Science & Technology,46(21):11550 – 11557.

Tang X,Sun B,Zhang Z,et al. 2011. Structure of the internal isochronous layers at Dome A ,east Antarctica. Science China,54(3):445 – 450.

Tang X,Zhang Z,Sun B,et al. 2008. Antarctic ice sheet glimmer model test and its simplified model on 2 – dimensional ice flow. Progress in Natural Science,18(2):173 – 180.

Thompson L G,Lin P N. 2000. A high – resolution millennial record of the south asian monsoon from himalayan ice cores. Science,289(5486):1916 – 1920.

Thorvald S,Conny O. 2005. Organophosphate triesters in indoor environments. Journal of Environmental Monitoring Jem,7(9):883 – 887.

Trepte C R,Veiga R E,Mccormick M P. 1993. The poleward dispersal of mount pinatubo volcanic aerosol. Journal of Geophysical Research Atmospheres,98(D10):18563 – 18573.

Tsunogai S,Henmi T. 2002. Distribution of persistent organochlorines in the oceanic air and surface seawater and the role of ocean on their global transport and fate. Environmental Science & Technology,27(6):495 – 499.

Turner J,Bindschadler R A,Convey P,et al. 2009. Antarctic Climate Change and the Environment,Cambridge University Press,Cambridge,UK.

Udisti R,Bellandi S,Piccardi G. 1994. Analysis of snow from Antarctica:a critical approach to ion – chromatographic methods. Fresenius Journal of Analytical Chemistry,349(4):289 – 293.

Uemura R,Barkan E,Abe O,et al. 2010. Triple isotope composition of oxygen in atmospheric water vapor. Geophysical Research Letters,37(4):307 – 328.

Van Loon H,Madden R A. 2009. The southern oscillation. part i:global associations with pressure and temperature in northern winter. Monthly Weather Review,109(109):1150 – 1162.

Velde K V D,Vallelonga P,Candelone J P,et al. 2005. Pb isotope record over one century in snow from victoria land, Antarctica. Earth & Planetary Science Letters,232(S1 – 2):95 – 108.

Verleyen E,Hodgson D A,Sabbe K,et al. 2004. Late quaternary deglaciation and climate history of the larsemann hills (east Antarctica). Journal of Quaternary Science,19(4):361 – 375.

Vincent D G. 2010. The south pacific convergence zone (spcz):a review. Monthly Weather Review,122:1949 – 1970.

Vittuari L,Vincent C,Frezzotti M,et al. 2004. Space geodesy as a tool for measuring ice surface velocity in the dome c region and along the itase traverse. Annals of Glaciology,33(13):904.

Wadham J L, Deáth R, Monteiro F M, et al. The potential role of the Antarctic Ice Sheet in global biogeochemical cycles. Earth and Environmental Science Transactions of the Royal Society of Edinburgh, 2013, 104(1):55 – 67.

Wagenbach D, G? rlach U, Moser K, et al. 1988. Coastal antarctic aerosol: the seasonal pattern of its chemical composition and radionuclide content. Tellus Series B – chemical & Physical Meteorology, 40B(5):426 – 436.

Wang B, Tian G, Cui X, et al. 2008. The internal cof features in Dome A of Antarctica revealed by multi – polarization – plane res. Applied Geophysics, 5(3):230 – 237.

Wang X, Liu J, Yin Y. 2011. Development of an ultra – high – performance liquid chromatography – tandem mass spectrometry method for high throughput determination of organophosphorus flame retardants in environmental water. Journal of Chromatography A, 1218(38):6705 – 6711.

Wania F, Mackay D. 1993. Global fractionation and cold condensation of low volatility organochlorine compounds in polar regions. Ambio, 22(1):10 – 18.

Wania F, Mackay D. 1995. A global distribution model for persistent organic chemicals. Science of the Total Environment, S160 – 161:211 – 232.

Wania F, Mackay D. 1996. Peer reviewed: tracking the distribution of persistent organic pollutants. . Environmental Science & Technology, 11(1):N2 – N3.

Wania F, Mackay D. 1999. The evolution of mass balance models of persistent organic pollutant fate in the environment. Environmental Pollution, 100(1 – 3):223 – 240.

Waxman E M, Dzepina K, Ervens B, et al. 2013. Secondary organic aerosol formation from semi – and intermediate – volatility organic compounds and glyoxal: relevance of o/c as a tracer for aqueous multiphase chemistry. Geophysical Research Letters, 40(5):978 – 982.

Wensing M, Uhde E, Salthammer T. 2005. Plastics additives in the indoor environment – flame retardants and plasticizers. Science of the Total Environment, 339(1 – 3):19 – 40.

Wesche C, Eisen O, Oerter H, et al. 2007. Surface topography and ice flow in the vicinity of the edml deep – drilling site, Antarctica. Journal of Glaciology, 53(182):442 – 448(7).

Wexler H, 1959. Seasonal and other temperature changes in the Antarctic atmosphere. Quarterly Journal of the Royal Meteorological Society, 85(365):196 – 208.

Whitlow S, Mayewski P A, Dibb J E. 1992. A comparison of major chemical species seasonal concentration and accumulation at the south pole and summit, greenland. Atmospheric Environment, 26(11):2045 – 2054.

Witherow R A, Lyons W B, Bertler N A N, et al. 2006. The aeolian flux of calcium, chloride and nitrate to the mcmurdo dry valleys landscape: evidence from snow pit analysis. Antarctic Science, 18(4):497 – 505.

Wolff E W, Brook E. 2008. International partnerships in ice core sciences (ipics): steering committee meeting. Damien Cardinal, 16(3):111 – 113.

Wu X, Lam J C W, Xia C, et al. 2010. Atmospheric HCH Concentrations over the Marine Boundary Layer from Shanghai, China to the Arctic Ocean: Role of Human Activity and Climate Change. Environmental Science & Technology, 44(22):8422 – 8428.

Wu X, Lam J C W, Xia C, et al. 2011. Atmospheric concentrations of ddts and chlordanes measured from shanghai, china to the arctic ocean during the third china arctic research expedition in 2008. Atmospheric Environment, 45(22):3750 – 3757.

Xiao C, Ding M, Masson – Delmotte V, et al. 2013. Stable isotopes in surface snow along a traverse route from zhongshan station to Dome A, east Antarctica. Climate Dynamics, 41(9 – 10):1 – 12.

Xiao C, Qin D, Yao T, et al. 2000. Global pollution shown by lead and cadmium contents in precipitation of polar regions and qinghai – tibetan plateau. Chinese Science Bulletin, 45(9):847 – 853.

Xu S,Xie Z,Li B,et al. 2010. Iodine speciation in marine aerosols along a 15 000 – km round – trip cruise path from shanghai,china,to the arctic ocean. Environmental Chemistry,7(5):406 – 412.

Yang Y,Sun B,Wang Z,et al. 2014. Gps – derived velocity and strain fields around Dome A rgus,Antarctica. Biocontrol Science & Technology,60(222):735 – 742.

Yao,T. 1998. Ice core study of the tibetan plateau. Journal of Glaciolgy & Geocryology,20:2333 – 2337.

Yasunori K,Sachiko N,Isao F. 2002. Degradation of organophosphoric esters in leachate from a sea – based solid waste disposal site. Chemosphere,48(2):219 – 225.

Zhang N,An C,Fan X,et al. 2014. Chinese first deep ice – core drilling project dk – 1 at Dome A ,Antarctica (2011 – 2013):progress and performance. Annals of Glaciology,55:88 – 98.

Zhang S,E D,Wang Z,et al. Ice velocity from static GPS observations along the transect from Zhongshan station to Dome A ,East Antarctica. Ann Glaciol,2008,48(1):113 – 118.

Zhang S,E D,Wang Z,et al. 2007. Surface topography around the summit of Dome A ,Antarctica,from real – time kinematic GPS. Journal of Glaciology,53(53):159 – 160.

附 件

附件1 考察区域及站位图

中山站—昆仑站（Dome A）内陆冰盖主断面区、昆仑站及周边地区、昆仑站深冰芯钻探区、甘布尔采夫冰下山脉区域、埃默里冰架区、格罗夫山地区、中山站及周边。

冰穹 A 地区：冰穹 A 地区高程在 4 050 m 以上的面积有 9 582 km²。根据卫星测高和地面测绘资料显示，冰穹 A 最高点区域为一个东西宽 10 ~ 15 km、长约 60 km、沿东北—西南方向展布的平台地形。冰穹 A 地区常年为高压冷气团控制，高空辐合，低空辐散，是南极冷源的中心区。

格罗夫山地区：介于 72°20′—73°10′S、73°50′—75°40′E 之间，含 64 座冰原岛峰，面积约 3 200 km²。宽频带流动地震台阵列及剖面设计则包括拉斯曼丘陵（中山站），西福尔丘陵（澳大利亚戴维斯站），及横跨兰伯特裂谷的南查尔斯王子山，北查尔斯王子山等基岩露头区。地质填图和陨石回收将涉及南、北查尔斯王子山等基岩露头区和普里兹湾沿岸基岩露头区。

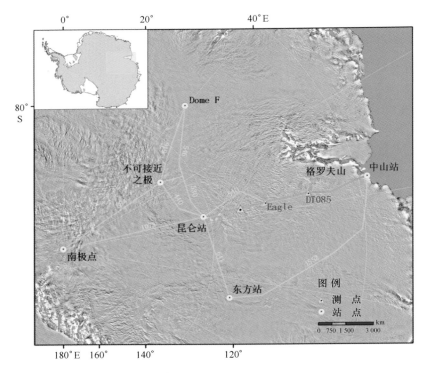

附图 1-1　冰盖断面及昆仑站、格罗夫山和中山站等考察范围和区域

埃默里冰架区：冰架是冰盖和海洋的交汇区，是冰盖与海洋共同作用的产物。在全球变

化的背景下，冰架具有易变性和脆弱性。埃默里冰架面积约为 $6 \times 10^4 \ km^2$，是东南极最大的冰架。尽管埃默里冰架边缘仅占东南极海岸线的 2%，但东南极冰盖 16% 的冰量由此输入大洋，因此埃默里冰架是一个重要的动态系统。

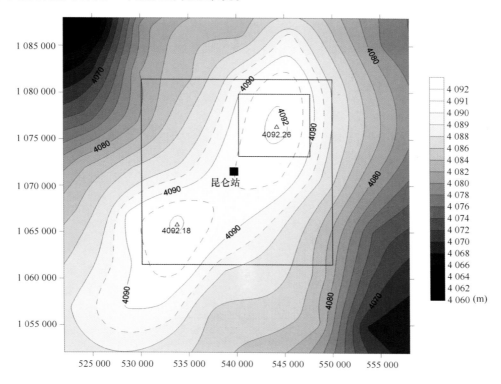

附图 1-2 南极冰盖冰穹 A 地区表面地形

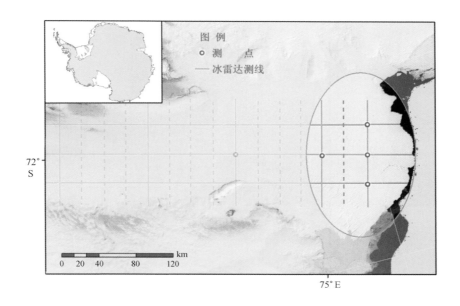

附图 1-3 埃默里冰架考察区域

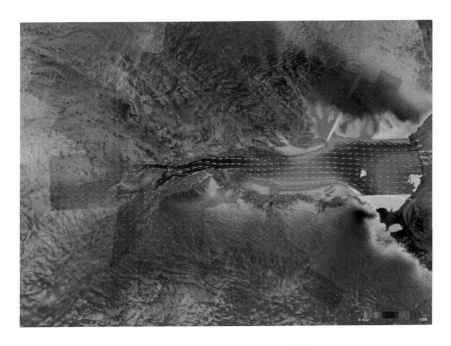

附图 1-4　埃默里冰架卫星影像

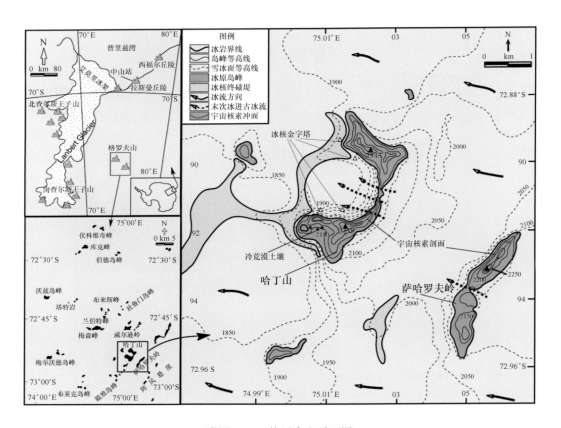

附图 1-5　格罗夫山平面图

附件 2 主要仪器设备一览表

附表 2 – 1 野外观测设备

序号	设备名称
1	深冰芯钻机
2	中/浅冰芯钻机和现场分析设备
3	车载冰雷达
4	冰钻及地质取样钻机及附件
5	岩芯切割
6	包装设备
7	常规地质装备
8	宽频流动地震台及辅助设备
9	遥感及地面测绘设备
10	自动气象站
11	冰盖表面特征监测系统
12	极地海基海冰浮标
13	中山站至昆仑站冰盖表面积雪及温度链监测仪器
14	集装箱实验舱
15	铝合金箱子
16	气象站
17	物资箱 1~5
18	FA – 1 型六级筛孔撞击式空气微生物采样器
19	TH – 150 型智能中流量总悬浮微粒采样器
20	PM10 – 100 型大气可吸入颗粒物切割器
21	公牛（BULL）GN – 804 防冻结工程供电系统
22	野外便携式雪地浅层雪芯钻探器
23	积雪监测系统
24	Leica AT504 扼流圈天线
25	Leica SR530 GPS 接收机
26	Leica GRX1200 GPS 接收机
27	Leica AT502 GPS 天线
28	Leica AX1202 GPS 天线
29	Leica GX1230 GPS 接收机
30	加拿大 Sensor & Software 公司生产的 pulseEKKO PRO 型探地雷达

附表 2 - 2　现场分析设备

序号	设备名称
1	冰密度测量设备
2	ECM 仪
3	自动化扫描分析设备
4	冰组构分析仪
5	钻孔温度测量设备

附表 2 - 3　样品实验室分析设备

序号	设备名称
1	ICS - 3000 离子色谱仪
2	Picarro 同位素分析仪
3	Finnigan MAT - 253 稳定同位素比质谱仪
4	Beckman Coulter Multisizer3 微粒分析仪
5	Varian GC450 气相色谱仪
6	PerkinElmerQuantulus 1220 液体闪烁计数仪
7	Milli - Q Element 洁净实验室超纯水制备系统
8	X 射线衍射仪
9	α/β 计数系统 MINI 20、SEM 扫描电镜
10	冰切片磨制机（Leica SM2400）
11	冰芯带锯（HEMA BB_ 315_ S 和 HEMA BB_ 315_ H）
12	冰组构自动分析仪（G50）
13	高分辨时间飞行气溶胶质谱 1 套（HR - ToF - AMS）（含车载平台）
14	电感耦合等离子质谱（ICP - SFMS）
15	外置离子阱型气相色质联用仪（ITQ1100）
16	雪特性分析仪（Snow Fork）10 套
17	低浓度 α/β 活化度计数仪
18	高温元素分析仪
19	低温微生物分析系统
20	偏光显微镜
21	电子探针
22	扫描电子显微镜（JEOL JSM - 6490）
23	多道同位素质谱仪
24	惰性气体质谱仪
25	宇宙核素前处理

序号	设备名称
26	大功率同位素质谱仪
27	Ar – Ar 质谱仪
28	透射电子显微镜
29	有机物质谱仪
30	深部冰雷达系统 2 套
31	浅部冰雷达系统 3 套
32	500 m 冰芯钻机和深冰芯钻机系统
33	星载差分高精度定位 GPS 系统（StarFire 32）
34	机载电磁感应测量系统（EM – bird）
35	机载航拍照相机
36	高光谱可见光辐照度计
37	气体稳定同位素质谱仪
38	ORTEC 高纯锗 γ 射线探测器
39	ICP – OES DV2100
40	4000 Q TRAP LC/MS/MS 系统
41	ICS5000，DIONEX 离子色谱分析仪
42	CoF3 法线外制备纯 O_2 流程 – 质谱线外双路测试系统

附件 3 承担单位及主要人员一览表

附表 3 – 1 承担单位一览表

序号	承担单位
1	中国极地研究中心
2	中科院青藏所
3	中科院寒旱所
4	武汉大学
5	黑龙江测绘地理信息局
6	南京大学
7	中国科学技术大学
8	吉林大学
9	太原理工大学

附表 3 – 2 主要参与人员一览表

序号	姓名	职称/职务	从事专业	所在单位	在项目中分工
1	孙波	研究员	冰川学	中国极地研究中心	项目总负责人
2	吴文会	高工	摄影测量与遥感	黑龙江测绘地理信息局	子项目负责
3	侯书贵	教授	冰川学	南京大学	子项目负责
4	刘小汉	研究员	地质学、古环境	中国科学院青藏高原研究所	子项目负责
5	王泽民	教授	大地测量学	武汉大学	子项目负责
6	孙立广	教授	生态地质学	中国科学技术大学	子项目负责
7	效存德	研究员	冰川学	中国科学院寒区旱区环境与工程研究所	子项目负责
8	孙友宏	教授	钻探工程	吉林大学	子项目负责
9	窦银科	教授	仪器科学	太原理工大学	子项目负责
10	李院生	研究员	地球化学	中国极地研究中心	负责深冰芯
11	闫明	研究员	冰川学	中国极地研究中心	北极冰川学研究及现场
12	刘雷保	研究员	冰川学	中国极地研究中心	雪冰研究及现场
13	崔祥斌	助理研究员	雷达冰川学	中国极地研究中心	冰雷达及现场
14	郭井学	高工	地球物理	中国极地研究中心	冰盖/冰架变化
15	唐学远	副研究员	冰川动力学	中国极地研究中心	冰盖数值模拟
16	史贵涛	副研究员	自然地理学	中国极地研究中心	冰芯钻探研究
17	安春雷	助理研究员	自然地理学	中国极地研究中心	冰芯钻探研究
18	姜苏	副研究员	雪冰化学	中国极地研究中心	分析测试
19	马红梅	高工	分析化学	中国极地研究中心	分析测试
20	王甜甜	博士研究生	冰川学	中国极地研究中心	数据处理
21	张向培	助理研究员	地球物理	中国极地研究中心	冰川物理
22	张栋	博士研究生	遥感	中国极地研究中心	遥感
23	夏利花	实验员	冰川学	中国极地研究中心	样品分析
24	马天鸣	硕士研究生	冰川学	中国极地研究中心	雪冰分析与现场
25	于金海	硕士研究生	冰川学	中国极地研究中心	雪冰分析与现场
26	程陈瑶	研实员	冰川物理	中国极地研究中心	数据处理
27	李鑫	助理研究员	电磁物理学	中国极地研究中心	冰雷达及现场
28	仝来喜	研究员	变质岩石学、地球化学	中国科学院广州地球化学研究所	变质作用与变质岩
29	侯兴松	副教授,博导	冰雷达数据处理	西安交通大学	冰雷达数据处理
30	琚宜太	研究员	陨石与岩石学	中国冶金地质研究院	冰川地质地貌研究
31	黄费新	副研究员	宇宙成因核素	中国冶金地质研究院	宇宙成因核素研究
32	李广伟	博士后	沉积岩石学	中国科学院青藏高原研究所	古沉积过程与大地构造
33	韦利杰	博士后	微古生物,孢粉学	中国科学院青藏高原研究所	孢粉化石研究
34	刘小兵	博士生	构造地质学	中国科学院青藏高原研究所	冰川地质地貌研究
35	赵俊猛	研究员	地震地球物理勘探	中国科学院青藏高原研究所	天然地震探测
36	刘宏兵	研究员	地震地球物理勘探	中国科学院青藏高原研究所	天然地震探测
37	裴顺平	副研究员	地震地球物理勘探	中国科学院青藏高原研究所	地震数据解译
38	张鑫刚	研究生	变质岩石学	中国科学院青藏高原研究所	变质作用与地球物理
39	周学君	工程师	课题管理	中国科学院青藏高原研究所	课题管理与后勤保障

序号	姓名	职称/职务	从事专业	所在单位	在项目中分工
40	张衡	博士研究生	地震地球物理勘探	中国科学院青藏高原研究所	地震数据反演
41	岳雅慧	助理研究员	岩石年代学	中国科学院青藏高原研究所	漂砾岩石学研究
42	蔡幅龙	博士研究生	岩石大地构造学	中国科学院青藏高原研究所	构造地质与岩石年代学
43	王厚起	博士研究生	构造地质与古环境	中国科学院青藏高原研究所	构造地质与岩石年代学
44	刘炤军	高工	钻井设备与技术	中国冶金地质研究院	透冰地质取样钻探技术
45	刘小军	副研究员	信号与信息处理	中国科学院电子研究所	冰下地形地貌探测
46	赵博	助理研究员	电磁场与微波技术	中国科学院电子研究所	冰下地形地貌探测
47	胡森	副研究员	冰川地质与陨石	中国科学院地质与地球物理所	冰川地质与陨石
48	任贾文	研究员	冰川气候学	中国科学院寒区旱区环境与工程研究所	综合评价
49	丁明虎	副研究员	雪冰现代过程	中国科学院寒区旱区环境与工程研究所/气科院	数据分析
50	李传金	副研究员	古气候学	中国科学院寒区旱区环境与工程研究所	数据分析
51	柳景峰	博士生	雪冰环境研究	中国科学院寒区旱区环境与工程研究所	数据分析
52	杨佼	硕士生	数值模式	中国科学院寒区旱区环境与工程研究所	数据分析
53	崔晓庆	助理研究员	冰川学	中国科学院旱区寒区环境与工程研究所	冰芯化学分析
54	王士猛	工程师	冰川学	中国科学院旱区寒区环境与工程研究所	深冰芯钻探
55	谢爱红	副研究员	冰川学	中国科学院旱区寒区环境与工程研究所	冰—气相互作用
56	张通	博士研究生	冰川学	中国科学院旱区寒区环境与工程研究所	冰川动力模型
57	杜志恒	硕士研究生	冰川学	中国科学院旱区寒区环境与工程研究所	环境化学
58	赵淑雨	硕士研究生	冰川学	中国科学院旱区寒区环境与工程研究所	雪冰黑碳
59	李向应	助理研究员	冰川学	中国科学院旱区寒区环境与工程研究所	冰芯化学
60	李斐	教授	地球物理学	武汉大学	冰川运动
61	张胜凯	副教授	大地测量学	武汉大学	数据分析
62	艾松涛	副教授	大地测量学	武汉大学	数据分析
63	杨元德	副教授	大地测量学	武汉大学	数据分析
64	安家春	讲师	大地测量学	武汉大学	数据分析
65	柯灏	讲师	大地测量学	武汉大学	现场考察
66	杜玉军	博士生	测量工程	武汉大学	数据分析
67	张保军	博士生	测量工程	武汉大学	现场考察
68	李航	博士生	大地测量学	武汉大学	现场考察
69	刘艳霞	博士生	遥感	武汉大学	图像处理
70	肖峰	硕士生	测量工程	武汉大学	程序编制
71	周春霞	副教授	遥感	武汉大学	遥感
72	黄继锋	博士研究生	大地测量学	武汉大学	大地测量
73	赵云	硕士研究生	大地测量学	武汉大学	大地测量
74	宁新国	硕士研究生	大地测量学	武汉大学	大地测量
75	熊云琪	硕士生	测量工程	武汉大学	程序编制
76	何杰	硕士生	大地测量学	武汉大学	数据处理
77	王康	硕士生	大地测量学	武汉大学	数据处理

序号	姓名	职称/职务	从事专业	所在单位	在项目中分工
78	袁乐先	博士研究生	大地测量学	武汉大学	现场、数据处理
79	谢苏锐	博士研究生	大地测量学	武汉大学	数据处理
80	毕通	硕士生	大地测量学	武汉大学	数据处理
81	王连仲	高工	工程测量/GIS & RS	黑龙江测绘地理信息局	技术骨干
82	殷福忠	正高	摄影测量与遥感	黑龙江测绘地理信息局	技术骨干
83	马林波	正高	大地测量	黑龙江测绘地理信息局	参与生产
84	吴守来	高工	摄影测量与遥感	黑龙江测绘地理信息局	参与生产
85	张洪文	高工	大地测量	黑龙江测绘地理信息局	现场、数据整理
86	韩惠军	工程师	计算机	黑龙江测绘地理信息局	现场、数据整理
87	侯雪峰	助工	大地测量	黑龙江测绘地理信息局	数据整理
88	黄杨	高工/所长	遥感	黑龙江测绘地理信息局	负责项目管理和组织实施
89	李占荣	高工/副所长	地图制图	黑龙江测绘地理信息局	技术负责和项目管理
90	李德江	工程师/主任	工程测量	黑龙江测绘地理信息局	遥感数据分析,技术支持
91	姜丽丽	高工/主任	地图制图	黑龙江测绘地理信息局	生产技术负责
92	孙恒宇	高工/主任	GIS	黑龙江测绘地理信息局	项目进度监控
93	刘红军	工程师/主任	GIS	黑龙江测绘地理信息局	生产负责人
94	许玉杰	工程师	测绘工程	黑龙江测绘地理信息局	数据分析
95	马瞳宇	高工/副主任	资源环境与城乡规划管理	黑龙江测绘地理信息局	数据处理
96	周玉刚	工程师/副主任	资源环境与城乡规划管理	黑龙江测绘地理信息局	内业数据处理
97	吴学峰	工程师	工测	黑龙江测绘地理信息局	现场
98	冯海波	工程师	工测	黑龙江测绘地理信息局	现场
99	杨志刚	工程师	测绘工程	黑龙江测绘地理信息局	现场
100	莫玉兵	工程师	测绘工程	黑龙江测绘地理信息局	现场
101	王照祥	工程师	65	黑龙江测绘地理信息局	现场
102	李海军	高工	大地测量	黑龙江测绘地理信息局	数据整理
103	王子正	工程师	测绘工程	黑龙江测绘地理信息局	现场
104	陈迎浚	科员	国际经济与贸易	黑龙江测绘地理信息局	档案管理
105	柯长青	教授	遥感	南京大学	项目骨干
106	庞洪喜	副教授	冰川学	南京大学	同位素
107	周丽娅	讲师	地球化学	南京大学	微粒
108	张佐邦	博士研究生	遥感	南京大学	数据处理
109	寇程	硕士研究生	遥感	南京大学	数据处理
110	张王滨	硕士研究生	自然地理	南京大学	同位素
111	王超敏	硕士研究生	自然地理	南京大学	实验测试
112	王小文	硕士研究生	遥感	南京大学	数据处理
113	侯浩	硕士研究生	自然地理	南京大学	实验测试
114	陶安琪	硕士研究生	遥感	南京大学	数据处理
115	邓娟	硕士研究生	遥感	南京大学	数据处理

续表

序号	姓名	职称/职务	从事专业	所在单位	在项目中分工
116	章睿	硕士研究生	遥感	南京大学	数据处理
117	谢周清	教授	大气化学	中国科学技术大学	研究骨干
118	储著定	博士研究生	极地科学	中国科学技术大学	样品分析
119	杨文卿	博士研究生	地球化学	中国科学技术大学	样品分析,撰写报告
120	秦先燕	博士研究生	地球化学	中国科学技术大学	样品分析
121	程文瀚	博士研究生	冰雪化学	中国科学技术大学	样品分析 论文撰写
122	张禄禄	博士研究生	环境科学	中国科学技术大学	样品分析
123	邵达	博士研究生	环境科学	中国科学技术大学	数据处理
124	梅衍俊	博士研究生	环境科学	中国科学技术大学	图表形成
125	杨连娇	博士研究生	环境科学	中国科学技术大学	样品分析
126	晏宏	博士研究生	海洋科学	中国科学技术大学	样品分析
127	何鑫	硕士研究生	海洋科学	中国科学技术大学	样品分析
128	张楠	副教授	钻探工程	吉林大学	冰芯钻探研究及现场
129	Pavel Talalay	教授	钻探工程	吉林大学	冰芯钻探研究
130	Alexey Markov	教授	地球物理	吉林大学	冰钻测孔仪器研究
131	范晓鹏	讲师	钻探工程	吉林大学	冰芯钻探研究及现场
132	杨阳	工程师	钻探工程	吉林大学	实验研究
133	于达慧	助理工程师	钻探工程	吉林大学	数据处理
134	胡正毅	博士研究生	钻探工程	吉林大学	实验研究
135	李刚	博士研究生	地球物理	吉林大学	实验研究
136	杨成	博士研究生	钻探工程	吉林大学	实验研究
137	宫达	博士研究生	钻探工程	吉林大学	现场
138	刘博文	博士研究生	钻探工程	吉林大学	现场
139	李冰	博士研究生	钻探工程	吉林大学	现场
140	刘刚	硕士研究生	钻探工程	吉林大学	现场
141	秦建敏	教授	仪器科学	太原理工大学	实验测试
142	田建艳	教授	自动控制	太原理工大学	数据分析
143	常晓敏	副教授	仪器科学	太原理工大学	实验测试
144	陈燕	副教授	自动控制	太原理工大学	数据分析
145	王宇晖	讲师	自动控制	太原理工大学	实验测试
146	苏斌	副高工	仪器科学	太原理工大学	仪器研究
147	李怀瑞	讲师	电子外语	太原理工大学	资料翻译
148	周云霄	硕士研究生	自动控制	太原理工大学	现场实验
149	晁强	硕士研究生	自动控制	太原理工大学	现场实验
150	张灵	讲师	自动控制	太原理工大学	实验测试
151	程鹏	讲师	仪器科学	太原理工大学	仪器研究
152	袁凯琪	硕士研究生	自动控制	太原理工大学	现场实验

附件 4 考察工作量一览表

序号	名称	工作量
1	冰穹 A 地区深冰芯钻探	◆ 冰芯的钻取和保真运输。冰芯钻探现场准备,冰芯钻机安装、冰芯钻探实施与现场处理。开展冰芯钻探与样品前处理以及相关现场测试。 ◆ 完成中国南极冰穹 A 深冰芯钻机现场安装、调试,获取孔底原始参数。 ◆ 完成第 28 次队、第 29 次队实施的中国南极冰穹 A 深冰芯钻探工程数据整理及钻探工艺研究。 ◆ 设计一套深冰芯钻孔测井仪器概念图。 ◆ 钻取冰芯长度 300 ~ 400 m。 ◆ 测试分析主要包括:对冰芯样品进行冰芯剖面和薄切片的物理性质观测、冰芯组构分析;对冰芯样品进行主要阴阳离子,稳定同位素,有机酸等化学分析;提取冰芯中保存的生物信息片段,进行生物碎片分析及基因测序。 ◆ 研发冰芯样品前处理装置。 ◆ 建立冰芯连续流分析前处理装置
2	昆仑站及周边区域冰川学综合调查与评估	◆ 在昆仑站及周边开展冰雷达强化观测,获取冰盖上部浅层结构特征和空间分布差异以及冰穹 A 底部热力和动力环境信息,分析冰穹 A 冰盖物理学基本特征及其变化信息。 ◆ 对表面积累率时空变化开展强化观测,对布设的物质平衡标杆和网阵开展连续观测,获取冰盖表面积累率基础数据。 ◆ 开展系列雪坑采样、浅冰芯排钻采样,采集表面大气样品,研究降雪沉积环境和冰 - 气界面物质和能量交换的过程与机制。 ◆ 在昆仑站及周边地区,利用 GPS 技术复测往年布设的观测网,获取冰穹顶部的运动速度。 ◆ 通过参加历次南极考察,收集历史资料、测定最新资料,分析冰穹 A 30 km × 30 km 范围内的物质平衡观测记录,同时测量该处采集的样品,通过同位素模型追溯其水汽来源。通过对冰穹 A 浅冰芯进行定年,分析其中主要气候指标(如同位素、NO_3^-、MSA)在过去 4000 年来的演化历史。 ◆ 雪坑和表面雪样品数量 50 ~ 100 个。 ◆ 昆仑站附近区域 1∶50 000 比例尺冰下地形图生产 1 幅。 ◆ 冰川学综合考察和表层雪及雪坑样品的采集工作。 ◆ 内陆车队导航 1 300 km
3	中山站至昆仑站冰盖综合断面考察与评估	◆ 运用超高分辨率测冰雷达对冰盖上部浅层开展典型区域强化观测,结合物质平衡观测网观测和高分辨率卫星影像和测高数据,获取冰盖基本参量——积累率的时空变化数据资料。 ◆ 在断面若干区段上,开展冰盖内部结构和冰底地形探测,探寻冰下湖及其冰下河流发育与分布,揭示冰盖底部热力和动力状况,分析冰盖快速变化特征及其对冰盖稳定性和海平面变化的影响。 ◆ 开展系列雪坑采样、浅冰芯排钻采样,采集表面大气样品,协同观测冰盖－大气相互作用的物质交换和热量平衡过程,雪冰样品离子、同位素、微粒等分析。 ◆ 在中山站至昆仑站考察断面,利用静态 GPS 测量技术复测往年布设的标杆,获取考察断面的运动速度。在距离出发基地 464 km 附近,拟建中继站位置,利用动态差分 GPS 测量技术进行大比例尺地形图测绘,布设冰流速监测点。

序号	名称	工作量
3	中山站至昆仑站冰盖综合断面考察与评估	◆ 在中山站—冰穹A断面,利用车辆振动监测系统分析断面积雪特征,采集表层雪样品,并开展样品分析、数据处理等。 ◆ 基于最新实测资料,分析南极冰盖中山站—冰穹A物质收入最新状况。通过比较现代气象状况背景下沉降中及沉降后过程对雪冰中气候环境指标的影响,评价古气候记录解译的不确定性。通过测试南极冰盖中山站—冰穹A路线上的表面雪冰样品,获取其中可溶性气溶胶的分布规律,进而结合大气背景场分析其来源及空间变化规律。 ◆ 针对获取的昆仑站和断面的冰雷达数据,进行系统的处理,提取冰盖的厚度、冰盖内部结构和基岩界面,着重对冰盖底部的地形和地貌进行分析,研究其对冰盖动力和演化的影响。 ◆ 针对获得的雪冰样品,开展常规离子、稳定同位素等指标的分析,研究中山站至昆仑站断面和昆仑站区域的气候和环境变化。 ◆ 针对获得的物质平衡和冰流运动数据,进行处理分析,获取中山站至昆仑站断面和昆仑站区域的积累率和冰流运动特征。 ◆ 针对第30次队获取的雪冰样品,开展常规离子、稳定同位素等指标分析,研究格罗夫山至中山站的气候和环境变化。 ◆ 针对第29次队获取的中山站至昆仑站车辆振动监测数据,进行系统的处理,提取冰盖的表面积雪软硬度等变化特征。 ◆ 针对第30次队以中山站为依托获取的内陆冰盖定点积雪厚度变化、中山站近岸海冰厚度变化数据,分析海冰年生长变化规律
4	埃默里冰架综合调查与评估	◆ 冰架综合断面地球物理调查(包括冰雷达、地震及遥感验证观测等),冰架冰雪采样,物质平衡和运动流场监测网阵及系统监测。 ◆ 优化和发展热水冰钻技术及其配套钻井设施,发展轻便、易运输、高钻进的热水冰钻技术,为后续开展冰架与海洋相互作用提供技术支撑和工作技术。 ◆ 开展机器人化冰架综合调查,获取冰架厚度、流场及其变化的时空特征,揭示冰架变化的不稳定性特征和机制。 ◆ 在冰架与冰盖、海洋相互作用关键过程及其对全球变化影响的研究领域,开辟新的科学前沿领域。 ◆ 开展冰架物质平衡和冰流运动监测,建立冰架连续运动监测站。 ◆ 开展冰架与冰盖、海洋相互作用关键过程及其对全球变化方面的研究
5	站基冰冻圈要素综合调查监测与评估	◆ 依托中山站,开展周边雪冰要素(包括达尔克冰川、湖泊、接岸固定冰、积雪、冰架等)综合监测,获取南极典型站点雪冰环境变化的基础信息数据。 ◆ 开展雪冰中典型污染物的本底情况调查与检测。 ◆ 在站区附近,采集冰下融水,沉积物、及浅层雪坑样品,开展雪冰环境调查,在与其他站基环境对比分析的基础上,评估中山站雪冰环境特征。 ◆ 开展达尔克冰川运动监控点测量,达尔克冰川及海冰航空摄影。 ◆ 开展北极黄河站站区冰川物质平衡、冰川运动、冰川温度、冰川气象和样品采集工作

续表

序号	名称	工作量
6	南极格罗夫山新生代古环境与地球物理综合考察	◆ 对现有冰川地貌、土壤、沉积岩、孢粉组合、宇宙核素、区域地质及矿产数据进行室内综合分析评价。对第 26 次南极考察队已完成的基准测线和小尺度阵列冰雷达考察数据进行综合处理,在此基础上设计大范围雷达探测方案。开展透冰地质取样钻探(HXY－8 型钻机)的改造与关键配套设备的研制。开展岩基阵列天然地震观测实施方案,对相关配套设备进行改进与研制。 ◆ 古环境(冰盖进退)调查:包括宇宙成因核素、孢粉、岩矿取样与测试分析。 ◆ 实施野外冰面雷达探测,探测路线 100 km。 ◆ 开展格罗夫山冰原岛峰岩基阵列地震观测,进行东南极地盾岩石圈深部构造探测的研究。在格罗夫山地区和拉斯曼丘陵设置 10～15 套宽频带地震仪。 ◆ 对第 30 次队格罗夫山冰原岛峰岩基天然地震观测、拉斯曼丘陵、泰山站的阵列地震观测海量数据的处理分析,开展东南极地盾岩石圈深部构造探测的研究。 ◆ 第 30 次队格罗夫地区陨石回收与研究。 ◆ 使用 FA－1 型六级筛孔撞击式空气微生物采样器(军事医学科学院微生物流行病研究所和仪器研究所)、TH－150 型智能中流量总悬浮微粒采样器(武汉天虹智能仪表厂)、PM10－100 型大气可吸入颗粒物切割器(武汉天虹智能仪表厂)等仪器,采集雪坑样品、古土壤、沉积样品、气溶胶样品等。 ◆ 处理中山站—昆仑站断面冰雷达探测数据 100 GB 以上、30 次队格罗夫山冰雷达探测的海量数据
7	泰山站及周边区域冰川学、大地测量学综合调查	◆ 泰山站及周边区域冰川学综合调查与评估。 ◆ 获取中山站—泰山站区域资源三号卫星影像数据约 4 景,分辨率 2.1 m。获取维多利亚地站附近戴维冰川(David Glacier)区域资源三号卫星影像约 4 景,分辨率 2.1 m
8	北极黄河站周边区域冰川学综合调查	◆ 黄河站周边区域冰川学综合调查与评估。 ◆ 绘制北极山地冰川的运动矢量图、冰面地形图和冰下地形图

附件 5 考察数据一览表

序号	数据名称
1	中山站—昆仑站断面、昆仑站及周边地区冰雷达观测数据集
2	冰穹 A 物理化学特征数据集
3	中山站—冰穹 A 雪坑中主要可溶性离子的平均浓度
4	中山站—冰穹 A 雪坑中主要可溶性离子非海源部分浓度
5	中山站—冰穹 A 断面稳定同位素数据集
6	中山站—昆仑站测杆 GPS 点位及表层雪样测量数据集
7	中山站—冰穹 A 考察沿线雪坑信息汇总
8	中山站—格罗夫山雪坑化学离子整理数据
9	南极内陆冰盖综合断面半挥发性污染物分布特征数据集
10	中山站—昆仑站断面表层样品中持久性有机污染物补充数据集
11	表格 4 第一钻测试结果
12	表格 5 第二钻测试结果

序号	数据名称
13	表格 6 第三钻测试结果
14	表格 7 第四钻测试结果
15	表格 8 第五钻测试结果
16	表格 9 第六钻测试结果
17	表格 10 第七钻测试结果
18	领航数据表
19	影像重叠度检查记录
20	网平差精度
21	第 29 次队南极化学离子数据信息表 – original data
22	泰山站区域冰流速
23	泰山站冰流速监测点坐标
24	27 – A 雪坑有机标识物含量变化
25	2013—2014 年内陆冰盖运动观测数据 1 套（光盘提供）
26	资源三号卫星影像数据 11 景（光盘提供）
27	1：50 000 比例尺冰穹 A 冰下地形数据（光盘提供）
28	1：50 000 比例尺冰穹 A 冰厚数据（光盘提供）
29	冰穹 A 5 m DEM 数据 1 幅（光盘提供）
30	深冰芯钻孔内数据及钻机运行数据（光盘提供）
31	黄河站附近山地冰川冰流速
32	东南极冰盖雪坑样品监测数据
33	格罗夫山区域样品监测数据

附件6 考察要素图件一览表

序号	图件名称
1	中山站—昆仑站冰盖断面冰厚和冰下地形图集
2	中山站—格罗夫山气溶胶图集
3	中山站—冰穹 A 断面可溶性气溶胶基础数据图集
4	中山站—冰穹 A 断面稳定同位素数据图
5	中山站—昆仑站表面物质平衡数据图
6	冰穹 A 核心区域物质平衡图
7	航摄面积 100 km²，飞行 20 条航线图
8	达尔克冰川影像图
9	站基 GPS 大地控制点位数据
10	昆仑站站区 1：1 000 比例尺地形图
11	中山站—冰穹 A 考察沿线冰盖表面冰流速矢量图
12	昆仑站周边区域平均冰流速矢量图
13	冰穹 A 地区的冰流速图

序号	图件名称
14	中继站地形图
15	相机安装示意图
16	航线弯曲度检查记录
17	中山站至昆仑站断面冰厚和冰下地形分布
18	昆仑站核心区域冰面地形、冰盖内部典型内部层和冰下地形三维图
19	昆仑站核心区域冰盖内部层三维结构图
20	2007 年 12 月 28 日到 2008 年 2 月 8 日在中山站—冰穹 A 沿线观测的稳定同位素和表面雪积累率点位分布
21	观测的过量氘,$\delta^{18}O$ 和 δD 的空间分布,以及与 ECHAM5 – wiso 大气环流模式输出结果的对比
22	不同年份在 PANDA 断面观测的雪积累率随距离海岸距离增加的变化情况
23	依据 6 次火山事件的沉积记录(Agung 1963 AD,Tambora 1815 AD,Kuwae 1453 AD,Unknown 1259 AD,Taupo 186 AD 和 Pinatubo 1050 BC)作为定年标志对距冰穹 A 300 m 处钻取的 109.9 m 的冰芯进行定年
24	对 PICARRO(激光振腔衰荡光谱仪)改进原理图
25	第 28 次南极考察走航沿线观测的海表大气中水汽 H/D 和 $^{16}O/^{18}O$ 同位素比率的点位分布图
26	观测的 d – excess 和 δD 和 $\delta^{18}O$ 的纬向分布特征
27	依据 11 次火山事件的沉积记录(Agung 1963 AD,Tambora 1815 AD,Kuwae 1453 AD,Unknown 1259 AD,Taupo 186 AD 和 Pinatubo 1050 BC)作为定年标志对 LGB69 冰芯进行定年
28	格罗夫山表层雪 OPEs 浓度
29	中山站—昆仑站断面 TCEP 浓度
30	中山站—昆仑站断面表层样品中持久性有机物燃物空间分布图
31	冰穹 A 表面地形图
32	昆仑站及周边区域基础测绘图件
33	南极拉斯曼丘陵区域影像图
34	上新世以来格罗夫地区冰盖表面升降过程图
35	格罗夫山冰盖进退立体示意图
36	宽频带岩基天然地震仪分布设计图
37	格罗夫山地区冰雷达冰下地形探测路线设计图
38	宇宙成因核素暴露年龄采样及初步数据
39	孢粉等微古生物化石图册
40	地质基础图件
41	中山站至昆仑站断面典型区域雷达数据处理结果图
42	格罗夫地区冰雷达冰下地形探测测线图
43	天然地震仪大地电磁仪布设图
44	中山站 — 冰穹 A 横穿断面上海源物质及积累率空间分布
45	泰山站区地形图
46	昆仑站区域 1:50 000 冰下地形图
47	昆仑站区域 1:50 000 冰厚图
48	中山站—冰穹 A 断面稳定同位素观测与模拟结果图件及 冰穹 A 稳定同位素敏感性分析结果
49	中山站—昆仑站沿途表面积雪特征图
50	北极黄河站附近山地冰川冰流速图
51	北极黄河站附近山地冰川冰面地形图
52	北极黄河站附近山地冰川冰下地形图
53	深冰芯钻探钻孔测井仪 3D 概念图

附件7　论文、专著等公开出版物一览表

附件7.1　论文

[1]艾松涛,王泽民,谭智,等.2013.北极 Pedersenbreen 冰川变化(1936～1990～2009 年).科学通报(15):1430-1437.

[2]安家春,王泽民,李斐,等.2014.基于地基 GPS 技术的威德尔海异常研究.地球物理学进展(3):993-998.

[3]丁明虎.2013.南极冰盖物质平衡最新研究进展.地球物理学进展,28(1):24-35.

[4]何静,庞洪喜,侯书贵.2015.极地雪冰中过量 17O 研究进展.极地研究(4):392-401.

[5]侯书贵,王叶堂,庞洪喜.2013.南极冰盖雪冰氢、氧稳定同位素气候学:现状与展望.科学通报(1):27-40.

[6]李传金,任贾文,秦大河,等.2013.东南极 DT401 冰芯中 NO_3^- 离子沉积记录及影响因素.中国科学:地球科学(4),618-627.(Li C J,Ren J W,Qin D H,et al. Factors controlling the nitrate in the DT-401 ice core in eastern Antarctica. Science China:Earth Sciences,2013,doi:10.1007/s11430-012-4557-2).

[7]李亚炜,刘小汉,康世昌,等.2015.东南极内陆格罗夫山地区冰厚及冰下地形特征.冰川冻土,37(3),580-586.

[8]刘小汉,韦利杰,黄费新,等.2013.东南极冰盖上新世大规模退缩事件.地质科学,48(2):419-434.(Liu Xiaohan,Lijie Wei,Feixin Huang,et al. 2013. Major collapse event of the East Antarctic Ice Sheet in Pliocene,CHINESE JOURNAL OF GEOLOGY,48(2):419-434).

[9]宁新国,安家春,王泽民.2014.极区电离层 TEC 经验模型的建立及适用性分析.极地研究(4):405-409.

[10]秦翔,李传金,效存德,等.2014.东南极中山站-格罗夫山考察沿线海源物质空间分布特征研究.中国科学:地球科学,44(9):1997-2005.

[11]屈小川,安家春,刘根.2014.利用 COSMIC 掩星资料分析南极地区对流层顶变化.武汉大学学报,信息科学版,39(5):605-610.

[12]王泽民,谭智,艾松涛,等.2014.南极格罗夫山核心区冰下地形测绘.极地研究(4):399-404.

[13]王泽民,熊云琪,杨元德,等.2013.联合 ERS-1 和 ICESAT 卫星测高数据构建南极冰盖 DEM.极地研究,25(3):211-217.

[14]谢苏锐,李斐,赵杰臣,等.2014.验潮与 GPS 联合监测南极中山站附近海冰厚度变化.武汉大学学报,信息科学版,39(10):1153-1157.

[15]杨元德,鄂栋臣,王泽民,等.2013.利用 ENVISAT 数据探测中山站至 Dome A 条带区域冰盖高程变化.武汉大学学报,信息科学版,38(4):383-385.

[16]张王滨,侯书贵,庞洪喜,等.2015.南极中山站-冰穹 A 断面表层雪不溶微粒单颗粒形貌特征及矿物组成.矿物岩石地球化学通报,34(6):1103-1108.

[17]赵云,张胜凯,鄂栋臣,等.2014.北极黄河站区 GPS 可降水量的特征分析.大地测量

与地球动力学,34(5):139 - 143.

[18]周信,全来喜,刘小汉,等.2014.东南极拉斯曼丘陵镁铁质麻粒岩的变质作用演化.岩石学报,30(6):1273 - 1290.

[19]安家春,宁新国,王泽民,等.2013.基于球冠谐函数的南极地区电离层预报[J].武汉大学学报,信息科学版.(已录用)

[20]AN J,Wang Z,Ning X,et al.2014. GPS - based regional ionospheric models and their suitability in Antarctica. Advances in Polar Research,25(1):32 - 37.

[21]Chen J,Ke C Q,Shao Z D,et al.2014. Spatiotemporal variations in the surface velocities of antarctic peninsula glaciers. Cryosphere Discussions,8(6):5875 - 5910.

[22]Cheng W,Sun L,Huang W,et al.2013. Detection and distribution of tris(2 - chloroethyl) phosphate on the east antarctic ice sheet. Chemosphere,92(8):1017 - 1021.

[23]Dong Zhang,Bo Sun,ChangQing Ke,et al.2012. Mapping the elevation change of lambert glacier in east Antarctica using icesat glas. Journal of Maps,8(4):473 - 477.

[24]Dou Y,Chang X,Zhuo D,et al.2014. Ice thickness sensor for overhead transmission lines based on capacitance sensing. Materialprufung,56(4):336 - 340.

[25]Hou S G,Wang Y T,Pang,H X,et al.2013. Climatology of stable isotopes in antarctic snow and ice:current status and prospects. Chinese Science Bulletin,58(10):1095 - 1106.

[26]Hua Rong,Hou Shugui,Li Yuansheng,et al.2014. Arsenic record from a 3 m snow pit at Dome A rgus,Antarctica. Antarctic Science,1 - 8.

[27]Jiang S,Li Y S,Sun B.2013. Determination of trace level of perchlorate in antarctic snow and ice by ion chromatography coupled with tandem mass spectrometry using an automated sample on - line preconcentration method. Chinese Chemical Letters,24(4):311 - 314.

[28]L J WEI,J I RAINE,X H LIU.2013,Terrestrial palynomorphs of the Cenozoic Pagodroma Group,northern Prince Charles Mountains,East Antarctica,Antarctic Science:1 - 11,doi:10.1017/S0954102013000278.(Wei,L J,Raine,J I,Liu,X H.2015. Terrestrial palynomorphs of the Cenozoic Pagodroma Group,northern Prince Charles Mountains,East Antarctica. 中国科学院地质与地球物理研究所 2014 年度(Vol.26,pp.69 - 79)).

[29]Li C,Kang S,Shi G,et al.2014. Spatial and temporal variations of total mercury in Antarctic snow along the transect from Zhongshan Station to Dome A. Tellus B,66,25152,http://dx. doi. org/10. 3402/tellusb. v66. 25152.

[30]Li C,Qin X,Ding M,et al.2014. Temporal variations in marine chemical concentrations in coastal areas of eastern Antarctica and associated climatic causes. Quaternary International,352:16 - 25.

[31]Liu J,Xiao C,Ding M,et al.2014. Variations in stable hydrogen and oxygen isotopes in atmospheric water vapor in the marine boundary layer across a wide latitude range. Journal of Environmental Sciences,26(11):2266 - 2276.

[32]Pang H,Hou S,Landais A,et al.2015. Spatial distribution of 17O - excess in surface snow along a traverse from zhongshan station to Dome A,east Antarctica. Earth & Planetary Science Letters,414:126 - 133.

[33]Qin X,Li C J,Xiao C D,et al. 2014. Spatial distribution of marine chemicals along a transect from Zhongshan station to the Grove Mountain area,eastern Antarctica. Science China Earth Science,57(10):2366 – 2373.

[34]Shi G,Buffen A M,Hastings M G,et al. 2014. Investigation of post – depositional processing of nitrate in east antarctic snow:isotopic constraints on photolytic loss,re – oxidation,and source inputs. Atmospheric Chemistry & Physics Discussions,14(23):31943 – 31986.

[35]Songtao AI,Zemin WANG,Dongchen E,et al. 2014. Topography,ice thickness and ice volume of the glacier pedersenbreen in svalbard,using gpr and gps. Polar Research,33(2):116 – 118.

[36]Sun B,Moore J C,Zwinger T,et al. 2014. How old is the ice beneath Dome A ,Antarctica?. Cryosphere,8(1):1121 – 1128.

[37]Talalay P,Fan X,Zheng Z,et al. 2014. Anti – torque systems of electromechanical cable – suspended drills and test results. Annals of Glaciology,55(68):207 – 218(12).

[38]Tong L,Liu X,Wang Y,et al. 2014. Metamorphic p – t paths of metapelitic granulites from the larsemann hills,east Antarctica. Lithos,192(4):102 – 115.

[39]Wang Y,Hou S,Sun W,et al. 2015. Recent surface mass balance from syowa station to dome f,east Antarctica:comparison of field observations,atmospheric reanalyses,and a regional atmospheric climate model. Climate Dynamics,45(9 – 10):2885 – 2899.

[40]Wang Y,Sodemann H,Hou S,et al. 2012. Snow accumulation and its moisture origin over Dome A rgus,Antarctica. Climate Dynamics,40(3 – 4):731 – 742.

[41] Wang Z,Tan Z,Songtao AI,et al. 2014. GPR surveying in the kernel area of grove mountains,Antarctica. Advances in Polar Science,25(1):26 – 31.

[42]Wenhan Cheng,Zhouqing Xie,Jules M,et al. 2013. Organophosphorus esters in the oceans and possible relation with ocean gyres. Environmental Pollution,180(3):159 – 164.

[43]Xiao C,Ding M,Masson – Delmotte V,et al. 2013. Stable isotopes in surface snow along a traverse route from zhongshan station to Dome A ,east Antarctica. Climate Dynamics,41(9 – 10):1 – 12.

[44]Xie A H,Allison I,Xiao C D,et al. 2014. Science china earth sciences assessment of air temperatures from different meteorological reanalyses for the east antarctic region between zhongshan and Dome A . Science China Earth Science,57(7):521 – 526.

[45]Xie A,Allison I,Xiao C,et al. 2014. Assessment of surface pressure between zhongshan and Dome A in east Antarctica from different meteorological reanalyses. Arctic Antarctic & Alpine Research,46(3):669 – 681.

[46]Yan P Y,Hou S G,Chen T,et al. 2012. Culturable bacteria isolated from snow cores along the 1300 km traverse from zhongshan station to Dome A ,east Antarctica (sci). Extremophiles,16(2):345 – 354.

[47]Yuande YANG,Bo SUN,Zemin WANG,et al. 2014. GPS – derived velocity and strain fields around Dome A rgus,Antarctica. Biocontrol Science & Technology,60(222):735 – 742.

[48]Zhang D,Sun B,Ke C,et al. 2014. Effect of ice shelf changes on ice sheet volume change in the amundsen sea embayment,west Antarctica. IEEE Journal of Selected Topics in Applied Earth

Observations & Remote Sensing,7(7):863 −871.

[49]Zhang N,An C,Fan X,et al. 2014. Chinese first deep ice − core drilling project DK − 1 at Dome A ,Antarctica (2011 − 2013):progress and performance. Annals of Glaciology,55:88 −98.

附件7.2 专利

序号	类别	作者	名称	专利(申请)号	授权(申请)日期
1	发明专利	窦银科 常晓敏 孙波 王宇晖	一种极地海冰冰裂缝自动化测量装置及测量方法	ZL201210046744.8	2014 年 8 月
2	发明专利	窦银科 孙波 崔祥斌 常晓敏 王宇晖	一种极地雪样采集装置	201410738713.8 （已受理）	2014 年 12 月
3	发明专利	窦银科 孙波 郭井学 常晓敏 王宇晖	一种极地海冰密度自动化测量装置	201410738714.2 （已受理）	2014 年 12 月
4	发明专利	窦银科 常晓敏 孙波 郭井学	一种极地冰川移动自动化监测系统及监测方法	201510988929.4 （已受理）	2015 年 12 月
5	发明专利	窦银科 常晓敏 孙波 崔祥斌	一种车载式南极内陆冰盖表面地貌特征监测装置	201511058539.5 （已受理）	2015 年 12 月
6	实用新型专利	郭井学 孙波等	一种移动式观测室	ZL201420384559.4	2014.10

附件7.3 专著

序号	作者	名称	出版社
1	窦银科	冰层厚度自动化检测技术	电子工业出版社
2	刘小汉 琚宜太	遥远的地平线——南极格罗夫山考察启示录	海峡出版发行集团鹭江出版社

glj

中 华 人 民 共 和 国 国 家 知 识 产 权 局

030002

山西省太原市杏花岭区桃园北路 189 号
太原市科瑞达专利代理有限公司 李富元

发文日：

2015 年 12 月 30 日

申请号或专利号：201510988929.4　　　　　　　发文序号：**2015123000206350**

专 利 申 请 受 理 通 知 书

　　根据专利法第 28 条及其实施细则第 38 条、第 39 条的规定，申请人提出的专利申请已由国家知识产权局受理。现将确定的申请号、申请日、申请人和发明创造名称通知如下：

　　申请号：201510988929.4
　　申请日：2015 年 12 月 28 日
　　申请人：太原理工大学
　　发明创造名称：一种极地冰川移动自动化监测系统及监测方法

经核实，国家知识产权局确认收到文件如下：
发明专利请求书 每份页数:5 页 文件份数:1 份
权利要求书 每份页数:1 页 文件份数:1 份 权利要求项数： 2 项
说明书 每份页数:4 页 文件份数:1 份
说明书附图 每份页数:2 页 文件份数:1 份
说明书摘要 每份页数:1 页 文件份数:1 份
摘要附图 每份页数:1 页 文件份数:1 份
专利代理委托书 每份页数:2 页 文件份数:1 份
费用减缓请求书 每份页数:1 页 文件份数:1 份
费用减缓证明 每份页数:1 页 文件份数:1 份
实质审查请求书 每份页数:1 页 文件份数:1 份

提示：

　　1.申请人收到专利申请受理通知书之后，认为其记载的内容与申请人所提交的相应内容不一致时，可以向国家知识产权局请求更正。

　　2.申请人收到专利申请受理通知书之后，再向国家知识产权局办理各种手续时，均应当准确、清晰地写明申请号。

　　　　审 查 员：常宏超(电子申请)　　　　　　　审 查 部 门：太原代办处

200101　　　纸件申请，回函请寄：100088 北京市海淀区蓟门桥西土城路 6 号　国家知识产权局受理处收
2010.2　　　电子申请，应当通过电子专利申请系统以电子文件形式提交相关文件。除另有规定外，以纸件等其他形式提交的
　　　　　　文件视为未提交。

中华人民共和国国家知识产权局

030002

山西省太原市杏花岭区桃园北路 189 号
太原市科瑞达专利代理有限公司 卢茂春

发文日：

2014 年 12 月 09 日

申请号或专利号：201410738713.8   发文序号：**2014120901423400**

专 利 申 请 受 理 通 知 书

根据专利法第 28 条及其实施细则第 38 条、第 39 条的规定，申请人提出的专利申请已由国家知识产权局
受理。现将确定的申请号、申请日、申请人和发明创造名称通知如下：

申请号：201410738713.8
申请日：2014 年 12 月 08 日
申请人：太原理工大学
发明创造名称：一种极地雪样采集装置

经核实，国家知识产权局确认收到文件如下：
发明专利请求书 每份页数:5 页 文件份数:1 份
权利要求书 每份页数:1 页 文件份数:1 份 权利要求项数： 2 项
说明书 每份页数:4 页 文件份数:1 份
说明书附图 每份页数:2 页 文件份数:1 份
说明书摘要 每份页数:1 页 文件份数:1 份
摘要附图 每份页数:1 页 文件份数:1 份
专利代理委托书 每份页数:2 页 文件份数:1 份
费用减缓请求书 每份页数:1 页 文件份数:1 份
费用减缓证明 每份页数:1 页 文件份数:1 份
实质审查请求书 每份页数:1 页 文件份数:1 份

提示：
    1. 申请人收到专利申请受理通知书之后，认为其记载的内容与申请人所提交的相应内容不一致时，可以向国家知识产权局
请求更正。
    2. 申请人收到专利申请受理通知书之后，再向国家知识产权局办理各种手续时，均应当准确、清晰地写明申请号。

审 查 员：赵婧(电子申请)   审查部门：太原代办处

200101   纸件申请，回函请寄：100088 北京市海淀区蓟门桥西土城路 6 号 国家知识产权局受理处收
2010.2   电子申请，应当通过电子专利申请系统以电子文件形式提交相关文件。除另有规定外，以纸件等其他形式提交的
              文件视为未提交。

 中 华 人 民 共 和 国 国 家 知 识 产 权 局

030002

山西省太原市杏花岭区桃园北路 189 号
太原市科瑞达专利代理有限公司 卢茂春

发文日：

2014 年 12 月 09 日

| 申请号或专利号：201410738714.2 | 发文序号：**2014120901424600** |

专 利 申 请 受 理 通 知 书

根据专利法第 28 条及其实施细则第 38 条、第 39 条的规定，申请人提出的专利申请已由国家知识产权局受理。现将确定的申请号、申请日、申请人和发明创造名称通知如下：

申请号：201410738714.2
申请日：2014 年 12 月 08 日
申请人：太原理工大学
发明创造名称：一种极地海冰密度自动化测量装置

经核实，国家知识产权局确认收到文件如下：
费用减缓证明 每份页数:1 页 文件份数:1 份
实质审查请求书 每份页数:1 页 文件份数:1 份
发明专利请求书 每份页数:5 页 文件份数:1 份
权利要求书 每份页数:1 页 文件份数:1 份 权利要求项数： 1 项
说明书 每份页数:4 页 文件份数:1 份
说明书附图 每份页数:1 页 文件份数:1 份
说明书摘要 每份页数:1 页 文件份数:1 份
摘要附图 每份页数:1 页 文件份数:1 份
专利代理委托书 每份页数:2 页 文件份数:1 份
费用减缓请求书 每份页数:1 页 文件份数:1 份

提示：

1. 申请人收到专利申请受理通知书之后，认为其记载的内容与申请人所提交的相应内容不一致时，可以向国家知识产权局请求更正。

2. 申请人收到专利申请受理通知书之后，再向国家知识产权局办理各种手续时，均应当准确、清晰地写明申请号。

审 查 员：赵婧(电子申请)   审查部门：太原代办处

纸件申请，回函请寄：100088 北京市海淀区蓟门桥西土城路 6 号　国家知识产权局受理处收
电子申请，应当通过电子专利申请系统以电子文件形式提交相关文件。除另有规定外，以纸件等其他形式提交的文件视为未提交。

中华人民共和国国家知识产权局

030002

发文日：

山西省太原市杏花岭区桃园北路 189 号 太原市科瑞达专利代理有限
公司
卢茂春

2015 年 12 月 11 日

申请号或专利号：201512118539.5　　　　　发文序号：**2015121101186000**

专 利 申 请 受 理 通 知 书

根据专利法第 28 条及其实施细则第 38 条、第 39 条的规定，申请人提出的专利申请已由国家知识产权局受理。现将确定的申请号、申请日、申请人和发明创造名称通知如下：

申请号：201512118539.5
申请日：2015 年 12 月 11 日
申请人：太原理工大学
发明创造名称：一种车载式南极内陆冰盖表面地貌特征自动化监测装置

经核实，国家知识产权局确认收到文件如下：
发明专利请求书 每份页数：5 页 文件份数：1 份
权利要求书 每份页数：1 页 文件份数：1 份 权利要求项数：　2 项
说明书 每份页数：4 页 文件份数：1 份
说明书附图 每份页数：2 页 文件份数：1 份
说明书摘要 每份页数：1 页 文件份数：1 份
摘要附图 每份页数：1 页 文件份数：1 份
专利代理委托书 每份页数：2 页 文件份数：1 份
费用减缓请求书 每份页数：1 页 文件份数：1 份
费用减缓证明 每份页数：1 页 文件份数：1 份
实质审查请求书 每份页数：1 页 文件份数：1 份

提示：
1. 申请人收到专利申请受理通知书之后，认为其记载的内容与申请人所提交的相应内容不一致时，可以向国家知识产权局请求更正。
2. 申请人收到专利申请受理通知书之后，再向国家知识产权局办理各种手续时，均应当准确、清晰地写明申请号。

审 查 员：赵婧(电子申请)　　　　　审查部门：太原代办处

200101　　　纸件申请，回函请寄：100088 北京市海淀区蓟门桥西土城路 6 号　国家知识产权局受理处收
2010.3　　　电子申请，应当通过电子专利申请系统以电子文件形式提交相关文件。除另有规定外，以纸件等其他形式提交的
　　　　　　文件视为未提交。

发明专利证书

证书号 第1482475号

发 明 名 称：一种极地海冰冰裂缝宽度自动化测量装置及测量方法

发 明 人：窦银科;常晓敏;孙波;王宇晖

专 利 号：ZL 2012 1 0046744.8

专利申请日：2012 年 02 月 28 日

专 利 权 人：太原理工大学

授权公告日：2014 年 09 月 17 日

　　本发明经过本局依照中华人民共和国专利法进行审查，决定授予专利权，颁发本证书并在专利登记簿上予以登记。专利权自授权公告之日起生效。

　　本专利的专利权期限为二十年，自申请日起算。专利权人应当依照专利法及其实施细则规定缴纳年费。本专利的年费应当在每年 02 月 28 日前缴纳。未按照规定缴纳年费的，专利权自应当缴纳年费期满之日起终止。

　　专利证书记载专利权登记时的法律状况。专利权的转移、质押、无效、终止、恢复和专利权人的姓名或名称、国籍、地址变更等事项记载在专利登记簿上。

局长
申长雨

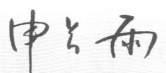

2014 年 09 月 17 日

第 1 页（共 1 页）

附件 8　样品、档案、影像片等一览表

样品类型	数量		地点
雪冰	深冰芯	303 m	Dome A
	浅冰芯	2～3 m 各 1 支	冰穹 A、EAGLE 和 LGB69 气象站附近
		10 m	中山－冰穹 A 进程中在 520 km 处
		23 m	冰穹 A
	雪坑	33 个	中山－冰穹 A 断面
		9	格罗夫山区
	表层雪	535 组	中山－冰穹 A 断面
陨石及岩石	陨石:583 块(灶神星陨石 1 块)	497 块	阵风悬崖北段
		82 块	阵风悬崖中段
		4 块	哈丁山及萨哈罗夫岭
	岩矿	300 余份	
	变质作用岩石	500 块	
气溶胶	54 个		中山－冰穹 A 断面
	19 个		格罗夫地区

附件 9　深冰芯钻探钻孔测井仪 3D 概念图

附图 9 - 1　测井仪总装图

附图 9 - 2　测井仪接头体

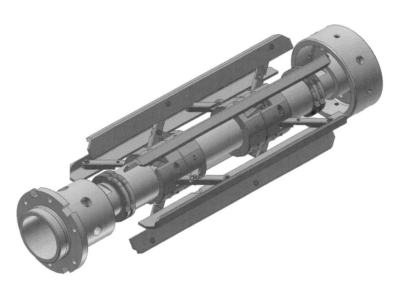

附图 9 - 3　测孔器

附图 9 - 4　过渡接头

附图 9 - 5　连接杆

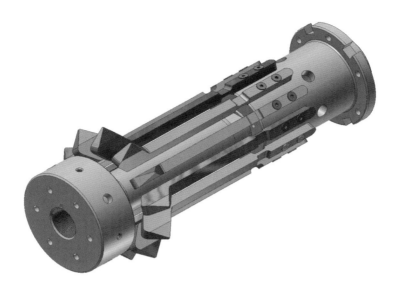

附图 9 – 6　张紧杆

附图 9 – 7　短管

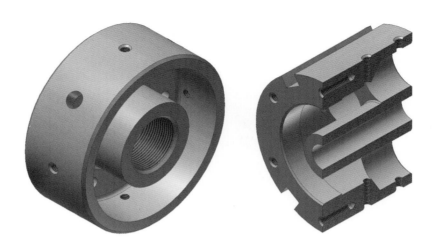

附图 9 – 8 法兰

附图 9 – 9 接头

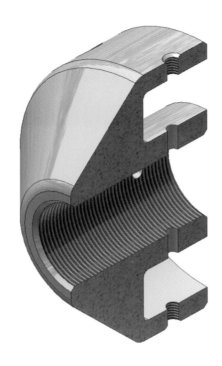

附图 9 – 10　椎体

附图 9 – 11　测井仪接头体接头

附图 9 – 12　螺纹销

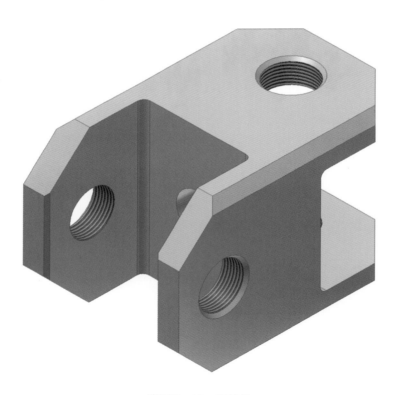

附图 9 – 13　链接块

附图 9 – 14　连杆

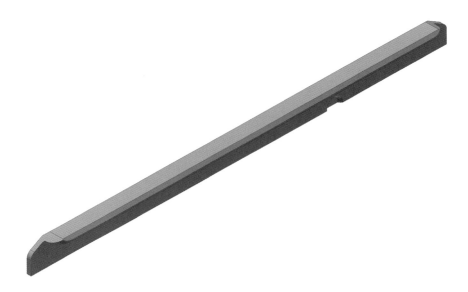

附图 9 – 15　角铁

附图 9 – 16　轴

附图 9 – 17　套

附图 9 – 18　长连杆套

附图 9 – 19　短连杆套

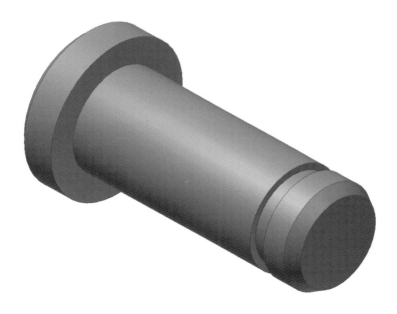

附图 9 – 20　圆柱销

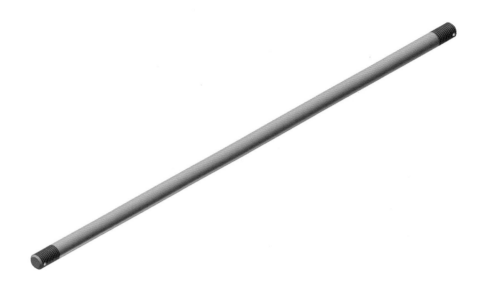

附图 9 - 21　芯轴

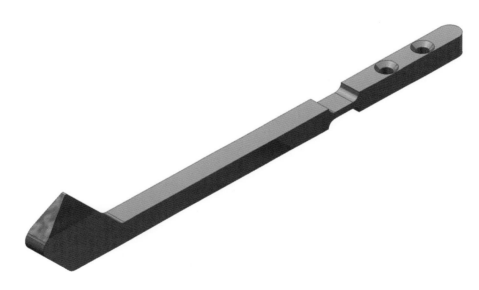

附图 9 - 22　张紧片

附图 9 – 23　张紧法兰